U0150384

国家出版基金项目
NATIONAL PUBLICATION FOUNDATION

智能电网技术与装备丛书

工业负荷建模控制及
电网互动调节

Modeling and Control of Industrial Load
for Power Grid Supporting

徐　箭　廖思阳　孙元章　著

科学出版社
北　京

内 容 简 介

本书系统、全面地介绍高耗能工业负荷特性、建模及参与电网调控的理论、方法和一些实际应用。全书共 9 章，内容包括高耗能工业负荷的基本分类与地理分布、典型高耗能工业负荷特性及建模方法、高耗能工业负荷控制方法、高耗能工业负荷参与局域电网频率控制方法、电解铝负荷参与局域电网动态电压控制方法、电解铝负荷参与互联电网联络线功率波动控制方法、电解铝负荷参与互联电网低频振荡控制方法、电解铝负荷参与互联电网调频辅助服务方法、含高耗能工业负荷控制的硬件在环仿真平台搭建及工业应用。本书体系完整、内容新颖，可以帮助读者尽快跟踪高耗能工业负荷控制在电网应用的最新发展。

本书与国际前沿科学接轨，并与实际电力工业及高耗能行业紧密相连，可供电气工程、控制工程、工业制造等相关学科教师、学生和科研人员学习参考。

图书在版编目(CIP)数据

工业负荷建模控制及电网互动调节 = Modeling and Control of Industrial Load for Power Grid Supporting / 徐箭，廖思阳，孙元章著. —北京：科学出版社，2022.4

(智能电网技术与装备丛书)

国家出版基金项目

ISBN 978-7-03-067972-7

Ⅰ. ①工⋯ Ⅱ. ①徐⋯ ②廖⋯ ③孙⋯ Ⅲ. ①工业用电-供电-系统建模-研究 Ⅳ. ①TM727.3

中国版本图书馆CIP数据核字(2021)第021883号

责任编辑：范运年 霍明亮 / 责任校对：王萌萌
责任印制：吴兆东 / 封面设计：赫 健

科学出版社 出版
北京东黄城根北街 16 号
邮政编码：100717
http://www.sciencep.com

北京中科印刷有限公司 印刷
科学出版社发行 各地新华书店经销

*

2022 年 4 月第 一 版 开本：720×1000 1/16
2024 年 2 月第三次印刷 印张：17 1/2
字数：353 000

定价：116.00 元
(如有印装质量问题，我社负责调换)

"智能电网技术与装备丛书"序

国家重点研发计划由原来的"国家重点基础研究发展计划"（973 计划）、"国家高技术研究发展计划"（863 计划）、国家科技支撑计划、国际科技合作与交流专项、产业技术研究与开发基金和公益性行业科研专项等整合而成，是事关国计民生的重大社会公益性研究的计划。国家重点研发计划事关产业核心竞争力、整体自主创新能力和国家安全的战略性、基础性、前瞻性重大科学问题、重大共性关键技术和产品，为我国国民经济和社会发展主要领域提供持续性的支撑和引领。

"智能电网技术与装备"专项是国家重点研发计划第一批启动的重点专项，是国家创新驱动发展战略的重要组成部分。该专项通过各项目的实施和研究，持续推动智能电网领域技术创新，支撑能源结构清洁化转型和能源消费革命。该专项从基础研究、重大共性关键技术研究到典型应用示范，全链条创新设计、一体化组织实施，实现智能电网关键装备国产化。

"十三五"期间，"智能电网技术与装备"专项重点研究大规模可再生能源并网消纳、大电网柔性互联、大规模用户供需互动用电、多能源互补的分布式供能与微网等关键技术，并对智能电网涉及的大规模长寿命低成本储能、高压大功率电力电子器件、先进电工材料及能源互联网理论等基础理论与材料等开展基础研究，专项还部署了部分重大示范工程。"十三五"期间专项任务部署中基础理论研究项目占 24%；共性关键技术项目占 54%；应用示范任务项目占 22%。

"智能电网技术与装备"专项实施总体进展顺利，突破了一批事关产业核心竞争力的重大共性关键技术，研发了一批具有整体自主创新能力的装备，形成了一批应用示范带动和世界领先的技术成果。预期通过专项实施，可显著地提升我国智能电网技术和装备的水平。

基于加强推广专项成果的良好愿景，工业和信息化部产业发展促进中心与科学出版社联合策划以智能电网专项优秀科技成果为基础，组织出版"智能电网技术与装备丛书"，丛书为承担专项的各位专家和工作人员提供一个展示的平台。出版著作是一个非常艰苦的过程，耗人、耗时，通常是几年磨一剑，在此感谢承担"智能电网技术与装备"专项的所有参与人员和为丛书出版做出贡献的作者和工作人员。我们期望将这套丛书做成智能电网领域权威的出版物！

　　我相信这套丛书的出版，将是我国智能电网领域技术发展的重要标志，不仅可供更多的电力行业从业人员学习和借鉴，也能促使更多的读者了解我国智能电网技术的发展和成就，共同推动我国智能电网领域的进步和发展。

2019 年 8 月 30 日

前　言

近年来，随着我国可再生能源装机容量的逐步提高，可再生能源消纳问题成为制约产业发展的瓶颈，同时大规模可再生能源的接入也给电力系统的运行与控制造成了巨大压力。发掘大规模快速调节资源以提高电力系统灵活性，研究可再生能源接入对电力系统运行形态的影响是电力系统转型过程中亟须解决的问题。

工业负荷，特别是高耗能工业负荷，具有热蓄能的特性，其电功率可在较大范围内连续调节。因此，深入挖掘高耗能工业负荷的功率调控潜力对于提升电力系统灵活性并促进可再生能源消纳具有重大意义。本书系统研究了以电解铝、矿热炉、多晶硅负荷为代表的典型高耗能工业负荷的特性、建模与控制方法，并以实际电网调控需求为基础，研究其在不同应用场景下与电网互动调控的方法。

全书共 9 章，内容分为 3 个部分：高耗能工业负荷特性、建模与控制（第 1～3 章）、高耗能工业负荷参与电网调控（第 4～8 章）、硬件在环仿真平台搭建及工业应用（第 9 章）。

第 1～3 章构成典型高耗能工业负荷建模与控制体系，依次分析高耗能工业负荷的基本分类与地理分布、几种典型高耗能工业负荷的特性分析与建模方法，并分别针对不同工业负荷提出挖掘负荷功率调节潜力的控制方法。第 1 章从调控特性上对高耗能工业负荷进行分类，并依次分析几种典型高耗能工业负荷的产能与地理分布情况。第 2 章介绍几种典型高耗能工业负荷的生产工艺、电气特性及建模方法。针对电解铝负荷的生产特性、拓扑结构、稳流系统进行分析，提出电解铝负荷功率特性建模方法；在分析合金冶炼负荷工艺流程基础上，提出矿热炉等效电路与升降调控系统建模、轧钢负荷建模方法；基于多晶硅负荷生产工艺分析，对多晶硅功率特性、供电电源进行建模，并分析多晶硅负荷的调节能力。第 3 章在第 2 章的基础上介绍适应功率调节需求与生产实际约束的高耗能工业负荷控制方法。针对电解铝负荷，提出基于交流侧电压、有载调压变压器、饱和电抗器调节三种调节方法，并根据现场实测数据分析电解铝负荷的暂态特性，进行负荷开环控制试验。针对矿热炉负荷，提出阻抗调节方法、电压调节方法，并仿真验证负荷控制模型的有效性。针对多晶硅负荷，基于改变负荷拼波电压的控制原理，并考虑生产安全约束，提出多晶硅负荷控制流程。

第 4 章介绍高耗能工业负荷参与局域电网频率控制方法，分析含高耗能工业负荷的局域电网运行难点，并介绍基于系统频率反馈的负荷控制器；通过基于广域信息完成不平衡功率在线辨识，在电压灵敏度方法的基础上完成电解铝负荷有功控制方法；提出矿热炉负荷阻抗、电压-有功协调控制方法和多矿热炉系统协调控制方法，并针对轧钢冲击功率提出相应的控制策略；提出基于负荷调节效应的多晶硅负荷控制方法，提出多晶硅负荷响应风电功率和系统频率的闭环控制方法。

第 5 章介绍含电解铝工业负荷的局域电网动态电压控制方法。建立局域电网动态电压控制模型，提出一种利用 Padé 近似法补偿广域测量系统(wide area measurement system，WAMS)的控制时延的方法，将动态电压控制问题转化为线性二次型跟踪控制问题，设计一种动态电压控制策略以改善局域电网的快速动态电压响应特性。

第 6 章介绍电解铝工业负荷参与互联电网联络线功率波动控制方法。建立一种基于模型预测控制器的并网型高耗能工业负荷参与的联络线功率波动控制构架，提出显式模型预测控制器的快速计算方法，对比分析该控制器对传统火电机组自动发电控制器、PI 控制器的调频改善效果。

第 7 章介绍电解铝工业负荷参与互联电网低频振荡控制方法。推导电解铝工业负荷所提供的阻尼转矩表达式，并揭示工业负荷接入对电力系统低频振荡的影响机理；建立一种广域阻尼控制架构，通过动态控制负荷有功功率，在同步电机转子上提供正相位阻尼转矩；考虑控制鲁棒性和广域准分散式控制约束，提出控制器的序列鲁棒设计方法，使得不同整定序列下控制器的阻尼任务更为均匀。

第 8 章介绍电解铝工业负荷参与互联电网调频辅助服务方法。首先，提出一套两阶段分级控制器的框架；其次，基于美国调频辅助服务市场，提出考虑调频信号不确定性的日前调频备用优化方法；再次，考虑高耗能负荷调频过程中的经济性，提出基于经济型模型预测控制的实时调频控制方法；最后，基于典型高耗能工业电网和实际调频信号，验证所提出的两阶段分级控制的有效性。

第 9 章介绍含电解铝工业负荷控制的硬件在环仿真平台搭建及工业应用。首先，介绍含高渗透率风电局域电网的硬件在环仿真平台整体构架、仿真平台硬件设备及其接入方法；其次，在常规的 WAMS 监测功能基础上，扩展 WAMS 的控制功能；最后，介绍电解铝负荷参与局域电网频率控制的现场试验，包括基于励磁控制的电解铝负荷有功开环控制试验、考虑风电功率快速下降的 WAMS 控制试验及考虑机组跳闸的 WAMS 控制试验。

本书是作者在工业负荷控制及其参与电网互动调节领域的研究工作的总结性著作。由于工业负荷参与电网调控的实际应用仍在进一步发展之中，本书难免有不足之处，恳请广大读者批评指正。

感谢柯德平副教授、黎雄副教授，博士研究生鲍益、崔挺、张辰和硕士研究生陈元峰、涂夏哲、蒋雪怡的贡献。

作者在本书中述及的有关研究工作得到国家重点研发计划(2017YFB0902900)、国家自然科学基金项目(51707136)、湖北省自然科学基金(2018CFA080)和国家电网有限公司总部科技项目(5215001600ur)等的资助。

徐　箭

2021 年 5 月于武汉大学

目　　录

第1章 高耗能工业负荷的基本分类与地理分布

1.1 中国可再生能源消纳现状

为积极实现"五位一体"总体布局,秉持"清洁低碳,绿色发展"的电力发展理念,2030 年前碳达峰行动方案明确提出到 2030 年,风电、太阳能发电总装机容量达到 12 亿 kW 以上的目标[1]。风电、光伏等可再生能源的出力受自然天气不确定影响,具有随机性与间接性,对电网的调节灵活性提出了更高的要求[2-4]。

2019 年,全国风电新增并网装机 2574 万 kW,其中陆上风电新增装机 2376 万 kW、海上风电新增装机 198 万 kW,风电累计装机 2.1 亿 kW,其中陆上风电累计装机 2.04 亿 kW、海上风电累计装机 600 万 kW,风电装机占全部发电装机的 10.4%。2019 年全国风电发电量为 4057 亿 kW·h,首次突破 4000 亿 kW·h,占全部发电量的 5.5%。2019 年,全国风电平均利用小时数为 2082h,风电平均利用小时数较高的地区是云南(2808h)、福建(2639h)、四川(2553h)、广西(2385h)和黑龙江(2323h)。2019 年弃风电量为 169 亿 kW·h,平均弃风率为 4%。2019 年,弃风率超过 5% 的地区是新疆(弃风率为 14.0%、弃风电量为 66.1 亿 kW·h),甘肃(弃风率为 7.6%、弃风电量为 18.8 亿 kW·h),内蒙古(弃风率为 7.1%、弃风电量为 51.2 亿 kW·h)。三省(自治区)弃风电量合计 136.1 亿 kW·h,占全国弃风电量的 81%[5]。

2019 年,全国新增光伏发电装机 3011 万 kW,其中集中式光伏新增装机 1791 万 kW、分布式光伏新增装机 1220 万 kW,光伏发电累计装机达到 2.0430 亿 kW,其中集中式光伏 1.42 亿 kW,分布式光伏 6263 万 kW,光伏装机占全部发电装机的 10.2%。2019 年全国光伏发电量达 2243 亿 kW·h,光伏利用小时数为 1169h。2019 年弃光电量为 46 亿 kW·h,平均弃光率为 2.0%。从重点区域看,光伏消纳问题主要出现在西北地区,其弃光电量占全国的 87%,弃光率达到 5.9%。华北地区、东北地区、华南地区弃光率分别为 0.8%、0.4%、0.2%,华东地区、华中地区无弃光。从重点省份看,西藏、新疆、甘肃弃光率分别为 24.1%、7.4%、4.0%,青海受新能源装机大幅增加、负荷下降等因素影响,弃光率提高至 7.2%[6]。

导致弃风弃光的主要原因如下。

(1)我国可再生能源资源主要分布在远离负荷中心的"三北"地区,当地负荷少,快速响应可再生能源电力波动性的电源不足,致使消纳大规模可再生能源的能力不足。同时"三北"地区电网框架薄弱,跨省跨区的电力传输能力比较弱,难以满足可再生能源大规模发展后的电力传输需求。

(2)可再生能源具有随机性和波动性，需要电网预留较大的调峰容量以应对，东北地区、华北地区调峰电源少，特别是进入冬季后，大量热电联产机组承担供热任务，调峰能力大大下降，只能被迫弃风弃光。

(3)风电场与火电机组存在竞争。火电机组因为经济指标需要达到最低利用小时数，在一定负荷的条件下，优先使火电机组达到最低利用小时数，导致多余的可再生能源不能并网，被迫弃风弃光。

《电力发展"十三五"规划(2016—2020年)》指出，必须从电源侧、电网侧、负荷侧多措并举，充分地挖掘现有系统调峰能力，增强系统灵活性、适应性，破解可再生能源消纳难题。

1.1.1　电源侧提高电力系统灵活性

电源侧提高电力系统灵活性的角度开展了大量理论研究和工程实践，主要包括对火电机组进行灵活性改造。火电机组参与调峰调频的能力，特别是机组的最低稳燃负荷及出力的变化速率，通常称为火电机组的灵活性。然而，我国的火电机组普遍存在总量富余而灵活性不足的问题，严重限制了可再生能源并网比例的提升。根据国家"十三五"规划纲要，为加快能源技术创新，挖掘燃煤机组调峰潜力，提升我国火电机组运行灵活性，全面提高系统调峰和可再生能源消纳能力，"十三五"期间计划实现热电联产机组改造 1.33 亿 kW，纯凝机组改造 8650 万 kW，增加调峰能力 4600 万 kW。2016 年 6 月，国家能源局委托电力规划设计总院牵头研究制定我国火电机组灵活性升级改造技术路线，并选取了可再生能源消纳问题较为突出地区的 22 个典型项目作为改造试点。截至 2018 年，北方联合电力有限责任公司临河热电厂 1 号机组、淮浙煤电有限责任公司凤台发电分公司 600MW 机组、国家电投辽宁东方发电有限公司亚临界 350MW 机组、天津华能杨柳青热电有限责任公司亚临界 300MW 机组等先后实施了灵活性改造，具备了深度调峰能力。然而，处于深度调峰阶段的火电机组运行成本大幅上升，其运行成本不但包含燃料等显性成本，还包含风险、磨损寿命损失等一些隐性成本。此外，深度调峰服务也导致火电机组发电量减少，从目前的运行情况看，一方面，火电机组运营商调峰的意愿不足，特别是深度调峰意愿不足；另一方面，系统的能耗和燃油污染物排放水平也会随着火电机组深度调峰而大幅增加[7]。很多地方(东北三省，山西、福建、山东、新疆等)纷纷出台《电力辅助服务市场专项改革试点方案》《电力辅助服务市场运营规则》，旨在通过奖惩手段引导火电机组提升运行灵活性，解决电力运行中的调峰、供热、可再生能源消纳等突出问题[8]。

1.1.2　电网侧提高电力系统灵活性

电网侧提高电力系统灵活性主要体现在各种大容量储能装置的应用上。储能技术是大规模集中式和分布式可再生能源发电接入与利用的重要支撑技术[9]。按照所存储能量的形式，可将储能技术分为机械储能、电磁场储能和化学储能等。

机械储能包括抽水蓄能[10]、压缩空气储能[11]及飞轮储能[12]。抽水蓄能仍然是目前应用最普遍的储能技术，全球并网中的储能技术应用，水力蓄能占比达到99%。抽水蓄能电站的建设周期长且受地形限制，当电站距离用电区域较远时输电损耗较大。压缩空气储能最早在 1978 年实现应用，但由于受地形、地质条件制约，没有大规模推广。飞轮储能利用电动机带动飞轮高速旋转，将电能转化为机械能存储起来，需要时飞轮带动发电机发电。飞轮储能的特点是寿命长、无污染、维护量小，但能量密度较低、自放电率高。

电磁场储能包括超导电磁储能和超级电容器储能，超级电容器是 20 世纪 80 年代兴起的一种新型储能器件，由于使用特殊材料制作电极和电解质，这种电容器的存储容量是普通电容器的 20～1000 倍，同时又保持传统电容器释放能量速度快的优点，但存在能量密度低的不足，需要依赖于新材料的诞生，如石墨烯。超导电磁储能利用超导体制成线圈存储磁场能量，功率输送时无须能源形式的转换，具有响应速度快、转换效率高、比容量/比功率大等优点。和其他储能技术相比，超导电磁储能仍然很昂贵，除了超导体本身的费用，维持系统低温导致维修频率提高及产生的费用也很昂贵。

化学储能通过化学反应将化学能和电能进行相互转换以存储能量，包括传统的铅酸电池及新型的钠硫电池、镍氢电池和锂离子电池[13]。化学储能是发展最迅速的储能技术，电网级电化学储能系统在近年不断建设的示范项目中获得可行性验证，如江苏镇江 10 万 kW 储能项目、大连液流电池储能调峰电站项目及澳大利亚特斯拉 10 万 kW 储能项目等。据中关村储能产业技术联盟数据统计，2012～2017 年我国电化学储能规模年均增速达 55%，高于全球年均增速 18 个百分点。2018 年，我国仅电网侧新增储能装机规模超过 50 万 kW，同比增幅达 140%，超过历年累计装机规模总和；2020 年，我国电化学储能装机规模超过 200 万 kW，较 2017 年规模增长近5 倍。化学储能存在的主要不足就是能量密度低、寿命短，如果深度、快速大功率放电，可用容量会下降，且存在过充导致发热、燃烧等安全问题。此外，高昂的价格，也一直是困扰化学储能大规模应用的一个主要原因。

总体而言，尽管储能技术对于电力系统的发展至关重要，但由于地理条件因素、关键技术因素及高昂的成本因素等方面的限制，大多数储能方式处于试验示范和小规模部署阶段。

1.1.3 负荷侧提高电力系统灵活性

负荷侧提高电力系统灵活性主要包括各种负荷调节控制技术及需求侧响应技术。将负荷自身作为手段参与电网的调节控制，不但有利于电网的功率平衡，实现与常规储能装置相同的效果，还有利于降低电网建设等方面的投资，具有较强的技术经济优势。我国江苏省电力公司的精准负荷控制系统应用、美国加利福尼亚州"鸭型曲线"解决方案等均属于电网侧负荷跟踪与可再生能源爬坡控制典型应用[14-17]。

目前电网的负荷调节控制主要有两种实现方式,一是通过实行峰谷电价,由经济杠杆来引导工业、商业和居民用电主动参与削峰填谷,各个区域电网在划分峰谷时段和制定电价差时,结合了区域用电和社会经济发展的实际情况,有一定的差异。二是制定有序用电方案并建设负荷控制系统,通过政策支持或者与用户签订补偿协议等方式,在电网供电能力不足或其他紧急情况下拉停部分可中断负荷,缓解电网供电矛盾的问题[18]。为了进一步降低停电对用户的影响,近年来负荷控制系统的控制对象进一步精细化,如直接控制用户的非工业用空调等。在负荷需求响应方面,按照用户不同的响应方式可分为基于激励响应和基于价格响应[19]。其中基于激励响应目前以投切可中断负荷等操作为主。然而,由于我国电价制定策略缺乏坚实的理论基础,基于价格响应方法难以实现大规模、稳定可靠的负荷响应需求[20]。对于基于激励的需求侧响应,由于缺乏配套基础设备、测量设备及通信设备,缺乏对各种类型负荷特性的理论研究,也难以实现大规模、稳定可靠的负荷响应需求。此外,商业居民用户分散性大,总体响应比率较低,响应量带来的产值远不能与建设需求响应的成本相抵,存在聚合、协同控制等多方面的难点,导致目前负荷响应规模小[21,22]。相比于商业和居民负荷,当大型工业用户参与需求侧响应时,可以提供较大的用电负荷调节量,且工厂负荷可控性较强,能够较好地实现约定响应,使响应量更加可控[23],特别是电解、钢铁、水泥等高耗能行业的负荷具有热蓄能的特点,负荷调节潜力巨大[24,25]。在工业和信息化部发布的《工业领域电力需求侧管理专项行动计划(2016—2020 年)》中提出,电力需求响应工作和售电改革短期内主要面向工业用户,以工业园区为单位开展,大力建设和推进工业领域的需求侧响应。

本书将聚焦于提高电力系统灵活性以消纳可再生能源这一紧迫且极具挑战性的问题,改变单纯依靠机组改造、储能调节和负荷响应的常规思路,而是在确保系统稳定性的前提下,充分地利用工业园区大型工业负荷特别是高耗能负荷的大容量连续可调节的特性,通过对园区内多个高耗能负荷的连续协调控制,实现高耗能负荷主动响应系统频率变化和可再生能源出力波动,降低对系统调峰调频备用容量的要求,提高电力系统的灵活性,从而大幅地降低可再生能源消纳的技术难度和备用成本。

1.2　高耗能工业负荷的基本分类

高耗能是指在生产过程中耗费大量的能源,如煤、电、油、水、天然气等。《2010 年国民经济和社会发展统计报告》中的六大高耗能行业分别为化学原料及化学制品制造业，非金属矿物制品业，黑色金属冶炼及压延加工业、有色金属冶炼及压延加工业，石油加工、炼焦及核燃料加工业，电力、热力的生产和供应业。

从电气特征分析，高耗能工业负荷以电解类、电弧类及电机类负荷为主。电解类与电弧类负荷一般属于稳定性负荷，具有启停有序、工作周期长、容量大等特点，具有较大开发潜力。从负荷的调控潜力来看，电机类负荷具有启停无序、工作周期短、功率冲击大等特点，调控潜力较难开发。

常见的电解类高耗能工业负荷包括电解铝、电解锰、精炼铜、电积锌、氯碱等，而钢铁、电石、黄磷等负荷则属于电弧类[26-30]。电解类高耗能工业负荷的主要生产方式，均是由大直流电流通过电解质溶液或熔融态电解质，在阴极和阳极上引起氧化还原反应的过程，其中电解质溶液或熔融态电解质部分是由多个电解槽串联而成的[31]。电解槽依靠流过电解液的大电流所产生的热量，保证其槽内温度满足生产要求。只有当槽内温度高于金属熔点时，电解过程才能正常进行[32]。此外，如果槽内温度长时间低于其保温温度，会导致电解槽内的电解液凝槽，造成严重的生产事故。电弧炉负荷则依靠电炉产生的高温冶炼矿石原料，将矿石原料通过高温冶炼、提纯得到合金产品。多晶硅负荷也具有相似特性，通过在还原炉的高温中进行化学气相沉积(chemical vapor deposition，CVD)反应而生成多晶硅。由此可知，这些高耗能工业负荷实质可看作热蓄能负荷。在负荷特性方面，同类型高耗能工业负荷具有相似的电气特性。

表 1.1 统计了 2015 年各类高耗能工业负荷的年产量、吨耗电量、总耗电量数据，并由此计算得出各类高耗能工业负荷的总耗电量数据。由此可见，通过适当的控制手段可使得高耗能工业负荷具备大规模的调控潜力。

表 1.1　2015 年各类高耗能工业负荷的年产量、吨耗电量、总耗电量数据

工艺类型	小行业	年产量/kt	吨耗电量/[(kW·h)/t]	总耗电量/(kW·h)	大行业
电解类	电解铝	31410	13000～14000	$(4.0833～4.3974)\times10^{11}$	有色金属
	氯碱	30050	2000～3000	$(6.010～9.015)\times10^{10}$	化工类
	电积锌	6150	3000～3300	$(1.845～2.029)\times10^{10}$	有色金属
	电解锰	1100	5400～6200	$(5.94～6.82)\times10^{9}$	黑色金属
	精炼铜	7960	200～300	$(1.59～2.39)\times10^{9}$	有色金属
电弧类	钢铁	803830	450～500	$(3.6172～4.0192)\times10^{11}$	黑色金属
	电石	24600	3000～3400	$(7.380～8.364)\times10^{10}$	化工类
	黄磷	550	13000～13900	$(7.150～7.645)\times10^{9}$	化工类

1.3   电解铝负荷的产能概况与地理分布

电解铝作为典型的电解类负荷，其工艺特点、拓扑结构及负荷特性都具有很强的代表性。为了表述方便，本书提到的电解类负荷均以电解铝为例进行阐述。

中国是世界第一大产铝国。亚洲金属网数据中心数据显示，截至 2017 年，中国电解铝产能每年保持接近 10%的增长，但 2018～2019 年有所放缓，如图 1.1 所示，2019 年中国电解铝产量同比下降 2.17%，至 3504 万 t，截至 2019 年底，中国电解铝运行年产能约为 4100 万 t。电解铝需求量与国家经济密切相关，预计未来一段时间内，电解铝产能将有所放缓。到 2030 年中国人均国内生产总值(gross domestic product, GDP)将接近中等发达国家水平，中国人均年铝需求量将达到当前德国等国家人均年铝需求量水平。据此测算，2030 年电解铝需求量为 5800 万 t。

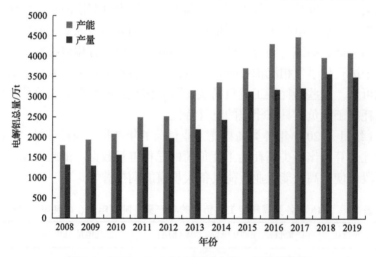

图 1.1   2008～2019 年电解铝产能、产量增长图

电解铝工业在我国分布广泛，集中在可再生能源丰富的三北地区，煤电资源丰富的山西、山东地区，水电资源丰富的华南地区。但受电价、环境等多方面因素的影响，电解铝产能地区分布也在发生变化。从近几年我国部分省份电解铝产能分布来看，电解铝产能具有明显的西迁趋势。如图 1.2、图 1.3 所示，以 2013 年我国部分省份电解铝产能情况与 2019 年我国部分省份电解铝产能情况进行比较，2013 年，河南、山东的电解铝产量分别占全国电解铝总产量的 18%和 11%。2019 年，河南省电解铝产量仅占全国总产量的 5%，新疆、内蒙古地区电解铝产量上升，分别占全国电解铝总产量的 17%、14%。

按照目前电解铝产业的发展预测，电解铝产能将继续保持向发电资源丰富的西部地区转移的趋势，未来，新疆、内蒙古等地区电解铝产能将占据中国电解铝总产能的绝大部分。电解铝工业聚集于新疆、内蒙古等可再生能源丰富地区，为高耗能工业负荷就地消纳可再生能源提供了良好的条件。

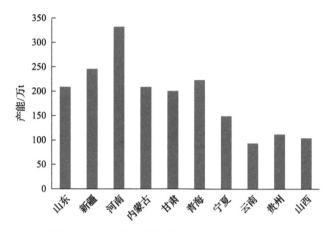

图 1.2　2013 年我国部分省份电解铝产能情况

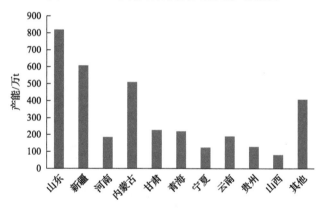

图 1.3　2019 年我国部分省份电解铝产能情况

1.4　矿热炉的产能概况与地理分布

在高耗能行业中，矿热炉负荷是一种常见的大型电热负荷，常用于钢铁及铁合金冶炼行业中。铁合金是铁与一类或多类元素组合而成的一种产物，主要用于钢铁冶炼，可在炼钢时作为相关试剂加入铁水中，使其具有某种特性或达到某种性能指标，从而生产出特定的钢铁。我国既是铁合金生产大国，也是铁合金产品的消费大国，2019 年，我国铁合金生产总量达 3657.7 万 t，出口总量达 402.4 万 t，进口总量达 131.5 万 t。

作为铁合金行业的主要用电负荷，矿热炉在全国范围内有着较大的规模。以铁合金产量可估计矿热炉负荷分布情况。2019 年我国各地区铁合金产量分布情况如图 1.4 所示。由图 1.4 可知,华北地区的铁合金产量占全国的 22%,位居第一,其中仅内蒙古就生产占全国 16%的铁合金。华南(主要分布在广西)地区位居第二,产量占全国总产量的 20%,而西北地区占全国总产量的 17%,西南地区占全国总产量的 15%,其余地区各有部分铁合金生产。

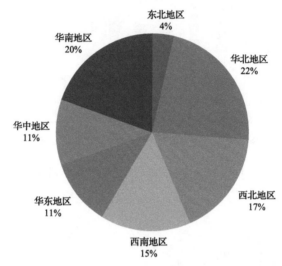

图 1.4　2019 年我国各地区矿热炉(铁合金)产量分布示意图

1.5　多晶硅的产能概况与地理分布

多晶硅是光伏面板、电子科技及信息产业的原材料,随着光伏发电和电子信息产业的快速发展,多晶硅的需求量越来越大,其产量直接关系着能源、信息领域的发展。由图 1.5 可以看出,我国多晶硅产量逐年增长[33,34]。目前,大部分多晶硅企业依然全年满产,虽然进口量自 2017 年来有所下降,但即使如此,2014～2020 年我国多晶硅每年进口量依然在 10 万 t 以上。

多晶硅生产过程综合电耗为 120～170kW·h/kg,而还原电耗占比为 50%～60%[35-38],电量成本占整个生产过程总投入的 40%以上。高耗能问题一直制约着多晶硅产业的发展,大部分多晶硅产能集中在少数集中的大企业中。未来,随着光伏产品价格持续下跌,多晶硅大电耗而引起的高成本将使规模较小或缺乏核心技术竞争力的企业逐步退出市场,市场份额会进一步地向生产技术先进、生产成本低、生产规模巨大的优势企业集中。

2019 年我国部分省份多晶硅产量分布情况如图 1.6 所示。从全国来看,多晶硅产能分布集中在西北地区和华北地区。新疆多晶硅产量占全国多晶硅产量的

49%，内蒙古多晶硅产量占全国多晶硅产量的 16%。

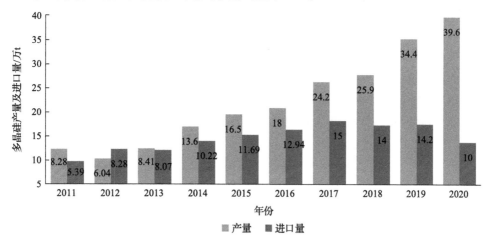

图 1.5　2011～2020 年中国多晶硅产量及进口量情况

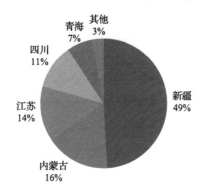

图 1.6　2019 年我国部分省份多晶硅产量分布情况

1.6　高耗能工业负荷生产特点

　　总体来看，高耗能工业负荷在我国分布广泛，主要集中在可再生能源丰富的三北地区，煤电资源丰富的山西地区、山东地区，水电资源丰富的华南地区。负荷与电源呈现区位匹配的特点，适应于解决可再生能源就地消纳问题。高耗能工业负荷生产有以下共同特点。

　　(1)单个高耗能工业负荷耗电量大。以电解铝负荷为例，单个系列的电解铝负荷装机容量高达 60 万 kW，一个电解铝厂总负荷可以达到 100 万 kW 级别，因此具备大容量的调节潜力。

　　(2)电解类、电弧类工业负荷均属于热蓄能负荷，具有较大的热惯量，短时间的调节对负荷的正常生产影响小，十分适合电力系统快速动态调节。

（3）由于高耗能工业耗电量大，因此一般建有自备火电机组，其构成的园区称为高耗能工业电网。高耗能工业电网配备完善的通信系统及控制系统，同时电解铝负荷调节资源与自备火电机组调节资源的协调配合可以使高耗能工业电网呈现优质的调节特性。

（4）高耗能企业参与电网调控的积极性较高。高耗能工业用电成本高昂，挖掘高耗能负荷调控潜力以降低其用电成本，有利于提高企业的经济性。

1.7　本章小结

本章从解决可再生能源消纳问题的角度介绍了高耗能工业负荷的基本类型和几种典型的高耗能工业负荷的产能概况与地理分布，主要介绍如下：

（1）介绍了中国可再生能源发展与分布情况，分析了当前我国可再生能源消纳问题的三点主要原因，阐述了此背景下负荷参与电网调控的积极意义。

（2）从负荷调控的角度，介绍了高耗能工业负荷的基本分类和生产特性，其中主要的电解类和电弧类负荷产量大且具有热蓄能特性，有巨大的调控潜能。

（3）针对代表性高耗能工业负荷电解铝、矿热炉、多晶硅，详细介绍了其产能概况与地理分布情况，整体上，负荷分布与可再生能源分布呈现区位匹配的特点，适应于解决可再生能源就地消纳问题。

参 考 文 献

[1] 国务院关于印发 2030 年前碳达峰行动方案的通知[EB/OL]. [2021-10-24] http://www.gov.cn/zhengce/content/ 2021-10/26/ content_5644984.htm.

[2] Poncelet K , Hoschle H , Delarue E , et al. Selecting representative days for capturing the implications of integrating intermittent renewables in generation expansion planning problems[J]. IEEE Transactions on Power Systems, 2016, 32（3）: 1936-1948.

[3] GWEC. Global Wind Report 2013-Annual market update[EB/OL]. [2015-04-09] http://www.gwec.net/wpcontent/ uploads/2014/04/ GWEC-Global-Wind-Report_9-April-2014.pdf.

[4] 舒印彪, 张智刚, 郭剑波, 等. 新能源消纳关键因素分析及解决措施研究[J]. 中国电机工程学报, 2017, 37 （1）: 1-8.

[5] 国家能源局. 2019 年风电并网运行情况[EB/OL]. [2020-05-02] http://www.nea.gov.cn/2020-02/28/c_138827910.htm.

[6] 国家能源局. 2019 年光伏发电并网运行情况 [EB/OL]. [2020-05-02] http://www.nea.gov.cn/2020-02/28/ c_138827923.htm.

[7] 邹兰青. 规模风电并网条件下火电机组深度调峰多角度经济性分析[D]. 北京: 华北电力大学, 2017.

[8] 牟春华, 居文平, 黄嘉驷, 等. 火电机组灵活性运行技术综述与展望[J]. 热力发电, 2018, 47(5): 1-7.

[9] Kalavani F, Mohammadi-Ivatloo B, Zare K. Optimal stochastic scheduling of cryogenic energy storage with wind power in the presence of a demand response program[J]. Renewable Energy, 2018, 130: 268-280.

[10] 梁子鹏, 陈皓勇, 雷佳, 等. 考虑风电不确定度的风-火-水-气-核-抽水蓄能多源协同旋转备用优化[J]. 电网技术, 2018, 42 (7): 2111-2119.

[11] 傅昊, 张毓颖, 崔岩, 等. 压缩空气储能技术研究进展[J]. 科技导报, 2016, 34 (23): 81-87.

[12] 王松岑, 来小康, 程时杰. 大规模储能技术在电力系统中的应用前景分析[J]. 电力系统自动化, 2013, 37 (1): 3-8.

[13] 许守平, 李相俊, 惠东. 大规模电化学储能系统发展现状及示范应用综述[J]. 电力建设, 2013, 34 (7): 73-80.

[14] Yu M, Hong S H, Ding Y M, et al. An incentive-based demand response (DR) model considering composited DR resources[J]. IEEE Transactions on Industrial Electronics, 2019, 66 (2): 1488-1498.

[15] Siano P, Sarno D. Assessing the benefits of residential demand response in a real time distribution energy market[J]. Applied Energy, 2016, 161 (7): 533-551.

[16] Siano P. Demand response and smart grids—A survey[J]. Renewable and Sustainable Energy Reviews, 2014, 30: 461-478.

[17] Nekouei E, Alpcan T, Chattopadhyay D. Game theoretic frameworks for demand response in electricity markets[J]. IEEE Transactions on Smart Grid, 2015, 6 (2): 748-758.

[18] US Department of Energy. Benefits of demand response in electricity markets and recommendations for achieving them: A report to the United States Congress pursuant to section 1252 of the Energy Policy Act of 2005[EB/OL]. [2012-05-23] https://www.oalib.com/references/14790996.

[19] 高赐威, 梁甜甜, 李扬. 自动需求响应的理论与实践综述[J]. 电网技术, 2014, 38 (2): 352-359.

[20] 张舒菡. 智能电网条件下的需求响应关键技术[J]. 中国电机工程学报, 2014, 34 (22): 219-220.

[21] Liu M, Quilumba F L, Lee W J. A collaborative design of aggregated residential appliances and renewable energy for demand response participation[J]. IEEE Transactions on Industry Applications, 2015, 51 (5): 3561-3569.

[22] Muhammad H, Yan G. A review of demand response in an efficient smart grid environment[J]. The Electricity Journal, 2018, 31 (5): 55-63.

[23] Ding Y, Min S, Ho H, et al. A demand response energy management scheme for industrial facilities in smart grid[J]. IEEE Transactions on Industrial Informatics, 2014, 10 (4): 2257-2269.

[24] Samad T, Kiliccote S. Smart grid technologies and applications for the industrial sector[J]. Computers and Chemical Engineering, 2012, 47: 76-84.

[25] Shoreh M H, Siano P, Shafie-Khah M, et al. A survey of industrial applications of demand response[J]. Electric Power Systems Research, 2016, 141: 31-49.

[26] 段宁, 但智钢, 宋丹娜. 中国电解锰行业清洁生产技术发展现状和方向[J]. 环境工程技术学报, 2011, 1 (1): 75-81.

[27] 姜金龙, 戴剑峰, 冯旺军, 等. 火法和湿法生产电解铜过程的生命周期评价研究[J]. 兰州理工大学学报, 2006, 32 (1): 19-21.

[28] 王彦军, 谢刚, 杨大锦, 等. 降低电积锌直流电耗的现状分析[J]. 湿法冶金, 2005, 24 (4): 208-211.

[29] 方度. 氯碱工艺学[M]. 北京: 化学工业出版社, 1990.

[30] 傅杰, 李京社, 李晶, 等. 现代电弧炉炼钢技术的发展[J]. 钢铁, 2003, 38 (6): 70-73.

[31] 郭瑞. 熔盐电解法制备铝钪合金的研究[D]. 沈阳: 东北大学, 2009.

[32] 刘伟. 铝电解槽多物理场数学建模及应用研究[D]. 南京: 东南大学, 2008.

[33] 智研咨询. 2017 年中国多晶硅产业发展概况分析[EB/OL]. [2018-11-17] https://www.chyxx.com/industry/ 201707/539070.html.

[34] 2016 年中国多晶硅产量、增长率分析及全球多晶硅产量分析[EB/OL]. [2018-11-17] https://www.chyxx.com/ industry/201701/ 489398.html.

[35] 黄开金, 平述煌. 影响多晶硅生产电耗的因素及控制措施[J]. 氯碱工业, 2015, 51 (4): 26-29.

[36] 四季春, 梁利锴. 多晶硅生产的节能降耗[J]. 现代化工, 2010, 30 (9): 5-7.

[37] 陈其国, 钟真武, 高建, 等. 多晶硅制备中节能降耗技术的研究[J]. 氯碱工业, 2012, 48 (9): 28-30.

[38] 李玉焯, 孙强, 汤传斌. 改良西门子法多晶硅还原工序节能降耗研究[J]. 中国有色冶金, 2014, 43 (3): 24-27.

第2章　典型高耗能工业负荷特性及建模方法

本章介绍几种典型高耗能工业负荷电解铝、矿热炉、多晶硅的生产工艺、负荷特性与建模方法，说明负荷功率调节的可行性。2.1 节从电解铝负荷的电气特性和生产工艺入手，建立电解铝负荷有功-电压外特性模型，并基于现场实测对模型的关键参数进行辨识。2.2 节介绍与矿热炉紧密相关的行业及相关生产工艺，分析含矿热炉局域网主要存在的负荷类型，对矿热炉的电路结构和机械结构分别建模，并分析轧钢生产工艺流程，建立轧钢冲击负荷功率特性模型。2.3 节从多晶硅的生产过程出发，建立多晶硅外特性模型，介绍多晶硅负荷的供电电源的拼波技术，利用实际生产经验曲线对所得模型进行拟合。

2.1　电解铝的负荷特性及建模方法

2.1.1　电解铝工业生产工艺特点

现代电解铝工业的生产普遍采用冰晶石-氧化铝熔盐电解法，主要的设备是铝电解槽。在冰晶石-氧化铝熔盐电解法中，以熔盐冰晶石为溶剂，氧化铝为溶质溶解于其中，以碳素材料作为阴阳两极[1]。通入数百千安培的直流电，在两极间产生电化学反应，阴极上的产物为电解铝液，阳极的产物为二氧化碳等气体。通入直流电一方面是利用其热能将冰晶石融化呈熔融状态，并保持其恒定的电解温度，另一方面是要实现电化学反应。电解铝负荷生产工艺示意图如图 2.1 所示。

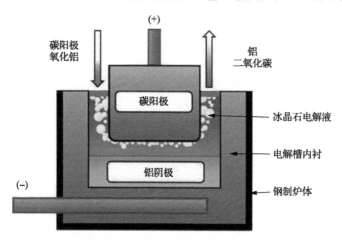

图 2.1　电解铝负荷生产工艺示意图

热平衡对于电解铝的生产十分重要。电解铝的生产需要维持电解槽在 950～970℃高温情况下运行，通过控制通入电解槽的直流电进行控制。电解槽具有很大的热惯量，热时间常数高达数小时[2]。因此，瞬间的供电功率变化不会对电解槽的热平衡产生很大的影响。此外，由于电解槽本身由碳制成，熔融状态的冰晶石具有腐蚀性，因此电解槽必须保持热平衡使冰晶石在中心保持液态在罐壁处冻结。冻结的冰晶石保护罐壁免受腐蚀性熔融液体冰晶石影响。电解槽通过高温使铝保持在熔融状态。一旦开始生产，需要保持连续的操作防止长期的断电造成冰晶石在电解槽中固化。短期的电解槽中断在几分钟到三个小时范围内，不会造成冰晶石固化，但此过程会影响电解铝负荷的产量。因此，短暂的负荷功率调节不会对电解铝的生产造成较大影响，电解铝负荷功率调节具备可行性。

2.1.2　电解铝负荷拓扑结构及特性

通过电解槽的数百千安直流电是经多组整流桥整流后汇集至直流母线的，其负荷的拓扑结构如图 2.2 所示[3]。整流电路包括并联的多个分支电路(图 2.2 中为 6 个分支电路)，每个分支包括一个有载调压变、两个整流变、两组饱和电抗器和两组整流桥。6 组整流变的相移分别为 12 脉动，因此可以输出 72 脉动的直流电压，作为电解铝负荷的电解电源。

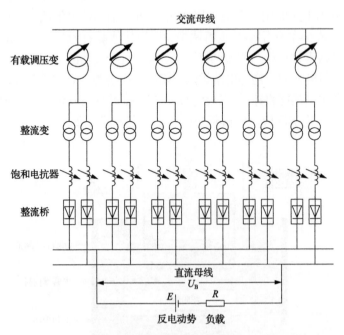

图 2.2　电解铝负荷拓扑结构

电解槽的直流母线电压 U_B 由电解槽压降、电解槽反电动势 E、阳极过电压

U_{an} 和阴极过电压 U_{ca} 四部分组成，其关系如式 (2.1) 所示。

$$U_B = I_d R + E + U_{an} + U_{ca} \tag{2.1}$$

式中，I_d 为电解槽的直流电流；R 为串联电解槽的等效电阻。其中 R 和 E 与电解质成分、电解槽温度和电极极距有关，对于任意确定的电解槽可认为保持不变。正常情况下，阳极过电压 U_{an} 和阴极过电压 U_{ca} 主要与电解过程中的浓差极化和极化面积有关，工程上可近似认为是常数[4,5]，因此式 (2.1) 可以进一步等效为式 (2.2)。

$$U_B = I_d R + E \tag{2.2}$$

基于以上分析，电解铝负荷具备以下的基本电气特性。

首先，电解铝为热蓄能负荷，即依靠低电压大电流通过电解质实现其生产。热蓄能负荷的惯性时间常数大，短时间降低供电功率并不会对温度产生明显影响，该性质是电解铝负荷短时间调整自身功率、参与电网调控的主要支撑。

其次，电解铝负荷为串联型负荷，大电流需流过每个串入的电解槽实现其电解生产。从负荷的容量层级角度看，该性质给电网的稳定运行带来了很大的难题：负荷颗粒太大没有负荷级差，当电源故障跳闸时，安全稳定控制可能没有与损失电源的功率相匹配的负荷可供切除。

2.1.3　电解铝负荷稳流系统

电解铝负荷配备稳流系统以保证电解电流的平稳性。电解铝整流系统采用有载调压变压器和饱和电抗器联合调节的方式控制电解电流的平稳性，首先，通过有载调压变压器对电解电流进行粗调，其次，通过饱和电抗器对电解电流进行细调。电解铝负荷稳流系统控制结构如图 2.3 所示。图 2.3 中，PLC 为可编程控制器；

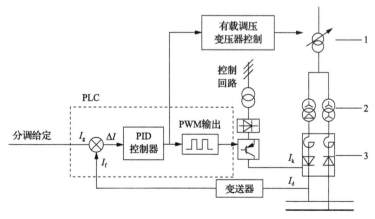

图 2.3　电解铝负荷稳流系统控制结构
1-有载调压变压器；2-移相变压器；3-自饱和电抗器

PID 控制器为比例单元、积分单元和微分单元的组合；PWM 输出为脉冲宽度调制输出；I_g、I_f、ΔI 分别为稳流系统给定参考电流、通过变流器采集的反馈电流及两者的偏差电流。I_k、I_d 分别为稳流系统的控制电流及电解槽直流电流。稳流系统通过传感器采集直流电流信号，与系统给定参考电流进行比较，通过 PID 控制器运算进而得到控制电流，达到输出电流稳定的目标。通过稳流系统的控制作用，可以保持电解铝负荷有功功率以恒定功率运行。

2.1.4　电解铝负荷有功-电压外特性建模

　　电解铝负荷是一个典型的低电压大电流的直流负荷。基于 2.1.2 节中对电解铝负荷的电气特性分析，电解铝的生产是将所有的电解槽串联电解，整流部分为所有整流机组并联整流，电解槽可以等效为一个系列电阻 R 和一个反电动势 E。因此，电解铝负荷的等效电路模型如图 2.4 所示。其中，U_{AH} 为负荷母线的高压侧电压，U_{AL} 为负荷母线的低压侧电压，k 为铝厂降压变压器的变比，L_{SR} 为饱和电抗器的电感值。

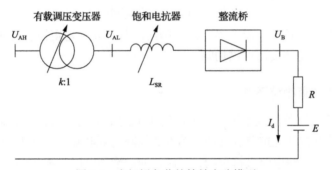

图 2.4　电解铝负荷的等效电路模型

　　等效电阻 R 和反电动势 E 对于电解铝的负荷有功控制十分重要。为了得到这些参数，对电解铝负荷进行了现场测试。式(2.2)表征了电解槽的直流电压 U_B 与直流电流 I_d 的线性关系，通过式(2.2)的变形可得到

$$E = U_B - I_d R \tag{2.3}$$

式中，E 和 R 为待辨识参数，U_B 和 I_d 为可量测数据，能够在铝厂的监测主站中直接读出。

　　通过调整有载调压变压器分接头改变变压器的变比 k，能够改变直流侧母线电压 U_B，并监测相应的直流电流 I_d。为了避免饱和电抗器的影响，饱和电抗器的稳流控制在试验中退出。通过此方法，可以得到多组直流侧母线电压和直流电流值，试验结果如表 2.1 所示。

表 2.1　直流侧母线电压和直流电流现场试验结果

序号	U_B/V	I_d/kA	序号	U_B/V	I_d/kA
1	997	310.4	8	976	306.6
2	993	309.5	9	964	298.1
3	990	311.1	10	959	300.4
4	989	311.1	11	955	300.6
5	985	303.7	12	953	299.9
6	983	307.2	13	951	298.6
7	978	304.9	14	948	297.4

基于式(2.3)，可采用最小二乘法辨识出该电解铝负荷的等效阻抗和反电动势的参数。辨识得到等效电阻 $R=2.016\text{m}\Omega$，反电动势 $E=354.6\text{V}$。根据图 2.4 所示的等效电路，电解铝的负荷有功可表示为

$$P_{\text{Load}} = U_B I_d = \frac{U_B(U_B - E)}{R} = \frac{U_B(U_B - 354.6)}{2.016} \times 10^{-3}(\text{MW}) \tag{2.4}$$

式中，P_{Load} 为电解铝负荷的有功功率。由式(2.4)可知，电解铝负荷有功 P_{Load} 与其直流电压 U_B 具有强耦合关系。

直流侧母线电压 U_B 与高压侧母线电压 U_{AH} 的定量关系如式(2.5)所示[6]：

$$U_B = \left(\frac{1.35 U_{AH}}{k} + \frac{3\omega}{2\pi} \frac{L_{SR}}{R} \cdot E \right) \Big/ \left(1 + \frac{3\omega}{2\pi} \frac{L_{SR}}{R} \right) \tag{2.5}$$

式中，ω 为系统的角频率，由于系统的频率变化很小，因此在式(2.5)中可以忽略其变化。控制过程中考虑饱和电抗器退出稳流控制，饱和电抗器电感值考虑为常数。因此，式(2.5)的右侧仅有 U_{AH} 为变量，U_B 与 U_{AH} 两者为线性关系。

将式(2.5)代入式(2.4)，即可得出 P_{Load} 与 U_{AH} 的定量关系。电解铝负荷有功功率 P_{Load} 与 U_{AH} 关系如图 2.5 所示。

表 2.2 列出了当高压侧母线电压 U_B 调整 0.05p.u.和 0.1p.u.时，电解铝负荷的总调节量 ΔP_{Load}，其中直流侧母线电压基准值为 1kV。

如表 2.2 所示，当电解铝负荷直流侧母线电压下降到 0.95p.u.和 0.90p.u.时，电解铝负荷的总调节量 ΔP_{Load} 可分别达到 0.128p.u.和 0.247p.u.。作为热蓄能负荷，电解铝能够在有功功率降低 25%的保温情况下运行 4h[7,8]。以此为依据，本书将负荷电压偏移量 ΔU_{AH} 的上限设置为 0.1p.u.，从而确保电解铝负荷调整的过程中，能够满足其保温运行需求。

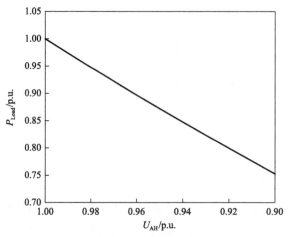

图 2.5　电解铝负荷有功功率 P_{Load} 与 U_{AH} 关系

表 2.2　电解铝负荷的有功-电压调节能力

U_{B} /p.u.	0.95	0.90
ΔP_{Load} /p.u.	0.128	0.247

事实上，在实际运行过程中，当需要机组检修、倒负荷操作时，调整变压器分接头把负荷母线电压降低至 0.90p.u.甚至更低以调整电解铝负荷有功的操作并不少见，也说明了电解铝负荷功率和母线电压的调整，满足现场运行的操作要求。

从式(2.5)中可以看出，调整有载调压变压器的分接头从而调整变比 k，以及调整饱和电抗器电感值 L_{SR}，同样能够调整 U_{B} 从而控制电解铝负荷有功，下面将进行详细讨论。

调整有载调压变压器从而调整变比 k 的方式，是目前电解铝生产中实际被采用的负荷调整方式，在负荷有计划的检修和启动、火电机组二次调频无法跟踪风电功率波动等场景下采用，主要解决时间尺度较长的稳态调度问题。这种调整方式依靠有载调压变压器的分接头机械变动，调整一个挡位的周期为 7s 左右，超出了局域电网受到 N-1 扰动的动态过程，因此该方式对于局域电网频率控制的问题并不奏效。

文献[5]研究了基于饱和电抗器控制的电解铝负荷控制方法。然而，饱和电抗器串联在电路中的作用主要是消除电解槽电解过程中的阳极效应，当出现阳极效应导致 U_{B} 增大时，饱和电抗器通过改变其电感值增大压降消除阳极效应。饱和电抗器的压降在其正常运行时为 20V 左右，其最大压降的设计值通常为 60V，正好可抵消一个阳极效应所造成的 30~40V 的直流电压变化。由此可见，如果通过饱和电抗器的调整方式，不仅会导致饱和电抗器丧失消除阳极效应的作用，同时受饱和电抗器的容量限制，铝负荷有功的调整范围也会减小为电解铝负荷容量的 6%[9]。

2.2   矿热炉及钢铁负荷特性及建模方法

2.2.1   合金冶炼类工业生产工艺特点

矿热炉负荷常应用于铁合金冶炼，如镍铁合金、碳铬合金、硅铬合金、硅铁合金、锰硅合金、碳锰合金等。而合金冶炼通常和钢铁压延加工生产存在紧密关联，例如，对于不同类型的不锈钢，在生产流程中需配以一定镍、铬等金属，为减少运输成本，铁合金企业和钢铁企业的工程通常相距较近，易形成工业园区，在电力上形成局域网，甚至有些钢铁企业内部自设合金冶炼矿热炉，为其钢铁压延加工提供配料。因此本节将介绍合金冶炼和钢铁压延加工的负荷类型与工艺情况。

1. 合金冶炼

合金冶炼的主要任务是将矿石原料通过高温冶炼、提纯，最后得到各类元素符合标准的合金成品。采用电加热冶炼合金的主要过程如图 2.6 所示。

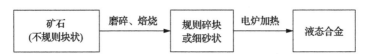

图 2.6   采用电加热冶炼合金的主要过程

以镍铁合金的冶炼为例，其主要的生产方法为回转窑-电炉熔炼法，又称为RKEF（rotary kiln-electric furnace）法，其生产镍铁合金工艺流程如图 2.7 所示，主要包含以下几个阶段。

(1) 在露天的场地上对开采或收购的红土矿石进行晾晒，将体积较大的红土矿石碾碎，筛选出合格形状、具有特性的碎渣，再均匀地混合在一起。

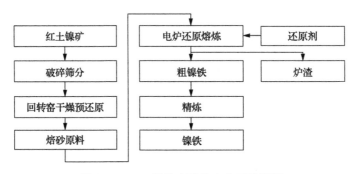

图 2.7   RKEF 法生产镍铁合金工艺流程

(2) 在回转窑内对上一步筛选出的红土矿进行干燥，之后使用回转窑初步对红土矿进行焙烧和预还原，从而得到下一工艺环节需要用到的焙砂原料。

(3) 将上一工艺环节得到的焙砂原料送入矿热炉中，通过高温冶炼融化焙砂，生成含镍铁合金水。

其中，主要的用电负荷为破碎筛分过程，主要用到传送带、磨碎机等电动旋转型负荷；在电炉还原熔炼中，主要用到矿热炉负荷；在精炼过程中，主要用到电弧炉负荷，与矿热炉负荷结构、原理相似；在整个生产环节中，用到水泵、鼓风机等电动旋转型负荷。镍铁合金冶炼整个流程中，矿热炉负荷电耗最大，占总电耗的 50%以上[10]。

对于其他合金冶炼行业，其矿热炉冶炼部分工艺过程大致相同，主要差别在于冶炼的原料、温度及成分不同，详见表 2.3[11]。因此，研究合金冶炼行业的负荷特性，以研究矿热炉的负荷特性为主。

表 2.3 矿热炉主要原料、产品及反应温度

类别	主要原料	成分	反应温度/℃
镍铁炉	红土镍矿	镍铁合金	1500～1600
45% 硅铁炉	硅铁、废铁、焦炭	45% 硅铁	1550～1770
75% 硅铁炉	硅铁、废铁、焦炭	75% 硅铁	1550～1770
锰铁炉	锰矿石、废铁、焦炭、石灰	锰铁	1400～1500
铬铁炉	铬矿石、硅石、焦炭	铬铁	1600～1750
钨铁炉	钨晶矿石、焦炭	钨铁	2400～2900
硅铬炉	铬铁、硅石、焦炭	硅铬合金	1600～1750
硅锰炉	锰矿石、硅石、废铁、焦炭	硅锰合金	1350～1400
炼钢电炉	铁矿石、焦炭	生铁	1500～1600

2. 钢铁压延加工

钢铁压延加工以炼铁、炼钢、轧钢的工艺流程为主，常见的工艺过程如图 2.8 所示，主要的电力消耗形式为利用电产生热量和用电驱动机械运动。

钢铁压延加工大致流程可分为以下几方面。

(1) 铁前工艺：将铁矿石、煤块、石灰石等原料，通过烧结炉、焦炉等设备，生成便于冶炼铁水的球团、焦炭、铁焙砂等精料。

(2) 炼铁工艺：将铁前工艺环节生成的球团、焦炭、铁焙砂等精料送入高炉，利用煤炭燃烧产生的热量，将精料炼成铁水；另一种方法是将废铁投入电弧炉中，利用电弧产生的热量熔化废铁，生产铁水。

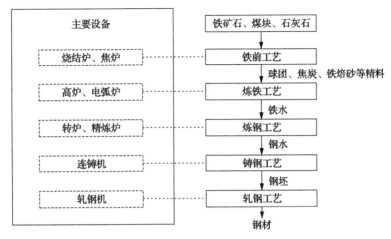

图 2.8　钢铁生产工艺流程

(3)炼钢工艺：将炼铁工艺环节生成的铁水，运至转炉，通过化石能源燃烧进一步加热升温，冶炼出合格钢水；同样，炼钢工艺存在另一种方法，通过精炼炉(电弧炉的一种形式)对铁水进行加热升温，冶炼出特种钢水，此时的热量来源不再是化石能，而是电能。

(4)铸钢工艺：将炼钢工艺环节生成的钢水，送入连铸机，将钢水浇铸制成高温通红的钢坯，便于进入下一环节塑形。

(5)轧钢工艺：将铸钢工艺环节制成的钢坯，送入轧钢生产线压轧、塑形。在这个过程中，钢坯将按照一定顺序通过多台轧钢机，每台轧钢机的任务是将钢坯厚度压轧到产品规定水平，最终生产出不同类型的钢材。

在用电负荷方面，钢铁工业的负荷种类繁多，主要包含轧钢机、电弧炉、制氧机、鼓风机、水泵机、传送机等负荷。目前大多数文献将钢铁工业负荷分为冲击负荷和常规负荷两类[12-14]。为研究钢铁工业负荷的波动性，按照波动性特点进一步将钢铁工业负荷分为持续型冲击负荷、间歇型冲击负荷、稳定负荷三大类[15]，具体如下所示。

(1)持续型冲击负荷：这类负荷的功率波动最为强烈，具有波动周期短，波动功率大的特点，在钢铁工业中，持续性冲击负荷主要为轧钢机。由于其生产过程对温度、速度、压力的要求较高，负荷本身不宜进行调控。因此对于这类负荷的功率波动，可利用其短时间内的功率波动信息为整个钢厂提供预警信号，提前告知系统内机组及负荷管理系统做好相应准备。

(2)间歇型冲击负荷：该类负荷大多数时间内功率较为平稳，但因生产工艺需要频繁启停，在启停的瞬间会产生冲击功率；在生产的某些阶段，因工况变化也会产生短冲击功率。在钢铁工业中，间歇型冲击负荷主要为精炼炉(电弧炉的一种形式)类负荷。因其本质属于电加热型负荷，而热负荷通常具有一定的热惯性，这就意味着在紧急情况下，短时间内关停电弧炉，其温度不会骤降。此外，电弧炉所处的炼钢生产环节与下一生产环节之间通常设有缓冲存储区域，因此将电弧炉延时半分钟左右开启也并不会对整个生产进度造成影响。故可利用电弧炉的可中断和可转移的特性，将其作为参与电网调控的一种方法，在紧急情况下，适当地将电弧炉关停或延时启动，以减少钢厂中的功率波动。

(3)稳定负荷：该类负荷主要包含两种，一种是功率大但在较长时间内保持平稳的负荷，其波动特性取决于生产计划，如连续作业的矿热炉(电弧炉的一种形式)、负荷制氧机等负荷；另一种是频繁波动但是功率较小的负荷，这类负荷通常是与轧钢负荷配套的传送机、水泵机等负荷。

持续型冲击负荷、间歇型冲击负荷、稳定负荷的波动原因和波动周期总结见表2.4。从负荷调控能力的角度来说，在不影响生产进度及产品品质的情况下，典型钢厂中仅有电弧炉负荷可通过短时间中断、转移的方式来响应系统需求，而其他负荷或与生产紧密相关，或功率规模太小，不具备负荷调控的能力。

表2.4　钢铁压延加工行业负荷种类

序号	负荷类别	波动原因	波动周期	具体负荷名称
1	持续型冲击负荷	工艺原因	1～5min	轧钢机
2	间歇型冲击负荷	负荷启停	40～60min	精炼炉
3	稳定负荷	生产计划、调度安排	6～24h	矿热炉、制氧机等
		冲击负荷辅助设备	与冲击负荷周期相匹配	水泵机、传送机等

综上所述，钢铁压延加工负荷的功率波动主要由轧钢负荷和大型电弧炉负荷的启停造成，但电弧炉负荷由于具备热惯性，可以人为调整启停时间来减小对系统的冲击；而轧钢负荷的工艺要求决定了其自身的冲击功率无法通过人为方式平抑。因此，对于钢铁压延加工行业的负荷特性模型，应当以轧钢负荷模型为主。

2.2.2　矿热炉等效电路

1. 矿热炉负荷模型

矿热炉系统结构图如图2.9所示。从高压侧母线开始，分别经过隔离开关、断路器、电炉专用变压器、短网、电极，最终向矿热炉供电。矿热炉的每根电极都配有独立的电极升降装置。其中，电炉专用变压器和短网是矿热炉供电系统中特有的电力设备，以下对电炉专用变压器和短网进行简要介绍。

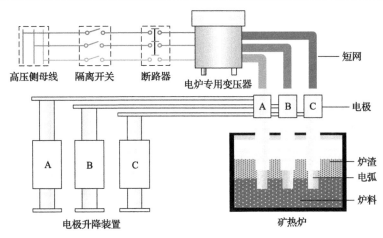

图 2.9　矿热炉系统结构图

电炉专用变压器与常规配电变压器的区别在于:

(1)矿热炉本身功率大,因此电炉专用变压器容量一般要大于常规配电变压器。

(2)矿热炉的冶炼主要依靠大电流加热,变压器二次侧电压较低,因此电炉专用变压器一、二次侧电压级别跨度较大。

(3)矿热炉冶炼过程需要不同的功率,因此电炉专用变压器二次侧通常包含若干个电压挡位,可进行有载调压,改变入炉功率。

(4)矿热炉在冶炼初期经常出现电极短路、塌料等情况,会出现较大的短路电流,均属正常情况,因此电炉专用变压器具有一定的过载和过电流能力。

短网是由铜质材料构成的导体,主要的作用是将电炉专用变压器二次侧的低压大电流送入电极。由于大电流在通过铜管时会产生热量,因此短网经常配备水冷设备,避免铜管温度过高。此外,为防止矿热炉发生严重的三相电流、功率不平衡事故,短网通常需要按照严格要求对称布置,其短网电阻与短网电抗的大小也将影响矿热炉电路的功率及冶炼效率。

2. 矿热炉电路模型

矿热炉电路模型如图 2.10 所示,其中,R_{line}、X_{line} 为短网等效电阻和电抗。对于电弧模型,通常认为电弧呈电阻特性,因此可记电弧电阻瞬时值为 r_{arc}。

根据电弧的物理特性,电弧电压存在起弧电压、维持电压,呈现类矩形波。电弧电流存在明显的熄弧时刻,呈现类正弦波,因此电弧电阻 r_{arc} 为一时变电阻。根据文献[16],可将电弧的时变电阻特性描绘成

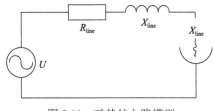

图 2.10　矿热炉电路模型

时变电导模型。令

$$g_{\text{arc}} = \frac{1}{r_{\text{arc}}} \tag{2.6}$$

则电弧模型如式(2.7)所示：

$$\frac{\mathrm{d}g_{\text{arc}}}{\mathrm{d}t} = \frac{1}{\tau}(G_{\text{arc}} - g_{\text{arc}}) \tag{2.7}$$

式中，g_{arc} 为电弧时变电导；τ 为时间常数；G_{arc} 为电弧静态电导，可由式(2.8)表达：

$$G_{\text{arc}} = \frac{|i|}{(u_0 + R|i|)L} \tag{2.8}$$

式中，i 为电弧电流；u_0 为单位弧长的电压常数；R 为单位弧长的电阻分量；L 为电弧弧长。上述模型已封装于实时数字仿真(real time digital simulator，RTDS)系统官方数据库中，在建模时可直接调用数据库中的 arc furnace 模型。RTDS 数据库中 arc furnace 模型如图 2.11 所示。

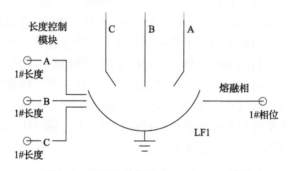

图 2.11　RTDS 数据库中 arc furnace 模型

在无穷大电源-单台矿热炉中进行仿真，得到矿热炉电弧电压、电流波形如图 2.12 所示。这与电弧的物理特性描述相符，模型正确性得到验证。

此外，arc furnace 中还提供了多种的电弧状态参数设计窗口，可以为不同阶段的电弧加入正弦波或白噪声扰动，以表征在实际工程中可能存在的冶炼初期、末期电弧电压、电流波动。其参数设计窗口如图 2.13 所示。

例如，分别设计加入的高斯噪声标准差为 0p.u. 和 0.025p.u.，得到的电弧三相有功功率及 U-I 特性曲线分别如图 2.14 和图 2.15 所示。

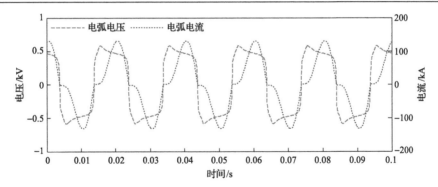

图 2.12 电弧电压、电流波形

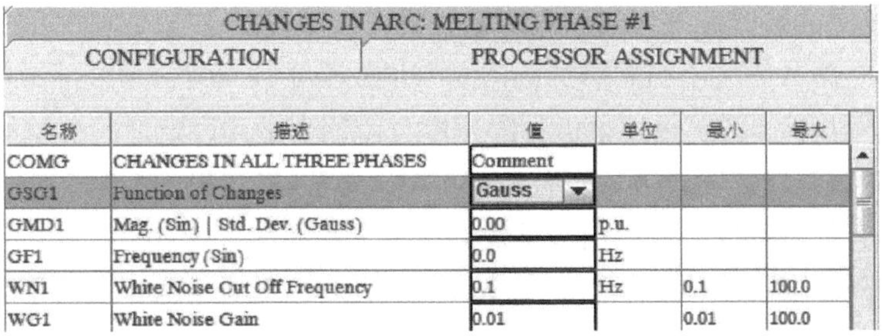

名称	描述	值	单位	最小	最大
COMG	CHANGES IN ALL THREE PHASES	Comment			
GSG1	Function of Changes	Gauss			
GMD1	Mag. (Sin) | Std. Dev. (Gauss)	0.00	p.u.		
GF1	Frequency (Sin)	0.0	Hz		
WN1	White Noise Cut Off Frequency	0.1	Hz	0.1	100.0
WG1	White Noise Gain	0.01		0.01	100.0

CHANGES IN ARC: MELTING PHASE #1 / CONFIGURATION / PROCESSOR ASSIGNMENT

图 2.13 arc furnace 不同阶段电弧状态参数设计窗口

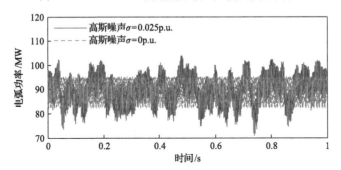

图 2.14 arc furnace 中加入不同高斯噪声扰动后电弧三相有功功率

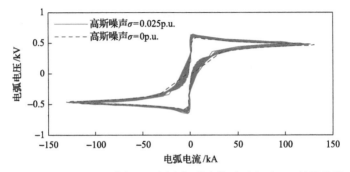

图 2.15 arc furnace 中加入不同高斯噪声扰动后电弧 *U-I* 特性曲线

由图 2.14 和图 2.15 可以看出，由于电弧自身呈现时变电阻特性，因此电弧功率不是一条直线，而是呈现带状，与实际数据特征相符。当加入的高斯噪声标准差为 0p.u.时，电弧功率较为平稳，*U-I* 特性曲线较为集中，有清晰的轮廓线；当加入的高斯噪声标准差为 0.025p.u.时，电弧功率呈现出较强的波动性，*U-I* 特性曲线略微发散，轮廓线较为模糊。由此可见，RTDS 中的 arc furnace 模型可以模拟不同状态下的电弧，这为后续模拟矿热炉的不同工况提供了可行途径。

2.2.3 矿热炉电极升降系统

电极液压升降系统是利用液压系统驱动电极升降，从而间接地控制电弧弧长，改变电弧电阻的装置。电极液压升降系统具有以下特性。

(1)具有调节死区，当矿热炉的监测变量处于死区内时，电极不动作。

(2)比例特性，即矿热炉电极升降速度与监测变量和设定之间的差值有关，当差值越大时，升降速度越大，当差值越小时，电极移动速度越慢。

(3)具有延时特性，控制信号下发到电极开始动作，约有不足 0.2s 的时延。

(4)升降速度不等，出于安全考虑，电极上升速度通常大于电极下降速度。

目前大部分矿热炉采用输入指令电流方法操作电极升降，电极与炉料表面之间的距离与电弧电流存在相关关系，如图 2.16 所示。

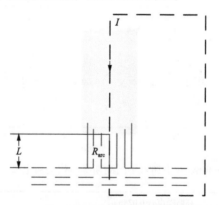

图 2.16 矿热炉低压侧电极、电弧与炉料示意图

图 2.16 中，L 为电极底部到炉料表面之间的等效距离，R_{arc} 为电弧等效电阻，I 为通过电极、电弧、炉料回路的电流。根据工程经验，电弧电流有效值 I 的增量 ΔI 与电极底部到炉料表面之间的等效距离 L 的增量 ΔL 存在如下关系：

$$\Delta I \propto -\Delta L \tag{2.9}$$

即电极底部到炉料表面之间的等效距离越大，电弧电流有效值越小。

综合上述特征，可建立电极升降系统模型，如式(2.10)所示。

$$L = \begin{cases} L_0 + \int_0^t \dfrac{i - I_{\text{ref}}}{C_{\text{up}}} u_{\text{up}} \mathrm{d}t, & i \geqslant I_{\text{ref}} \\ L_0 + \int_0^t \dfrac{i - I_{\text{ref}}}{C_{\text{down}}} u_{\text{down}} \mathrm{d}t, & i < I_{\text{ref}} \end{cases} \tag{2.10}$$

式中，L_0 为电极的初始位置；I_{ref} 为电极电流的指令值；u_{up} 和 u_{down} 为电极上升和下降速度的最大值，均为定值，单位为 m/s；C_{up} 和 C_{down} 为电流差与速度之间的比例系数，体现电极升降速度与位移电流之间的关系，起到将电流差值归一化的作用。由于矿热炉采用埋弧加热的方式，因此电弧燃烧较为稳定，可以认为电弧弧长 L_{arc} 与电极到炉料之间的距离是相等的，即 $L_{\text{arc}} = L$。由于电弧电流通常含有大量谐波，因此在电弧电流与电极电流指令值进行比较前，必须经过数字低通滤波，将高频谐波滤去。此外，为避免电极频繁动作，必须设定调节死区，当电极电流处于调节死区内时，电极不动作；当电极电流超出调节死区范围时，电极根据设定方向和速度运动。综上，通过设定电极电流指令值来驱动电极运动的电极升降系统模型如图 2.17 所示。

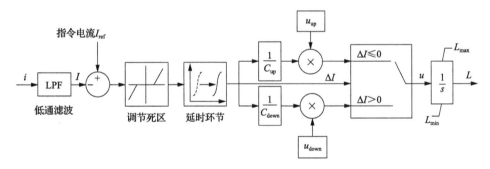

图 2.17 电极升降系统模型

电极升降系统的工作原理为:系统不断检测当前电极电流,并与指令电流 I_{ref} 值作比较,当检测到当前电极电流大于指令电流时,说明电极位置过低,电弧长度过短,则液压系统驱动电极上升,使电极电流减小至指令值;反之,当检测到当前电极电流小于指令电流时,说明电极位置过高,电弧长度过长,则液压系统驱动电极下降,使电极电流增大至指令值。上述工作过程可用图 2.18 所示的流程图表示。

2.2.4 轧钢负荷模型

轧钢负荷的周期波动是导致钢厂功率具有冲击性的主要原因,轧钢负荷属于电动机的一种,其任务是完成钢坯的塑形。当钢坯进入轧机时,轧机功率会急剧

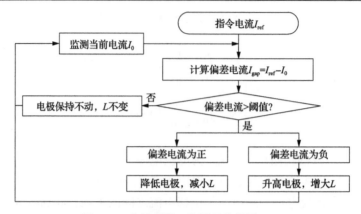

图 2.18　电极升降工作原理流程图

上升；当钢坯离开轧机时，轧机功率急剧下降。由于轧机负荷功率取决于每块钢坯所需的轧制力，无论电网电压频率如何变化，完成一块钢坯的轧制必须达到给定功率，并且现代的轧钢负荷都配备变频器和稳压器，受频率电压影响较小，因此在建模时，暂不考虑电网电压、频率对轧钢负荷的影响，仅分析基于工艺生产需求的轧钢负荷功率波动特性。

　　通常情况下，轧钢生产线轧机可分为粗轧机和精轧机两类[17]。粗轧机一般为可逆式轧制，钢坯通过奇数次来回轧后，最终通过单台粗轧机；精轧机通常连续排列，钢坯一次性通过精轧机送入下道工序，可以认为精轧机是轧制道次为 1 的粗轧机。图 2.19 所示的国内某钢企轧钢生产线工艺流程，钢坯通过 R1 粗轧后，在 R2 往复粗轧 5 次送入精轧区，再以一定速度通过 F1～F7 七台精轧机，至此一块钢坯完成一次轧钢过程。在上述生产过程中，钢坯每经过一次轧机，便产生一定的冲击功率。

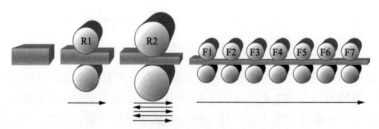

图 2.19　国内某钢企轧钢生产线工艺流程

　　以生产一块中厚型钢板为例，其轧钢的生产流程与功率的对应波形如图 2.20 所示。钢坯进入第一台粗轧机 R1 时，立即产生冲击功率，直到钢坯离开粗轧机 R1，冲击功率将一直保持，当钢坯末端离开粗轧机 R1 时，冲击功率消失，从时域的角度上看，钢坯通过 R1 粗轧机产生了 1 个矩形波冲击功率；随后钢坯进入粗轧机 R2，由于粗轧机 R2 为 5 道次工作机制，因此钢坯将往返 5 次通过粗轧机

R2，产生 5 个冲击功率波形；随后钢坯进入 F1～F7 精轧机，理论上每个精轧机都将产生 1 个冲击功率波形，但由于 F1～F7 精轧机排列紧密，当钢坯首端进入下一台精轧机时，钢坯末端可能尚未离开上一台精轧机，因此钢坯通过精轧机 F1～F7 时，将产生 1 个阶梯形的冲击功率。

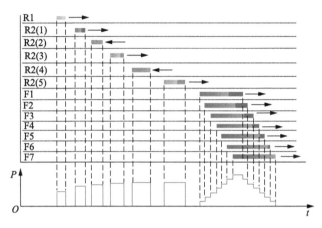

图 2.20　轧钢的生产线流程与功率的对应波形

文献[18]在对单台轧钢机建模时，采用了梯形函数模型。为了用解析表达式揭示整条轧钢生产线的功率波动规律，此处将单台轧钢负荷的功率简化成自变量为时间 t 的门型函数，如式 (2.11) 所示，其函数图形如图 2.21 所示。

$$P_{\mathrm{roll}}(t,t_0,\Delta t,a)=\begin{cases}a, & t_0\leqslant t\leqslant t_0+\Delta t\\0, & \text{其他}\end{cases} \tag{2.11}$$

式中，$P_{\mathrm{roll}}(t,t_0,\Delta t,a)$ 为一块钢坯通过一个轧机产生的功率；t_0 为钢坯刚进入轧机的时刻；Δt 为钢坯通过轧机所需要的时间；a 为该轧机在 Δt 时间内的平均功率，将 Δt 和 a 合称为轧机的特性参数。每台轧机的特性参数皆不相同，但由于在轧钢过程中，每块钢坯在不同工序时对长度、厚度、传送速度有着严格的要求，因此在同一批产品的轧制过程中，所有钢坯经过同一轧机所需要的时长 Δt 及平均功率 a 可以近似认为是常数。

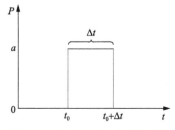

图 2.21　$P_{\mathrm{roll}}(t,t_0,\Delta t,a)$ 函数图形

现考虑有 n_{steel} 块钢坯，n_{rough} 台粗轧机，n_{finish} 台精轧机，其中第 i 台粗轧机的轧制道次为 k_i，对整个轧钢过程所产生的功率波形进行解析描述。对于第 i 台 k_i 道次的粗轧机，其轧制第 1 块钢坯时的功率波形 $P_{R1,i}(t)$ 可用式 (2.12) 表示：

$$P_{R1,i}(t) = \sum_{j=1}^{k_i} P_{roll}(t, t_{R\,ij}, \Delta t_{R\,ij}, a_{R\,ij}) \tag{2.12}$$

则第 1 块钢坯通过 n_{rough} 台粗轧机完成粗轧过程产生的功率波形 $P_{R1}(t)$ 可用式 (2.13) 表示。

$$P_{R1}(t) = \sum_{i=1}^{n_{rough}} P_{R1,i}(t) \tag{2.13}$$

同理可得第 i 台精轧机在轧制第 1 块钢坯时的功率 $P_{F1,i}(t)$ 如式 (2.14) 所示。

$$P_{F1,i}(t) = P_{roll}(t, t_{F\,i}, \Delta t_{F\,i}, a_{F\,i}) \tag{2.14}$$

则第 1 块钢坯通过 n_{finish} 台精轧机完成精轧过程产生的功率 $P_{F1}(t)$ 如式 (2.15) 所示。

$$P_{F1}(t) = \sum_{i=1}^{n_{finish}} P_{F1,i}(t) \tag{2.15}$$

假设第 1 块钢坯进入粗轧工序，经过 $\Delta t_{R\,i}$ 时长后，第 i 块钢坯进入粗轧工序，则第 i 块钢坯完成整个粗轧过程产生的功率 $P_{R\,i}(t)$ 如式 (2.16) 所示。

$$P_{R\,i}(t) = P_{R1}(t - \Delta t_{R1}) \tag{2.16}$$

同理，第 1 块钢坯进入精轧工序，经过 $\Delta t_{F\,i}$ 时长后，第 i 块钢坯进入精轧工序，则第 i 块钢坯完成整个精轧过程产生的功率 $P_{F\,i}(t)$ 如式 (2.17) 所示。

$$P_{F\,i}(t) = P_{F1}(t - \Delta t_{F\,i}) \tag{2.17}$$

则 n_{steel} 块钢坯完成所有粗轧工序的功率 $P_{Rtotal}(t)$ 和精轧工序的功率 $P_{Ftotal}(t)$ 分别如式 (2.18) 和式 (2.19) 所示。

$$
\begin{aligned}
P_{Rtotal}(t) &= P_{R1}(t) + P_{R2}(t) + \cdots + P_{R\,n_{steel}}(t) \\
&= P_{R1}(t) + P_{R1}(t - \Delta t_{R2}) + \cdots + P_{R1}(t - \Delta t_{R\,n_{steel}}) \\
&= P_{R1}(t) + \sum_{i=2}^{n_{steel}} P_{R1}(t - \Delta t_{R\,i})
\end{aligned}
\tag{2.18}
$$

$$P_{\text{Ftotal}}(t) = P_{\text{F1}}(t) + P_{\text{F2}}(t) + \cdots + P_{\text{F}n_{\text{steel}}}(t)$$
$$= P_{\text{F1}}(t) + P_{\text{F1}}(t - \Delta t_{\text{F2}}) + \cdots + P_{\text{F1}}(t - \Delta t_{\text{F}n_{\text{steel}}})$$
$$= P_{\text{F1}}(t) + \sum_{i=2}^{n_{\text{steel}}} P_{\text{F1}}(t - \Delta t_{\text{F}i}) \tag{2.19}$$

式 (2.18)、式 (2.19) 相加得 n_{steel} 块钢坯完成轧钢工序的功率 $P_{\text{RFtotal}}(t)$，如式 (2.20) 所示。

$$P_{\text{RFtotal}}(t) = P_{\text{R total}}(t) + P_{\text{Ftotal}}(t)$$
$$= P_{\text{R1}}(t) + \sum_{i=2}^{n_{\text{steel}}} P_{\text{R1}}(t - \Delta t_{\text{R}i}) + P_{\text{F1}}(t) + \sum_{i=2}^{n_{\text{steel}}} P_{\text{F1}}(t - \Delta t_{\text{F}i}) \tag{2.20}$$

式 (2.20) 表明，在某型号轧钢产品生产过程中，只要得知第 1 块钢坯在整个过程中的粗轧功率 $P_{\text{R1}}(t)$、精轧功率 $P_{\text{F1}}(t)$、每块钢坯进入粗轧工序和精轧工序的时间间隔序列，则可以模拟出整条轧钢生产线在某段时间内的功率。

2.2.5　矿热炉及钢铁负荷调节能力仿真

1. 验证矿热炉负荷电极升降系统的仿真

为验证电极升降系统有效性，在 RTDS 平台上按照表 2.5 所示参数搭建电极升降系统模型。并修改矿热炉指令电流，对搭建的电极升降系统模型进行电极电流指令值从 135kA 变化为 105kA，以及电极电流指令值从 105kA 变化为 135kA 两组阶跃测试，仿真结果如图 2.22～图 2.24 所示。

表 2.5　电极升降系统参数设置

死区范围	时延/s	C_{up}	C_{down}	u_{up}/(m/s)	u_{down}/(m/s)
±3kA	0.05	100	100	0.1	0.07

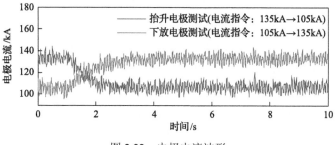

图 2.22　电极电流波形

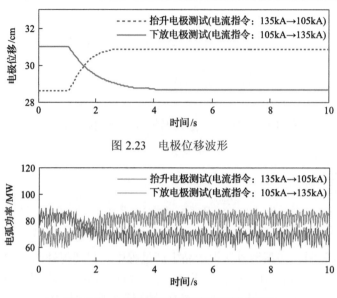

图 2.23　电极位移波形

图 2.24　电极升降系统模型阶跃测试曲线

由仿真结果可以看出,修改指令电流后,电极均能正确执行升降动作(图 2.22),使电极电流快速增减至指令值(图 2.23),同时,电极的升降也导致了电弧功率的改变(图 2.24)。此外还可以看出,电极的上升和下降速度不同,导致两组阶跃测试的暂态时间不一样,电极上升速度较快,暂态过程约为 2s;而电极下降速度比上升速度稍慢,暂态过程约为 3s。这与实际工程的调研结果吻合,验证了电极升降模型的正确性。

2. 轧钢负荷建模仿真

以国内某大型钢铁企业为背景,该钢铁企业共有三处轧钢生产线,现以其中一处轧钢生产线为例。该生产线共有 1 台 1 道次粗轧机、1 台 5 道次粗轧机和 7 台精轧机。通过对生产线工艺过程的调研并对实测 PMU(phasor measurement unit)数据进行分析,以第一块钢坯进入 R1 粗轧机的时刻为 t=0s 时刻得到该轧钢生产线的相关负荷参数如表 2.6 所示。

根据表 2.6 参数,在 MATLAB 中生成一块钢坯通过所有轧钢机所产生的功率波形如图 2.25 所示。根据式(2.20)可知,轧钢生产线功率的波形可以通过单块钢坯完成轧钢工艺的功率进行周期性拓展。根据实际生产工艺,每块钢坯相继进入同一轧钢机的时间间隔为 150~200s,经过合理安排每块钢坯的进钢时刻,可得到整条轧钢生产线的功率波形,如图 2.26 所示。

表 2.6　轧钢生产线功率特性模型参数

过程	进钢时刻 t_0/s	需时 Δt/s	平均功率 a/MW	过程	进钢时刻 t_0/s	需时 Δt/s	平均功率 a/MW
R1 粗轧机	0	7	7	F1 精轧	208	100	7
R2 粗轧第 1 道次	40	9	12	F2 精轧	211	100	7
R2 粗轧第 2 道次	63	8	15	F3 精轧	213	100	6
R2 粗轧第 3 道次	84	9	21	F4 精轧	215	100	4
R2 粗轧第 4 道次	104	10	25	F5 精轧	217	100	3
R2 粗轧第 5 道次	132	15	18	F6 精轧	219	100	3
				F7 精轧	221	100	2

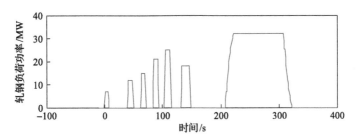

图 2.25　MATLAB 生成单块钢坯完成轧钢工艺的功率波形

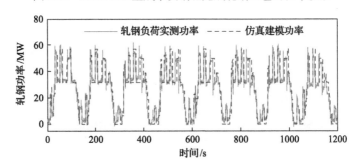

图 2.26　国内某大型钢铁企业轧钢生产线实测与仿真波形

由图 2.26 可以看出,模型仿真的功率波形与轧钢负荷实测功率波形十分接近,能反映出轧钢负荷的冲击特性。因此在后续的算例仿真中,可以利用这一建模方法,在局域网中引入轧钢负荷的功率波动特性,进行相关仿真研究。

2.3　多晶硅的负荷特性及建模方法

2.3.1　多晶硅生产工艺特性

1. 工业硅生产过程简介

多晶硅的主要生产原料为工业硅，工业硅俗称结晶硅，又名金属硅，其纯度在 6N(99.9999%)以下，工业硅是在矿热炉中采用埋弧操作连续生产方式，利用硅矿石和碳还原得到的[19]。多晶硅工业冶炼流程图如图 2.27 所示。

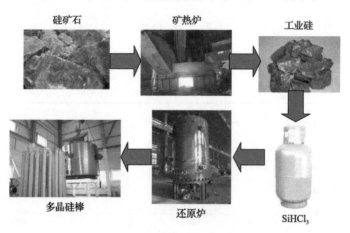

图 2.27　多晶硅工业冶炼流程图

冶炼工业硅采用碳质炉衬和石墨电极，受石墨电极直径限制，目前我国工业硅矿热炉最大容量为 7500kV·A，一般为 2000～3000kV·A。国外多采用 10000～20000kV·A 三相敞口旋转矿热炉，熔化及反应所需热量由电极提供[20]。矿热炉供电电路图如图 2.28 所示。

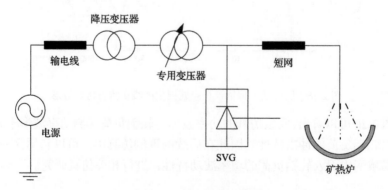

图 2.28　矿热炉供电电路图

专用变压器可以通过改变分接头来改变供电电压，并联的静止无功发生器SVG(static var generator)主要用来补偿矿热炉运行所需要的无功，并在一定程度上消除谐波[2]。炉内发生反应式为

$$SiO_2 + 2C \xrightarrow{1400\sim2000℃} Si + 2CO \tag{2.21}$$

2. 多晶硅的生产过程

工业硅的纯度远不能满足电子信息产业的应用需求，必须进行再次提炼。经过一系列化学处理，先将工业硅转换成 $SiHCl_3$，然后利用 $SiHCl_3$ 与高纯 H_2 在还原炉内进行化学气相沉积反应而生成多晶硅，生成的多晶硅附着在硅芯表面，如此得到多晶硅纯度在 6N 以上，可以满足大部分电子信息产业的应用需求。还原炉供电系统图如图 2.29 所示[21]。

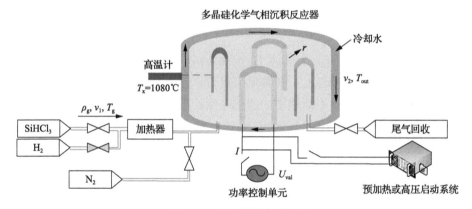

图 2.29　还原炉供电系统图

在进行化学气相沉积反应之前，在还原炉中充入 N_2，置换出炉内空气，当充满 N_2 后，再通入高纯 H_2 置换出 N_2，保持在反应气的环境中，此过程需要 2～2.5h，其主要作用是驱赶空气，保证炉内为无氧状态，避免生成的多晶硅被氧化。

图 2.30 是 24 对还原炉的结构图，反应气体从底盘上的圆孔通入还原炉中，用"+"表示，还原炉的主视图如图 2.30(a)所示，细硅芯在还原炉圆形底盘上的布置如图 2.30(b)所示，用"○"表示。生产初期，还原炉中存在许多对细硅芯，一般以 12 对、24 对、36 对和 48 对居多，细硅芯是在特制的硅芯炉内制造而成的超纯硅，直径为 8～10mm。由于硅在常温时电阻率很高，相当于绝缘体，不容易导通，因此进行化学气相沉积前，必须将硅芯预加热至300℃或用几千伏的高压电击穿细硅芯，一般为 10～12kV 的工频击穿电压，当细硅芯通过电流发热以后，其电阻值从 10～12kΩ 迅速下降到 100Ω 左右，然后改用调功单元对其进行供电，整个切换过程在 1s 以内完成，以防止多晶硅温度降下来。多晶硅进入

平稳生产阶段后，一直由调功单元供电，直至下一个生产周期，以上过程基本
实现自动化。

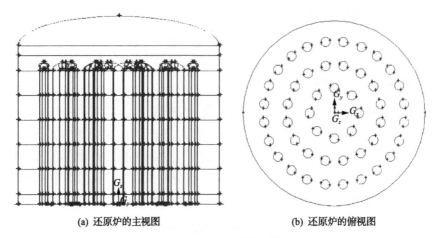

(a) 还原炉的主视图　　　　　　　　　　　(b) 还原炉的俯视图

图 2.30　24 对还原炉的结构图

最后将反应气体 $SiHCl_3$ 与高纯 H_2 按照所需的流量和比例通入炉中，使反应
生产的多晶硅沉积在细硅芯上。随着反应进行，硅棒直径变大，其电阻下降，为
保证硅棒表面温度，需要不断地增加加热电流，其消耗总功率也一直增大，在还
原加热阶段，温度严格保持在 1000～1100℃，最佳反应温度为 1080℃，炉内主要
发生的反应式为[22]

$$H_2 + 3SiHCl_3 \xrightarrow{1000\sim1100℃} 2Si + 5HCl + SiCl_4 \qquad (2.22)$$

为确保外壳和底盘在合理的温度范围，在炉体夹套和底盘冷却进水管不断通
入 300～400℃的冷却水进行散热[23]，确保整个反应外壳和底盘在合适的温度范围
内，若还原炉壁或者底盘温度过高，化学气相沉积会在此表面进行反应，这会大
大增加物料损耗，而且对反应设备产生很大的影响，不易清洗。

由于诸多原因，多晶硅的沉积速度较慢，一般不超过 0.5mm/h，多晶硅的整
个生产周期大约为 7 天，其直径可达 150～200mm，目前我国多晶还原生产方式
主流为 24 对棒和 36 对棒[24]。

2.3.2　多晶硅负荷功率外特性

随着反应进行，多晶硅棒直径不断增大，硅棒的截面积会逐渐变大，同时电
源加热量、混合气体压力、浓度、配比及冷却系统等都会对反应速率造成影响，
直接影响其截面积的变化速率，而且多晶硅棒沿半径方向的温度分布也可能不均
匀，导致各处电阻率不一样，综合以上不确定因素，硅棒电阻存在时变、非线性、

受多因素控制的特点，很难准确地分析与计算其阻值。

1. 多晶硅生产过程分析

多晶硅的主流生产工艺是采用改良西门子法，化学气相沉积反应生成的多晶硅附着在细硅芯表面，由于反应速率很慢，短时间内可以认为多晶硅棒的半径不会发生变化，取 Δt 时间为例，用 μ 表示气体在多晶硅棒单位面积的反应率，则多晶硅表面反应形成的多晶硅量 A_1 可用式(2.23)进行计算：

$$A_1 = v_1 \cdot \Delta t \cdot S_1 \cdot \rho_g \cdot \frac{M_r(\text{Si})}{M_r(\text{SiHCl}_3)} \cdot 2\pi \cdot r \cdot L \cdot \mu \tag{2.23}$$

式中，v_1 为混合气体流动速率；S_1 为进气孔总面积；ρ_g 为混合气体密度；r 为硅棒半径；L 为硅棒等效总长度；M_r 为物质摩尔质量。

另外，假设沿多晶硅棒表面都聚集同样浓度的反应气体，且反应率 μ 不变，多晶硅棒粗细均匀且温度分布相同，则以此状态多晶硅棒可以保持均匀对称生长，图 2.31 为 Δt 时间内，反应过程示意图。

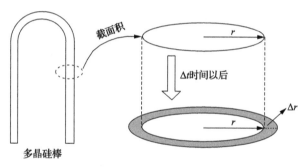

图 2.31　Δt 时间内，反应过程示意图

用多晶硅棒半径增加量 Δr 来计算生成多晶硅量 A_2 的表达式为

$$A_2 = \rho_{(\text{Si})} \cdot \pi \cdot [(r + \Delta r)^2 - r^2] \cdot L \tag{2.24}$$

式中，$\rho_{(\text{Si})}$ 为多晶硅密度。实际生产过程中，要严格控制通入反应气体量及其比例，以保证多晶硅棒均匀生长，文献[25]和[26]分析了若进料气体分布不均匀带来反应器气体浓度场和温度场的不均匀，产生硅棒上粗下细的倒棒现象。同时，由于反应速率不同会产生凹凸情形，沉积反应在凸面的反应速度远远高于凹面部分，易造成爆米花状残次品[27]。

在短时间 Δt 内，可以认为 Δr 变化极小，消除式(2.24)中的二阶无穷小量 Δr^2，则式(2.24)可以化简为

$$A_2 = \rho_{(\text{Si})} \cdot \pi \cdot 2r \cdot \Delta r \cdot L \tag{2.25}$$

反应生成多晶硅的量与 Δr 对应的多晶硅增量相等，即 $A_1=A_2$，由于通入 H_2 质量远远小于 $SiHCl_3$，在忽略 H_2 质量的情况下，可以得到式 (2.26)：

$$v_1 \cdot \Delta t \cdot S_1 \cdot \rho_g \cdot \frac{M_r(\text{Si})}{M_r(\text{SiCl}_3)} \cdot 2\pi \cdot L \cdot \mu = \rho_{(\text{Si})} \cdot \pi \cdot 2 \cdot \Delta r \cdot L \qquad (2.26)$$

当 Δt 趋于 0 时，由微分原理可得

$$\frac{\mathrm{d}r}{\mathrm{d}t} = \frac{M_r(\text{Si})}{M_r(\text{SiCl}_3)} \cdot \mu \cdot \frac{\rho_g}{\rho_{(\text{si})}} \cdot v_1 \cdot S_1 \qquad (2.27)$$

由式 (2.27) 可以看出，控制混合气体密度 ρ_g 与气体流动速率 v_1，即可控制硅棒半径的增加速率，符合实际生产经验[28,29]，实际生产现场，由特殊设定的控制台对进气量进行控制，假设硅棒半径随时间线性增大，则 $\rho_g \cdot v_1 \cdot S_1$ 乘积保持不变，也就是单位时间内，通入反应气体质量大致相等。

2. 多晶硅功率特性建模

在多晶硅生产的恒温阶段，交流电对多晶硅棒加热产生热量 Q_{in} 一部分用于加热参加气相沉积反应气体 Q_{out1}，另一部分用于反应吸收热量 Q_{out2}，剩余一部分用于热辐射，即由多晶硅棒通过还原炉炉壁和底盘夹套散失热量 Q_{out3}，则依据能量守恒原则，能量转换有下关系式：

$$Q_{\text{in}} = Q_{\text{out1}} + Q_{\text{out2}} + Q_{\text{out3}} \qquad (2.28)$$

在实际生产中，反应吸收热量 Q_{out2} 比较小，实际生产经验表明，一般有如下关系：

$$\eta = \frac{Q_{\text{out2}}}{Q_{\text{out3}} + Q_{\text{out2}}} \times 100\% = 2.3\% \sim 2.8\% \qquad (2.29)$$

在 Δt 时间内，工频交流电源向多晶硅负荷注入电能 Q_{in} 为

$$Q_{\text{in}} = \Delta t \cdot P \qquad (2.30)$$

式中，P 为工频交流电源向多晶硅负荷注入功率。

同时根据热力学计算公式，可得

$$Q_{\text{out1}} = \Delta t \cdot v_1 \cdot S_1 \cdot \rho_g \cdot c \cdot (T_x - T_g) \qquad (2.31)$$

式中，c 为混合气体比热容；T_x 为硅棒表面温度；T_g 为混合气体进气温度。由于气体需要被加热到多晶硅表面温度 T_x 才能参加反应，因此，在恒温稳定生产过程

中，可以认为气体温度差变化为 $T_x - T_g$。

底盘夹套散失热量 Q_{out3} 与散热表面积和温度差有关，其计算表达式如式(2.32)所示：

$$Q_{out3} = \Delta t \cdot K \cdot 2\pi \cdot r \cdot L \cdot (T_x - T_{out}) \tag{2.32}$$

式中，K 为硅棒与混合气体总传热系数，其单位为 $W/(m^2 \cdot K)$；T_{out} 为炉筒壁或底盘表面等效温度。稳态过程中，T_{out} 可以认为保持不变。

结合式(2.28)～式(2.32)可以得到

$$\Delta t \cdot P = \frac{1}{1-\eta} \cdot K \cdot 2\pi \cdot r \cdot L \cdot (T_x - T_{out}) \cdot \Delta t + v_1 \cdot \Delta t \cdot S_1 \cdot \rho_g \cdot c \cdot (T_x - T_g) \tag{2.33}$$

另外，结合电学相关计算公式：

$$P = I^2 R = U_{val}^2 \Big/ R \tag{2.34}$$

$$R = \rho \cdot \frac{L}{\pi \cdot r^2} \tag{2.35}$$

式中，P 为交流电加热功率；I 为电流有效值；U_{val} 为电压有效值；ρ 为多晶硅电阻率。进一步可得

$$I^2 = \frac{2K \cdot \pi^2}{\rho(1-\eta)} \cdot (T_x - T_{out}) \cdot r^3 + \frac{\rho_g \cdot c \cdot S_1 \cdot v_1 \cdot \pi}{\rho \cdot L} \cdot (T_x - T_g) \cdot r^2 \tag{2.36}$$

$$U_{val}^2 = \frac{2K \cdot \rho \cdot L^2}{1-\eta} \cdot (T_x - T_{out}) \cdot r^{-1} + \frac{\rho_g \cdot c \cdot S_1 \cdot v_1 \cdot \rho \cdot L}{\pi} \cdot (T_x - T_g) \cdot r^{-2} \tag{2.37}$$

令 $A = \dfrac{2K \cdot \pi^2}{\rho(1-\eta)} \cdot (T_x - T_{out})$，$B = \dfrac{\rho_g \cdot c \cdot S_1 \cdot v_1 \cdot \pi}{\rho \cdot L} \cdot (T_x - T_g)$，$C = \dfrac{2K \cdot \rho \cdot L^2}{1-\eta} \cdot (T_x - T_{out})$，

$D = \dfrac{\rho_g \cdot c \cdot S_1 \cdot v_1 \cdot \rho \cdot L}{\pi} \cdot (T_x - T_g)$，则式(2.36)和式(2.37)可以进一步简化为

$$I^2 = A \cdot r^3 + B \cdot r^2 \tag{2.38}$$

$$U_{val}^2 = C \cdot r^{-1} + D \cdot r^{-2} \tag{2.39}$$

若 $\rho_g \cdot v_1 \cdot S_1$ 乘积保持不变，则在恒温反应过程中，以上系数 A、B、C、D 均保持不变，B、D 受气体密度的影响，对于 A、C 其数值相很小，满足 $A/B \gg 1$，$C/D \gg 1$。由式(2.38)和式(2.39)可以得出，工作电流的平方与硅棒半径的立方成正比，工作电压的平方与硅棒半径平方成反比。

3. 多晶硅功率模型验证

式(2.33)、式(2.38)、式(2.39)为多晶硅负荷的功率特性模型，为了验证本节所提出模型的合理性，以某公司 24 对硅棒的还原炉为例，对模型进行验证。根据工业现场生产数据，单台还原炉的单相电压、电流曲线如图 2.32 所示。

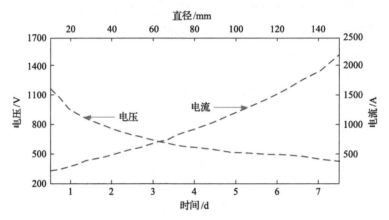

图 2.32　恒温加热，多晶硅棒直径-电压-电流曲线

由图 2.32 可以看出，随着反应的进行，多晶硅硅棒直径逐渐增大，在电阻率保持不变的情况下，其电阻值逐渐减小。同时，多晶硅棒表面积增大，其散热量也逐渐增大，为了将多晶硅棒温度维持在合理的范围内，虽然多晶硅电压下降，但是其电流增大幅度更大，多晶硅负荷所消耗的总功率也还是不断增加的。

利用式(2.38)和式(2.39)对图 2.32 进行拟合，多晶硅负荷电压电流的拟合曲线图如图 2.33 所示。

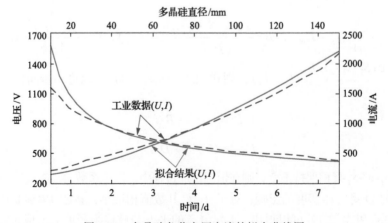

图 2.33　多晶硅负荷电压电流的拟合曲线图

由图 2.33 可以看出,电压和电流的拟合曲线基本与工业数据曲线相符。除去刚开始生产几个数据点,电压、电流的拟合误差在 7%和 5%以内,此拟合结果符合预期设想。系统散热量受多晶硅棒半径影响较大,生产初期,多晶硅棒半径比较小,多晶硅产量少,此时多晶硅温度稳定性差,因此拟合误差较大。

进一步可以得到相关表达式:

$$(I/10)^2 = 0.1171 \cdot r^3 + 0.00765 \cdot r^2 \tag{2.40}$$

$$(U_{\text{val}}/1000)^2 = 10.93 \cdot r^{-1} + 0.714 \cdot r^{-2} \tag{2.41}$$

式中,I、U_{val}、r 的单位分别为 A、V、mm。对比式(2.38)~式(2.41)可知,A、B、C、D 的数值分别为 0.1171、0.00765、10.93、0.714。进一步可以计算多晶硅棒半径为 r 时所消耗的功率为

$$P/10000 = (1.1314 \cdot r + 0.0739) \times 3 \tag{2.42}$$

式中,P 的单位为 W。结合式(2.33)与式(2.42),并代入合理的生产数据,可解得等效 T_{out} 为 320℃,冷却水的温度一般为 300~350℃,该结果符合生产实际。

2.3.3　多晶硅供电电源

在工业电加热领域,一般都采用可控硅作为控制器件,不仅调节精度高、控制速度快,而且正常运行时噪声小、控制技术成熟。可控硅常用的控制方式是过零触发和移相触发两种。过零触发就是当电压值过零点时,截掉某一部分的正弦波来达到改变电压有效值的目的;移相触发就是通过对门极触发脉冲间的电角度的整定来调节电压。

1. 多晶硅供电原理分析

由于多晶硅负荷是蓄热型负荷,短时间内可以看作恒电阻负荷,一般通过整定负荷两端电压来满足负荷功率的需求。工业生产中,在对多晶硅调功单元进行调节时,初期对负荷的控制采用的是单相半波可控整流。移相触发的单相半波可控整流电压波形如图 2.34 所示。

晶闸管经过移相触发控制以后,在 α 之前,负荷两端没有电压,在 α 到 $\pi(T/2)$ 期间,负荷电压是正弦波,电压波形缺块,α 称为移相角。通过改变 α 角即可实现对负荷电压的控制,此种方法称为移相。

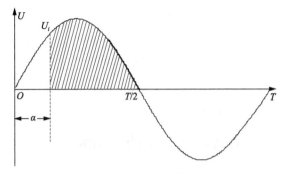

图 2.34　移相触发的单相半波可控整流电压波形

若 α =0°，则负荷两端电压从 0 开始变化，负荷端电压连续变化，若 α 接近 $\pi/2$（即 $T/4$），负荷端电压达到最大值，此时具有一个瞬间冲击电压加在负荷两端。图 2.34 中的缺块部分表示电压为非正弦电压，对多晶硅负荷生产冲击显著，而且每个周期都会存在电冲击，反复长时间如此，会造成硅芯脆裂，生产的多晶硅易倒塌，因此移相触发的单相半波可控整流逐渐不能适应生产需求，现在已被淘汰。

在对多晶硅负荷进行供电时，既要快速、高精度地控制负荷两端端电压，又要克服缺块波形带来的电冲击危害。下面的多晶硅拼波技术可以很好地解决这一问题。

2. 多晶硅拼波技术分析

拼波技术现在已广泛地应用于多晶硅工业生产中，图 2.35 为多晶硅负荷的功率控制单元电路图。

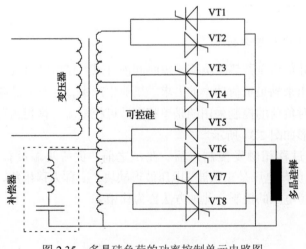

图 2.35　多晶硅负荷的功率控制单元电路图

如图 2.35 所示功率控制单元的正反并联晶闸管(silicon controlled rectifier, SCR)有 4 组，VT1 和 VT2、VT3 和 VT4、VT5 和 VT6、VT7 和 VT8，任何时候只有一组晶闸管导通给硅棒供电，改变导通线路状态即可改变硅棒两端瞬时电压。将两个具有同角频率和相位的不同幅值的缺块电压拼接成一个新的接近于正弦波形的电压，以达到所要求的输出电压，这就是工业上采用的拼波技术。拼波电压的波形图如图 2.36 所示。

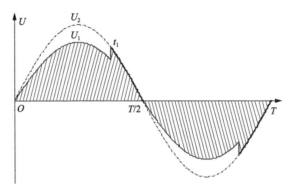

图 2.36　拼波电压的波形图

如图 2.36 所示，$0\sim t_1$ 时刻，某一组正反并联晶闸管导通，拼波电压取 U_1，$t_1\sim T/2$ 时刻，另外一组晶闸管导通，拼波电压取 U_2，以此类推，形成硅棒两端电压。在 t_1 时刻，电压有个阶跃，此阶跃幅度很小，相对于缺块电压波形，拼波电压可以大大降低谐波和电压对硅棒的冲击。

输出电压有效值 U_{val} 可由拼波电压 U_1、U_2 计算得到：

$$U_{\text{val}} \cdot T \Big/ 2R = \left(U_1^2 \int_0^{t_1} \sin^2 \omega t \cdot \mathrm{d}t + U_2^2 \int_{t_1}^{\frac{T}{2}} \sin^2 \omega t \cdot \mathrm{d}t \right) \cdot \frac{1}{R} \tag{2.43}$$

式(2.43)化简可得

$$\omega t - \frac{\sin 2\omega t}{2} = \frac{2\pi \cdot U_{\text{val}}^2 - \pi \cdot U_2^2}{U_1^2 - U_2^2} \tag{2.44}$$

拼波电压一般有 5 个等级：0V、380V、600V、800V、1500V。由式(2.44)可以看出，改变拼波时刻 t_1 或拼波电压 U_1、U_2 即可实现无级调压，进而对多晶硅负荷的功率进行调节，拼波技术使还原炉的生产功率因数明显高于传统移相方式。

2.3.4　多晶硅负荷调节能力仿真

为保证工业生产的安全性和产品的品质，对多晶硅负荷进行功率控制时需要考虑两个方面的限制因素：冷却水的流速和多晶硅棒温度的变化程度，现以单台半径为 65mm 的还原炉为例进行分析。

在 RTDS 上建立如图 2.37 所示的电压受控源模型，电源电压受 S_a、S_b、S_c控制，且 R_a、R_b、R_c 分别代表多晶硅棒三相电阻，根据生产曲线计算得其值均为 0.2082Ω。现考虑如下两种控制方案。

方案一：冷却水进水速度 α 降低为 90%，多晶硅棒温度稳定在 1080℃。

方案二：冷却水进水速度 α 降低为 90%，多晶硅棒温度稳定在 1000℃。

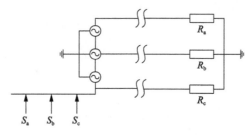

图 2.37　单台还原炉供电模型图

表 2.7 列出了单台多晶硅棒半径为 65mm 的还原炉在正常运行、方案一和方案二这三种不同运行工况下的电气相关参数。

表 2.7　多晶硅棒半径为 65mm 的还原炉在不同运行工况下的电气相关参数

项目	P/MW	U_{val}/V	U_1/V	U_2/V	ωt
正常运行	2.2085	410.285	380	600	2.2966
方案一	1.9876	389.230	380	600	2.5933
方案二	1.7782	368.161	0	380	0.6821

当还原炉的运行工况变化以后，即还原炉电源的拼波电压与拼波时刻发生了变化，为满足安全生产要求，冷却水流速及多晶硅棒的温度也要随之改变。图 2.38 是还原炉在不同运行工况下的电压波形图。

图 2.39 是还原炉在方案一运行工况和方案二运行工况时的功率变化图。在方案一运行情况下，$t=2$s 时，还原炉功率从 2.19MW 下降到 1.971MW，下降幅度为 10%，在方案二运行情况下，还原炉功率从 2.19MW 下降到 1.752MW，下降幅度为 20%。改变拼波电压可以快速改变多晶硅负荷有功消耗量，从而证明了多晶硅负荷具有很大的响应功率调节的潜力。

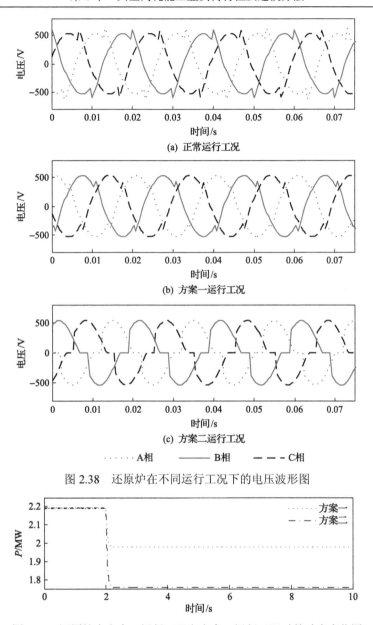

(a) 正常运行工况

(b) 方案一运行工况

(c) 方案二运行工况

········ A相　　——— B相　　– – – C相

图 2.38　还原炉在不同运行工况下的电压波形图

图 2.39　还原炉在方案一运行工况和方案二运行工况时的功率变化图

2.4　本 章 小 结

本章研究了几种典型高耗能工业负荷电解铝、矿热炉、多晶硅的电气特性，并基于现场实测数据建立了相应的负荷模型，主要结论如下所示。

（1）从生产工艺方面，几种典型高耗能工业负荷为热蓄能负荷，惯性时间常数大，短时间降低供电功率并不会对温度产生明显影响，因此此类负荷短时间调整自身功率、参与电网调控具备可行性。

（2）从电解铝负荷调节特性入手，建立了电解铝负荷有功-电压外特性模型，提出了基于现场实测的控制模型关键参数辨识方法，得到了电解铝负荷有功与母线电压的定量关系。

（3）对含矿热炉局域网内的负荷进行了分析，建立了矿热炉主电路模型及操作机构模型。其中，主电路模型体现了矿热炉负荷的电压、电流及功率特性，操作机构模型体现了矿热炉负荷在实际操作过程中的动态响应过程。

（4）对矿热炉负荷所在局域网中的轧钢负荷建立了功率特性模型。这类负荷具有强烈的功率冲击性，因此基于轧钢生产线的工艺流程，推导了轧钢负荷的功率波动规律，并建立了轧钢负荷的功率特性模型，通过与国内某大型钢铁企业的轧钢生产线实测功率进行对比，验证了模型的有效性。

（5）基于多晶硅的反应过程，利用能量守恒、物质守恒等物理原理对多晶硅负荷进行建模，并利用相关数学方法对负荷模型进行化简，得出多晶硅电压、电流及功率与多晶硅棒半径之间的关系，最后利用实际生产经验曲线，对所得模型进行拟合，拟合误差在可接受范围。

（6）对多晶硅负荷的功率控制单元电路进行分析，其主要采用拼波技术对多晶硅负荷的电压进行控制，进而控制负荷所消耗的功率。由此得出改变拼波电压与拼波时刻可以对负荷的功率进行控制，得出负荷响应功率调节的控制指标。

参 考 文 献

[1] Aguero J L, Beroqui M, Achilles S. Aluminum plant. Load modeling for stability studies[C]. Power Engineering Society Summer Meeting, Piscataway, 1999: 1330-1335.

[2] 张恒旭, 李常刚, 刘玉田, 等. 电力系统动态频率分析与应用研究综述[J]. 电工技术学报, 2010, 25(11): 169-176.

[3] Agalgaonkar A P, Muttaqi K M, Perera S. Open loop response characterisation of an aluminium smelting plant for short time interval feeding[C]. IEEE Power and Energy Society General Meeting, Piscataway, 2009: 1-7.

[4] Mohan N, Undeland T M. Power Electronics: Converters, Applications, and Design[M]. Hoboken: John Wiley and Sons, 2007.

[5] Jiang H, Lin J, Song Y, et al. Demand side frequency control scheme in an isolated wind power system for industrial aluminum smelting production[J]. IEEE Transactions on Power Systems, 2014, 29(2): 844-853.

[6] Paulus M, Borggrefe F. The potential of demand-side management in energy-intensive industries for electricity markets in Germany[J]. Applied Energy, 2011, 88(2): 432-441.

[7] Babu C A, Ashok S. Peak load management in electrolytic process industries[J]. IEEE Transactions on Power Systems, 2008, 23(2): 399-405.

[8] 杨慧兰. 红土镍矿电炉还原熔炼镍铁合金的研究[D]. 长沙: 中南大学, 2009.

[9] 中国选矿技术网. 矿热炉类别及性能[EB/OL]. [2018-02-01]. https://www.mining120.com/tech/show-htm-itemid-49697.html.

[10] 周佃民, 李凯, 李关定, 等. 钢铁企业负荷管理系统设计与实现[J]. 电力需求侧管理, 2008, 10(1): 28-30.

[11] 刘向斌. 钢铁企业电力合理生产与优化研究[D]. 沈阳: 东北大学, 2012.

[12] 周佃民, 李关定, 李凯, 等. 钢铁企业节电节能措施及效果[J]. 电力需求侧管理, 2008, 10(6): 33-35.

[13] 涂夏哲, 徐箭, 廖思阳, 等. 考虑过程控制的钢铁工业负荷用能行为分析与功率特性建模[J]. 电力系统自动化, 2018, 42(2): 114-120.

[14] Kizilcay M, Pniok T. Digital simulation of fault arcs in power systems[J]. International Transactions on Electrical Energy Systems, 2013, 1(1): 55-60.

[15] 李志强, 韩志勇, 安宁. 体现轧机功率需求主动性的周期性冲击负荷模型[J]. 电网技术, 2011, 35(12): 72-76.

[16] 董涛, 唐琳, 兰志刚, 等. 工业硅生产与节能[J]. 铁合金, 2012, 43(3): 10-13.

[17] 《实用工业硅技术》编写组. 实用工业硅技术[M]. 北京: 化学工业出版社, 2005.

[18] 李世振. 多晶硅还原炉的电器设备[J]. 东方电气评论, 2010, 24(3): 62-68.

[19] Li J L, Chen G, Pan Z, et al. Technical challenges and progress in fluidized bed chemical vapor deposition of polysilicon[J]. Chinese Journal of Chemical Engineering, 2011, 19(5): 747-753.

[20] Choy K L. Chemical vapour deposition of coatings[J]. Progress in Materials Science, 2003, 48(2): 57-170.

[21] 侯彦青. 改良西门子法制备多晶硅过程的理论分析及建模[D]. 昆明: 昆明理工大学, 2013.

[22] 马卓煌, 宋东明, 李芳, 等. 改良西门子法多晶硅还原炉倒棒研究[J]. 世界有色金属, 2013, 28(S1): 95-97.

[23] 于伟华, 王彬, 田新, 等. 多晶硅还原炉倒棒原因分析[J]. 化工设计通讯, 2016, 42(5): 119-120.

[24] 刘波. 多晶硅还原炉倒棒原因分析[J]. 广州化工, 2014, 42(7): 160-161.

[25] Dongfang Electric Corporation. Automatic power regulating device for polycrystalline silicon reduction furnace[P]: 200910059828.3.

[26] Priya A S, Kumar S V, Mathew S K, et al. Design and process control of Simens polysilicon CVD reactor[C]. Conference on Power, Control, Communication and Computational Technologies for Sustainable Growth, Piscataway, Kurnool: 2016: 91-96.

[27] 邹高亮. 多晶硅还原炉硅棒温度的无模型自适应模糊控制[D]. 长沙: 湖南大学, 2013.

[28] 韩健伟, 陈真生, 黄开均, 等. 多晶硅还原炉调功器调功方案及应用经验探讨[J]. 工业控制计算机, 2012, 25(8): 112-113.

[29] Nie Z, Hou Y, Xie G, et al. Electric heating of the silicon rods in siemens reactor[J]. International Journal of Heat and Mass Transfer, 2015, 90(11): 1026-1033.

第3章 高耗能工业负荷控制方法

第2章介绍了几种典型高耗能工业负荷的相关生产工艺,并分别建立了负荷电路模型、功率特性模型,说明了几类高耗能工业负荷有功功率可调特性。为研究适应功率调节的负荷控制方法,在第2章模型的基础上,本章基于负荷的功率特性,结合理论与实际分别提出电解铝、矿热炉、多晶硅负荷的功率控制方法,并基于现场试验或仿真验证所提出控制方法的有效性。

3.1 电解铝负荷控制方法

2.1.4 节提出了电解铝负荷的有功-电压外特性模型:

$$P_{\text{Load}} = U_{\text{B}} I_{\text{d}} = \frac{U_{\text{B}}(U_{\text{B}} - E)}{R} \tag{3.1}$$

即电解铝负荷有功功率 P_{Load} 与其直流侧电压 U_{B} 有关。基于该特性和控制负荷直流侧电压 U_{B} 的不同方式,本节提出电解铝负荷有功功率的三种调节方法,分别是基于交流侧母线电压调节、基于有载调压变压器调节及基于饱和电抗器调节,如图 3.1 所示。

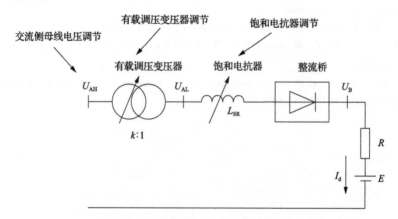

图 3.1 电解铝负荷有功功率调节方法

3.1.1 基于有载调压变压器调节方法

通过调节有载调压变压器能够实现电解铝负荷有功功率的调节。依靠有载调压变压器的分接头机械变动，调节变压器低压侧电压，调节一个挡位的周期一般为 7s 左右。每一个挡位电压的调节量为 0.03p.u.。基于有载调压变压器的调节量及调节时间如表 3.1 所示。

表 3.1　基于有载调压变压器的调节量及调节时间

调节挡位	调节量/p.u.	调节时间/s
1	0.145	7
2	0.175	14
3	0.205	21
4	0.234	28

由于有载调压变压器的调节为机械调节，长期频繁的调节会造成机械磨损。因此基于有载调压变压器的调节方法优先级最低，仅在紧急情况下使用该调节方法。

3.1.2　基于饱和电抗器调节方法

电解铝负荷饱和电抗器控制结构如图 3.2 所示，其中整流电路由桥式连接的 6 个二极管及与之串联的 6 个饱和电抗器组成。左侧为控制回路，令 R_c 为 R_0、R_1、R_2 的等效电阻；L_c 为 L_1、L_2、C_2 的等效电感。

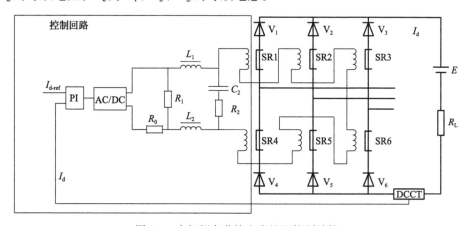

图 3.2　电解铝负荷饱和电抗器控制结构

饱和电抗器铁磁材料的交流磁导率随着直流磁场的变化而变化。当调节控制回路的电流 I_c 时，改变了铁心初始磁密值，进而使得整流电路的换相推迟，换相推迟的时间可用饱和角 α 表示。饱和角 α 与控制电流 I_c 的关系如下：

$$\cos\alpha = 1 - \frac{\omega N_g A_t (B_b - \mu N_c I_c) \times 10^{-8}}{\sqrt{6} E_p} \tag{3.2}$$

式中，ω 为电网频率；N_g 为工作绕组匝数；N_c 为控制绕组匝数；A_t 为铁心截面积；B_b 为饱和磁密；μ 为磁导率；I_c 为控制电流；E_p 为电网电压有效值。

直流输出电压 U_{dc} 与饱和角 α 的关系为

$$U_{dc} = \frac{3\sqrt{6}}{\pi} E_p \cos\alpha \qquad (3.3)$$

结合式(3.2)与式(3.3)可得到

$$I_{dc} = \frac{U_{dc} - E}{R_L} = \frac{3\sqrt{6}E_p - E_b + K_2 I_c - E}{R_L} \qquad (3.4)$$

式中，E 为等效电势；$E_b = \frac{3}{\pi}\omega N_g A_t B_b \times 10^{-8}$；$K_2$ 为转移电阻，$K_2 = \frac{3}{\pi}\mu\omega N_g A_t B_b \times 10^{-8}$。

由式(3.4)可以看出，通过调节控制电流 I_c 可以调节输出电流，进而调节电解铝有功功率。

令饱和电抗器压降为 U_{satu}，根据图3.1可得，低压侧交流电压 $U_{L\text{-}L}$ 为

$$U_{L\text{-}L} = \frac{U_{AH}}{k} - U_{satu} \qquad (3.5)$$

低压侧交流电压 $U_{L\text{-}L}$ 与电解槽直流母线电压 U_B 的关系可表示为

$$U_B = 1.35 U_{L\text{-}L} \qquad (3.6)$$

结合式(3.5)和式(3.6)，直流侧电压 I_d 可表示为

$$I_d = \frac{1.35\left(\dfrac{U_{AH}}{k} - U_{satu}\right) - E}{R} \qquad (3.7)$$

饱和电抗器的等效电感变化有限，通常情况下该三相全桥整流电路最大压降为70V，饱和电抗器通常运行在20~40V，因此可以根据该运行范围及式(3.7)计算出饱和电抗器的调节范围。

3.1.3 基于交流侧母线电压调节方法

除了基于有载调压变压器调节方法及基于饱和电抗器调节方法，电解铝负荷有功功率也可通过调节高压侧母线电压进行调节。

直流侧母线电压 U_B 与高压侧母线电压 U_{AH} 的定量关系如式(3.8)所示。

$$U_{B} = \left(\frac{1.35 U_{AH}}{k} + \frac{3\omega}{2\pi} \frac{L_{SR}}{R} \cdot E \right) \bigg/ \left(1 + \frac{3\omega}{2\pi} \frac{L_{SR}}{R} \right) \tag{3.8}$$

将式(3.8)采用泰勒展开方法线性化后可得

$$\Delta U_{B} = \frac{2.7\pi R}{2k\pi R + 3\omega L_{SR}} \Delta U_{AH} = K_{L2} \Delta U_{AH} \tag{3.9}$$

通过式(3.9)可以得到发电机端电压变化量与负荷有功功率变化量的对应关系：

$$\Delta P_{ASL} = K_{L1} \Delta U_{B} = K_{L1} K_{L2} \Delta U_{AH} \tag{3.10}$$

式中，K_{L1} 为式(3.1)线性化所得，$K_{L1} = \dfrac{U_{B}}{R} - \dfrac{E}{R}$。

由式(3.10)可知，通过调节交流侧电压可以实现电解铝负荷有功功率的调节。对于大电网，交流侧电压难以进行调节。由于局域电网各母线电气距离小，因此可以通过改变发电机端电压的方法来改变负荷交流母线高压侧电压。根据电压灵敏度方法，可以得到发电机端电压改变量与负荷交流母线高压侧电压关系，如式(3.11)所示。

$$\Delta U_{AH} = K_{sens} \cdot \Delta U_{G} \tag{3.11}$$

式中，K_{sens} 为母线 i 对母线 j 的电压灵敏度系数，可通过文献[1]所述方法计算。

通过式(3.10)和式(3.11)，可以得到发电机端电压变化量与负荷有功功率变化量的对应关系：

$$\Delta P_{ASL} = K_{L1} \cdot K_{L2} \cdot K_{sens} \cdot \Delta U_{G} = K_{ASL} \Delta U_{G} \tag{3.12}$$

式中，K_{ASL} 为负荷综合比例系数。

3.1.4　电解铝负荷调控特性现场试验验证

为了验证所提出方法的有效性，对电解铝负荷的功率调节特性进行了现场实际测试，以验证电解铝负荷功率可调特性，并根据现场实测数据分析电解铝负荷的暂态特性。现场测试分为基于饱和电抗器控制的电解铝负荷控制试验和基于高压侧电压调节的电解铝负荷控制试验。

1. 基于饱和电抗器控制的电解铝负荷控制试验

该现场测试试验基于电解铝负荷已有的稳流控制系统，在该稳流控制系统中叠加负阶跃信号，如图 3.3 所示。

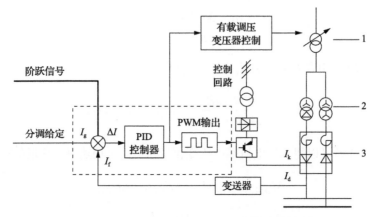

图 3.3　基于饱和电抗器控制的电解铝负荷控制试验

1-有载调压变压器；2-移相变压器；3-自饱和电抗器

基于饱和电抗器控制的电解铝负荷有功功率动态响应曲线如图 3.4 所示。

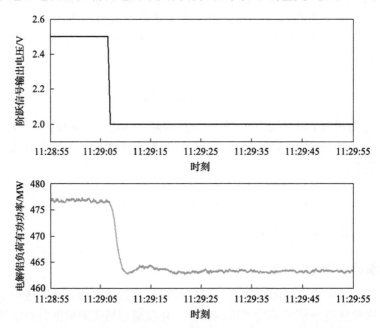

图 3.4　基于饱和电抗器控制的电解铝负荷有功功率动态响应曲线

由图 3.4 可见，经过 8s(11:29:06～11:29:14)，电解铝负荷功率标幺值稳定在 0.893，调整幅度为 10.7%。利用最小二乘法对该曲线进行拟合，其响应特性表现为过阻尼，阻尼比为 1.248，具体表达式如下：

$$P(t) = 0.165 \times e^{-0.502t} - 0.056 \times e^{-1.994t} + 0.8883 \tag{3.13}$$

将上述阶跃响应转化为电解铝负荷的状态方程，取系统状态量为电解铝负荷功率 P_{ASL}，控制量为电解铝负荷功率调节量给定值 $\Delta P_{ASL\,ref}$，其状态方程为

$$\begin{bmatrix} \Delta \dot{P}_{ASL} \\ \Delta \ddot{P}_{ASL} \end{bmatrix} = \begin{bmatrix} 0 & 1 \\ -b & -a \end{bmatrix} \begin{bmatrix} \Delta P_{ASL} \\ \Delta \dot{P}_{ASL} \end{bmatrix} + \begin{bmatrix} 0 \\ 1 \end{bmatrix} \Delta P_{ASL\,ref} \tag{3.14}$$

式中，a=2.496，b=1。

拟合后的数据与原试验数据对比如图 3.5 所示，可见拟合数据与试验数据较为接近，可以描述电解铝功率调整的暂态过程。

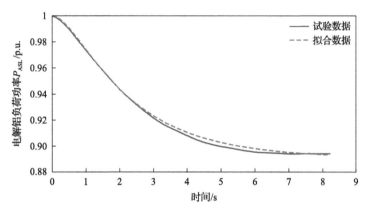

图 3.5　拟合后的数据与原试验数据对比

对经过改造后的饱和电抗器进行测试得到的数据进行总结分析，负荷有功功率能够迅速响应控制信号或者频率反馈信号的变化，从而改变其有功功率。进行改造后的饱和电抗器，负荷调节能力为其额定功率的 10%左右，2s 内调整量可以达到 5.5%，5s 内调整量可以达到 10%。

2. 基于高压侧电压调节的电解铝负荷控制试验

高压侧电压调节主要应用于局域电网。本书所研究的实际孤立电网系统结构如图 3.6 所示。该局域电网位于内蒙古通辽地区，该地区风能资源和煤炭资源非常丰富，能够利用丰富的风能和煤炭资源发展电解铝工业。目前该地区最早建成了总容量为 1200MW 的火电机组，包括 50MW、100MW、150MW 和 300MW 机组各两台。此外，建成产能达 71 万 t 的电解铝生产线三条，负荷需求功率为 1390MW，之前的电力供应已不能满足电解铝生产的需求。因此，又新建了两座装机容量为 400MW 的风电场，同时新建了两台 350MW 的火电机组，并关停两台 50MW 的小火电机组以减少污染物排放，最终构建了一个含 1800MW 火电机组(含厂用电负荷 198MW)、800MW 风电机组、1390MW 电解铝负荷和 50MW 供

热负荷的局域电网，其电源及负荷组成情况如表 3.2 所示。

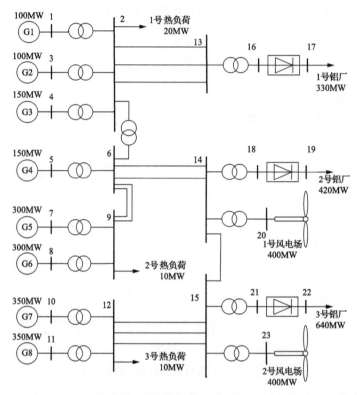

图 3.6　蒙东局域电网网架结构

表 3.2　局域电网电源及负荷组成情况

电源	额定功率/MW	负荷	有功功率/MW
G1	100	1 号铝厂	330
G2	100	2 号铝厂	420
G3	150	3 号铝厂	640
G4	150	1 号热负荷	20
G5	300	2 号热负荷	20
G6	300	3 号热负荷	10
G7	350	厂用电负荷	198
G8	350		
1 号风电场	400		
2 号风电场	400		

电源组成：共有 8 台火电机组，其中 2 台 100MW 机组、2 台 150MW 机组、

2 台 300MW 机组和两台 350MW 机组，火电总装机容量为 1800MW。两个风电场的装机容量均为 400MW。系统中，1～3 号机组由 110kV 输电线路接入供电网络，4～8 号机组由 220kV 输电线路接入供电网络，110kV 和 220kV 两个等级的供电网络之间有两台联络变压器，可以实现不同供电网络之间的功率交换。

负荷组成：孤网中共包含 1 号铝厂、2 号铝厂、3 号铝厂三个电解铝负荷，负荷容量分别为 330MW、420MW、640MW，厂用电负荷为火电机总装机容量的 11%。

对上述高耗能工业电网中发电机组励磁电压叠加点处分别做 0.5%(0.1kV)、1%(0.2kV) 和 1.5%(0.3kV) 的负阶跃，记录该电网中电解铝负荷有功功率的变化，如图 3.7 所示。

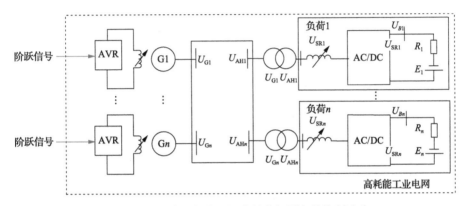

图 3.7　基于高压侧电压调节的电解铝负荷控制试验

图 3.8 为进行 0.5% 负阶跃试验时发电机端电压及电解铝负荷有功功率变化曲线。

通过现场数据分析得出，当 0.5% 负阶跃指令发出后，发电机端电压下降 0.005p.u.，0.75s 后达到稳定状态。电解铝负荷有功功率下降 15MW，1.5s 后达到稳定状态。

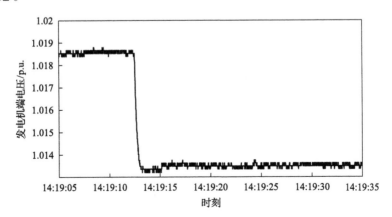

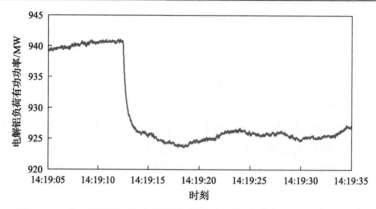

图 3.8　0.5%负阶跃时发电机端电压及电解铝负荷有功功率变化曲线

图 3.9 为进行 1%负阶跃试验时发电机端电压及电解铝负荷有功功率变化曲线。

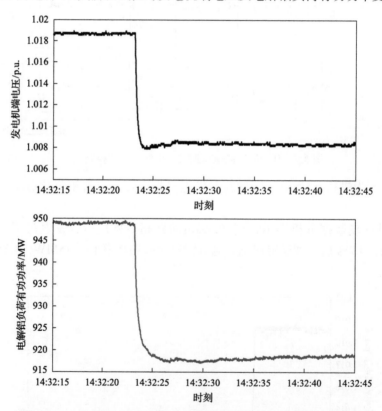

图 3.9　1%负阶跃时发电机端电压及电解铝负荷有功功率变化曲线

通过现场数据分析得出，当 1%负阶跃指令发出后，发电机组端电压下降 0.01p.u.，0.9s 后达到稳定状态。电解铝负荷有功功率下降 30.6MW，1.8s 后达到稳定状态。

　　图 3.10 为进行 1.5%负阶跃试验时发电机端电压及电解铝负荷有功功率变化
曲线。

　　通过现场数据分析得出，当 1.5% 负阶跃指令发出后，发电机端电压下降
0.015p.u.，1.5s 后达到稳定状态。负荷有功功率下降 44.1MW，2.3s 后达到稳定状态。

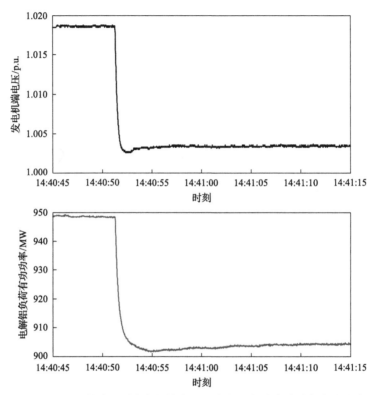

图 3.10　1.5%负阶跃时发电机端电压及电解铝负荷有功功率变化曲线

　　上述开环试验结果表明，发电机端电压能够快速响应阶跃信号，随着参考阶跃
信号的变化，发电机端电压从 1.02p.u.分别降低至 1.015p.u.、1.01p.u.和 1.005p.u.，
下降时间分别为 0.75s、0.9s 和 1.5s。电解铝负荷均能快速响应发电机端电压的变
化，改变其有功出力，电解铝负荷有功功率分别降低 15MW、30.6MW 和 44.1MW，
下降时间为 1.5s、1.8s 和 2.3s。发电机端电压改变时间、负荷有功功率调节时间
十分迅速，且下降过程超调量很小，十分平滑。限于实际现场安全性，开环阶跃
试验仅进行了最大 0.015p.u.负阶跃试验。通过理论分析并结合现场实际考察，发
电机端电压下降 0.05p.u.的情况下，发电厂仍处于安全区域。通过上述试验可以推
算，此时电解铝负荷有功功率调整量将达到 15%左右。

　　表 3.3 为基于高压侧电压调节的开环阶跃试验统计表。

表 3.3 基于高压侧电压调节的开环阶跃试验统计表

阶跃信号	发电机端电压		负荷侧母线电压		负荷有功功率	
	改变量/p.u.	达到稳态时间/s	改变量/p.u.	达到稳态时间/s	改变量/MW	达到稳态时间/s
0.5%负阶跃	0.005	0.75	0.0045	0.75	15	1.5
1%负阶跃	0.01	0.9	0.009	0.9	30.6	1.8
1.5%负阶跃	0.015	1.5	0.015	1.5	44.1	2.3

图 3.11 为现场实测的发电机组端电压发生-0.05p.u.的阶跃时，电解铝负荷有功功率的变化曲线。由图 3.11 可知，电解铝负荷动态响应存在一个明显的惯性环节。式(3.8)描述的是稳态情况下电解铝负荷有功需求与发电机组端电压之间的关系，无法刻画电解铝负荷的这种动态响应特性。

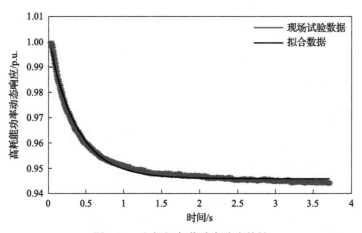

图 3.11 电解铝负荷动态响应特性

本章采用一阶惯性环节来描述电解铝负荷的动态响应，利用最小二乘法曲线拟合得到惯性环节的各个参数，如式(3.15)所示。

$$\Delta P_{ASL}(t) = -0.054 + 0.054 \cdot e^{-2.782t} \tag{3.15}$$

写成传递函数的形式，如式(3.16)所示。

$$G_{ASL}(s) = \frac{\Delta P_{ASL}(s)}{\Delta U_G(s)} = \frac{K_{ASL}}{1 + T_{ASL}s} \tag{3.16}$$

从图 3.11 中可以看出，电解铝负荷有功功率响应速度为秒级，2~3s 内可以完成功率调整。因此通过火电机组励磁电压的控制能够实现对电解铝负荷有功功率的调节。

3.2　矿热炉负荷控制方法

3.2.1　矿热炉负荷阻抗-有功调节方法

由 2.2.2 节可知，矿热炉的负荷模型可以等效为时变电阻 r_{arc}。但由于 r_{arc} 的时变特性，电弧电流与电压并不呈现正弦波形，而是呈现出类方波电弧电压和类正弦波电弧电流，因此矿热炉的等效电路为非正弦电路，这使得通过矿热炉电路的电流既产生了有功功率，又产生了无功功率，即电弧呈现出电阻特性和电抗特性。电弧的本质是电阻特性或阻抗特性，目前在学术界并无定论，但是电弧电路表现出"额外的电抗"这一现象却是不争的事实[2]。此外，也有不少研究提出，电弧炉或矿热炉的运行电抗并不等于短网电抗，通常运行电抗大于短网电抗，这也从侧面证明了电弧电路中存在附加电抗。文献[3]指出，电弧呈现出的电阻特性和电抗特性，是由于电弧的谐波分量引起的，并得到了理论验证。此外，文献[4]提出，对于非正弦电路，其功率不再只是简单的 $S^2=P^2+Q^2$，而应引入谐波引起的畸变功率 D，从而使非正弦电路满足 $S^2=P^2+Q^2+D^2$ 的关系，对于矿热炉电路，畸变功率 D 将使电弧表现出等效电抗。

由于早期的矿热炉容量较小，电弧的电抗效应可忽略不计，可认为电弧电路的电抗等于短网电抗。而随着制造水平的不断提高，矿热炉的容量越来越大，电弧的电抗效应不容忽视。因此，为体现谐波对电弧电路造成的影响，在后续的分析中，将电弧时变电阻 r_{arc} 等效为静态电阻 R_{arc}，并引入静态电抗 X_{arc} 表征由电弧谐波引起的附加电抗，则矿热炉的等效电路如图 3.12 所示。

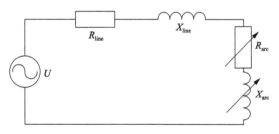

图 3.12　考虑电弧电抗效应的矿热炉等效电路

电弧静态电抗 X_{arc} 大小变化具有一定规律[5]，可用数学函数近似表达电弧静态电阻 R_{arc} 与电弧静态电抗 X_{arc} 的关系[6]。即

$$X_{arc} = f(R_{arc}) \tag{3.17}$$

通常，静态电阻 R_{arc} 和静态电抗 X_{arc} 无法直接获得，可采集电极的端电压、

电流和功率因数，通过式(3.18)和式(3.19)转换获得。

$$R_{\text{arc}} = \frac{U}{I}\cos\varphi \tag{3.18}$$

$$X_{\text{arc}} = \frac{U}{I}\sqrt{1-\cos^2\varphi} \tag{3.19}$$

式中，U 为电极侧测得的电压有效值；I 为电极电流的有效值；$\cos\varphi$ 为功率因数。

根据电路理论，图 3.12 的有功功率如式(3.20)所示。

$$P = \frac{U^2(R_{\text{line}} + R_{\text{arc}})}{(R_{\text{line}} + R_{\text{arc}})^2 + (X_{\text{line}} + X_{\text{arc}})^2} \tag{3.20}$$

假设当前矿热炉有功功率为 P_0，保持电压不变，通过调节矿热炉电路阻抗的方式将矿热炉功率下调 ΔP，调节后矿热炉功率为 P_1。调节前后变量如表 3.4 所示。

表 3.4　调节前后变量

变量	调节前	调节后
功率	P_0	P_1
变压器低压侧电压	U_0	U_1
电弧静态电阻	R_{arc0}	R_{arc1}
电弧静态电抗	X_{arc0}	X_{arc1}
电极电流有效值	I_0	I_1

易知

$$P_1 = P_0 - \Delta P \tag{3.21}$$

$$P_0 = \frac{U_0^2(R_{\text{line}} + R_{\text{arc0}})}{(R_{\text{line}} + R_{\text{arc0}})^2 + (X_{\text{line}} + X_{\text{arc0}})^2} \tag{3.22}$$

$$P_1 = \frac{U_1^2(R_{\text{line}} + r_{\text{arc1}})}{(R_{\text{line}} + r_{\text{arc1}})^2 + (X_{\text{line}} + x_{\text{arc1}})^2} \tag{3.23}$$

式(3.22)、式(3.23)代入式(3.21)得

$$\frac{U_1^2(R_{\text{line}} + R_{\text{arc1}})}{(R_{\text{line}} + R_{\text{arc1}})^2 + (X_{\text{line}} + X_{\text{arc1}})^2} = \frac{U_0^2(R_{\text{line}} + R_{\text{arc0}})}{(R_{\text{line}} + R_{\text{arc0}})^2 + (X_{\text{line}} + X_{\text{arc0}})^2} - \Delta P \tag{3.24}$$

假设系统无功功率充足，在调节前后维持电压不变，则有

$$U_0 = U_1 \tag{3.25}$$

联立式(3.17)、式(3.24)和式(3.25)，得到方程组

$$\begin{cases} X_{\mathrm{arc}1} = f(R_{\mathrm{arc}1}) \\ \dfrac{U_1^2(R_{\mathrm{line}} + R_{\mathrm{arc}1})}{(R_{\mathrm{line}} + R_{\mathrm{arc}1})^2 + (X_{\mathrm{line}} + X_{\mathrm{arc}1})^2} = \dfrac{U_0^2(R_{\mathrm{line}} + R_{\mathrm{arc}0})}{(R_{\mathrm{line}} + R_{\mathrm{arc}0})^2 + (X_{\mathrm{line}} + X_{\mathrm{arc}0})^2} - \Delta P \\ U_0 = U_1 \end{cases} \tag{3.26}$$

式(3.26)所示方程组中，未知量为调节后的电弧静态电阻 $R_{\mathrm{arc}1}$ 和电弧静态电抗 $X_{\mathrm{arc}1}$。R_{arc} 和 X_{arc} 存在相关关系，可通过曲线拟合得出函数表达式，如可用二次函数近似表达 R_{arc} 和 X_{arc} 的关系[5]。

因此，可用式(3.27)显性替代式(3.17)，即

$$X_{\mathrm{arc}} = aR_{\mathrm{arc}}^2 + bR_{\mathrm{arc}} + c \tag{3.27}$$

式中，a、b、c 三个参数可在实际试验过程中通过最小二乘法得到。

联立式(3.26)和式(3.27)，并令 $R_{\mathrm{arc}1} = R_{\mathrm{arc}}$，可得到一元四次方程，如式(3.28)所示。

$$AR_{\mathrm{arc}1}^4 + BR_{\mathrm{arc}1}^3 + CR_{\mathrm{arc}1}^2 + DR_{\mathrm{arc}1} + E = 0 \tag{3.28}$$

式(3.28)中，系数 A、B、C、D、E 如式(3.29)～式(3.33)所示。

$$A = a^2 \tag{3.29}$$

$$B = 2ab \tag{3.30}$$

$$C = 1 + 2aX_{\mathrm{line}} + 2ac + b^2 \tag{3.31}$$

$$D = 2bc + 2bX_{\mathrm{line}} + 2R_{\mathrm{line}} - \frac{R_{\mathrm{arc}1}}{M} \tag{3.32}$$

$$E = R_{\mathrm{line}}^2 + X_{\mathrm{line}}^2 + c - \frac{R_{\mathrm{line}}}{M} \tag{3.33}$$

式中，参数 M 如式(3.34)所示。

$$M = \frac{R_{\mathrm{line}} + R_{\mathrm{arc}0}}{(R_{\mathrm{line}} + R_{\mathrm{arc}0})^2 + (X_{\mathrm{line}} + X_{\mathrm{arc}0})^2} - \frac{\Delta P}{U_0} \tag{3.34}$$

则根据费拉里法[6]求解式(3.28)，得

$$R_{\text{arc}1} = \frac{-B + (-1)^{[n/2]}m + (-1)^{n+1}\sqrt{S + (-1)^{[n/2]}T}}{4A} \tag{3.35}$$

下面介绍一些参数的计算公式，如式(3.36)～式(3.44)所示。

$$P = \frac{C^2 + 12AE - 3BD}{9} \tag{3.36}$$

$$Q = \frac{27AD^2 + 2C^3 + 27B^2E - 72ACE - 9BCD}{54} \tag{3.37}$$

$$D = \sqrt{Q^2 - P^2} \tag{3.38}$$

$$u = \begin{cases} \sqrt[3]{Q + D}, & \left|\sqrt[3]{Q + D}\right| \geqslant \left|\sqrt[3]{Q - D}\right| \\ \sqrt[3]{Q - D}, & \left|\sqrt[3]{Q + D}\right| < \left|\sqrt[3]{Q - D}\right| \end{cases} \tag{3.39}$$

$$v = \begin{cases} \dfrac{P}{u}, & u \neq 0 \\ 0, & u = 0 \end{cases} \tag{3.40}$$

$$\omega = -\frac{1}{2} + \frac{\sqrt{3}}{2}\text{i} \tag{3.41}$$

$$m = \sqrt{B^2 - \frac{8}{3}AC + 4A(\omega^{k-1}u + \omega^{4-k}v)}, \quad k = 1,2,3 \tag{3.42}$$

$$S = 2B^2 - \frac{16}{3}AC - 4A(\omega^{k-1}u + \omega^{4-k}v), \quad k = 1,2,3 \tag{3.43}$$

$$T = \begin{cases} \dfrac{8ABC - 16A^2D - 2B^3}{m}, & m \neq 0 \\ 0, & m = 0 \end{cases} \tag{3.44}$$

最终由式(3.35)得到 $R_{\text{arc}1}$ 的解，并结合实际，在约束条件[式(3.45)和式(3.46)]内确定唯一解。

$$R_{\text{arc}1} > R_{\text{arc}0} \tag{3.45}$$

$$R_{\text{arc}1} \in \boldsymbol{R} \tag{3.46}$$

此外，为避免设定参数过多，R_{arc1} 也可通过计算机编程搜寻得出，如图 3.13 所示。

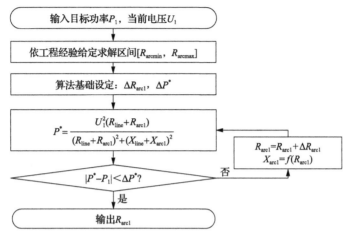

图 3.13　编程搜寻 R_{arc1} 流程图

其步骤如下所示。

(1)输入目标功率 P_1，当前电压 $U_1=U_0$。

(2)根据工程经验，设定 R_{arc1} 的求解区间 $[R_{arcmin}, R_{arcmax}]$，并设定 R_{arc1} 每次变化的增量 ΔR_{arc1} 及目标功率误差允许值 ΔP^*。R_{arc1} 初值为 $R_{arc1}=R_{arcmin}$。

(3)取 $R_{arc1}=R_{arc1}+\Delta R_{arc1}$，根据式(3.27)计算出静态电抗 X_{arc1}。

(4)根据第(2)步计算得到的 R_{arc1} 和第(3)步计算得到的 X_{arc1}，通过式(3.23)计算在定电压 U_1 的情况下目标功率 P^* 的值。

(5)计算目标功率误差 $|P^* - P_1|$，若 $|P^* - P_1| \geqslant \Delta P^*$，则执行第(3)步；若 $|P^* - P_1| < \Delta P^*$，则将当前迭代的 R_{arc1} 输出作为结果。

计算出 R_{arc1} 后，将 R_{arc1} 代入式(3.27)中，求解得到调节后的静态电抗 X_{arc1}。将求解得到的静态电阻 R_{arc1} 和静态电抗 X_{arc1} 代入式(3.47)中，可得到调节后的电极电流有效值 I_1，即电极升降系统的指令值 I_{ref}。

$$I_{ref} = \frac{U_1}{\sqrt{(R_{line} + R_{arc1})^2 + (X_{line} + X_{arc1})^2}} \tag{3.47}$$

通过上述推导，当系统出现有功功率不足时，可通过设定电极升降系统的电流指令值 I_{ref} 来改变矿热炉的有功功率。阻抗-有功调节实质上是通过移动电极，主动改变电弧阻抗，从而改变电弧功率。

3.2.2　仿真分析

本节在 RTDS 仿真平台上搭建无穷大电源-单台矿热炉负荷模型，如图 3.14 所示，其算例参数如表 3.5 所示。

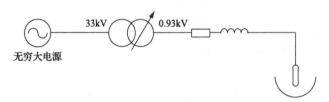

图 3.14　无穷大电源-单台矿热炉负荷模型

表 3.5　算例参数

变压器变比	短网电阻	短网电抗
33kV / 0.93kV	0.00001Ω	0.002Ω

首先，为获取矿热炉负荷的静态电抗与静态电阻的关系，即式(3.17)，对矿热炉进行多次升降电极操作，得到静态电抗与静态电阻散点图，并利用式(3.27)进行拟合，得到参数 a、b、c 的数值，如图 3.15 所示。

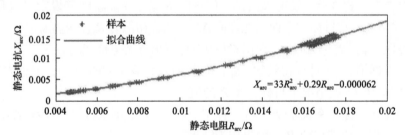

图 3.15　电弧静态电抗与静态电阻关系散点图及拟合结果

通过 MATLAB 拟合可知，算例模型中搭建的矿热炉的电弧电阻与电弧电抗的关系为

$$X_{\text{arc}} = 33R_{\text{arc}}^2 + 0.29R_{\text{arc}} - 0.000062 \tag{3.48}$$

初始电压、功率及目标功率算例设置如表 3.6 所示。

表 3.6　初始电压、功率及目标功率算例设置

高压侧电压	低压侧电压	初始功率	功率需求指令	初始阻抗
33kV	0.93kV	90MW	−10MW	(0.0054 + 0.0025i) Ω

1. 阻抗-有功特性仿真

根据表 3.6 设置的初始条件，当矿热炉稳定运行后，在保持变压器高压侧电压不变的情况下，通过升降电极调节电弧阻抗，进行阻抗-有功调节仿真验证。根据 3.2.1 节的计算方法，得到电极指令电流为 113kA，下发指令后，得到波形如图 3.16～图 3.18 所示。

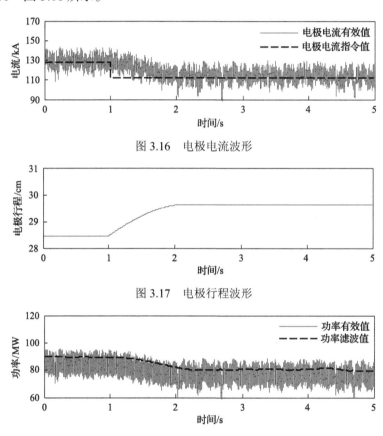

图 3.16　电极电流波形

图 3.17　电极行程波形

图 3.18　矿热炉电路功率波形

由仿真结果可知，在下达了电极电流指令值后，电极将自动抬升(图 3.17)，使电极电流减小至指令值 113kA 附近(图 3.16)，电路功率也随之下降至目标功率 80MW 附近(图 3.18)。仿真结果验证了 3.2.1 节分析的矿热炉阻抗-有功特性的有效性。

2. 电压-有功特性仿真

根据表 3.6 设置的初始条件，当矿热炉稳定运行后，检测当前矿热炉电阻、电抗，调节变压器高压侧母线电压，并通过电极升降动作保持矿热炉电阻、电抗不变，进行电压-有功特性仿真。根据 3.2.1 节的计算方法，得到变压器高压侧母线电压目标值为 31.1kV，电极电流指令值为 128 kA。将电源电压调节至 31.1kV，并对电极升降系统下发 I_{ref}=128kA 的指令后，得到波形如图 3.19～图 3.23 所示。

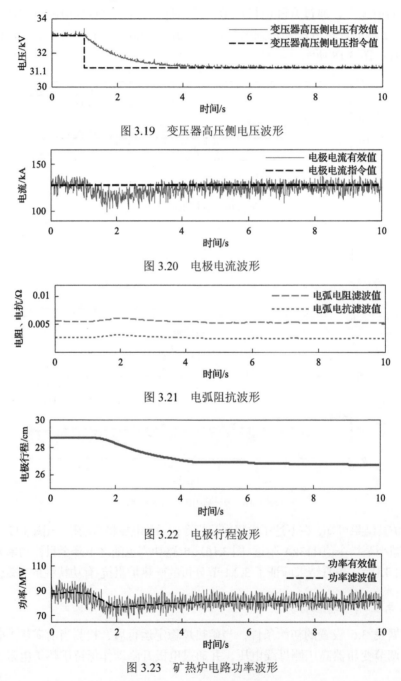

图 3.19 变压器高压侧电压波形

图 3.20 电极电流波形

图 3.21 电弧阻抗波形

图 3.22 电极行程波形

图 3.23 矿热炉电路功率波形

由仿真结果可以看出，在下达了变压器高压侧电压目标值和电极电流指令值后，系统电压快速变化至 31.1kV（图 3.19）。并且可以看出，电弧电阻、电抗在调节过程中出现了先增大、后减小的暂态波动（图 3.21），这是因为在电压降低的瞬间，可近似认为电极保持不变，即电弧弧长保持不变，此时，电弧电阻和电弧电压呈负相关关系，因此电弧电阻将增大。在暂态过程的中后期，随着电极的下降，电弧弧长变短，电弧电阻减小。根据计算结果，当电弧电阻减小至初始值时，电极电流将变化至指令值 128kA（图 3.20），电极停止运动（图 3.22）。由于上述暂态过程的存在，矿热炉负荷的功率也将由初始功率 90MW 先降至低于 80MW 的功率水平，随后回升至目标功率值附近 80MW（图 3.23）。仿真结果验证了 3.2.1 节分析的矿热炉负荷阻抗-有功调节方法的有效性。

3.3 多晶硅负荷控制方法

3.3.1 多晶硅负荷控制原理

工业上一般通过对拼波电压与拼波时刻进行调节，来达到稳定多晶硅温度的目的。在此基础上，本节提出利用拼波原理，在安全生产范围内，改变多晶硅电压进而调节负荷功率的方法。

由第 2 章建立的多晶硅负荷模型可知，多晶硅负荷电压、电流拟合模型为

$$(I/10)^2 = 0.1171 \cdot r^3 + 0.00765 \cdot r^2 \tag{3.49}$$

$$(U_{\text{val}}/1000)^2 = 10.93 \cdot r^{-1} + 0.714 \cdot r^{-2} \tag{3.50}$$

输出电压有效值 U_{val} 可由拼波电压 U_1、U_2 计算得到

$$\frac{U_{\text{val}} \cdot T}{2R} = \left(U_1^2 \int_0^{t_1} \sin^2 \omega t \cdot \mathrm{d}t + U_2^2 \int_{t_1}^{\frac{T}{2}} \sin^2 \omega t \cdot \mathrm{d}t \right) \cdot \frac{1}{R} \tag{3.51}$$

式（3.51）化简可得

$$\omega t - \frac{\sin 2\omega t}{2} = \frac{2\pi \cdot U_{\text{val}}^2 - \pi \cdot U_2^2}{U_1^2 - U_2^2} \tag{3.52}$$

假设多晶硅棒半径为 r_i 的还原炉，其单相负荷消耗的功率为 P_i，现由于需要调节 ΔP 的有功波动，则还原炉的单相目标功率 $P_{i\text{-tar}}$ 为

$$P_{i\text{-tar}} = P_i - \Delta P/3 \tag{3.53}$$

利用式(3.49)和式(3.50)计算多晶硅负荷的等效电阻，并利用式(3.51)计算多晶硅负荷的目标电压值 U_{val}。由于拼波电压只有 5 个电压等级，则根据目标电压取相邻两个电压作为实际接入电压，例如，目标电压值为 500V，则选取 U_1=380V、U_2=600V，然后利用式(3.52)计算拼波电压时刻 t。有功功率控制单元按照 U_1、U_2 及 t 的值进行整定即可完成对多晶硅负荷的控制。

3.3.2 多晶硅负荷控制需要考虑的安全因素

3.3.1 节提出的对多晶硅负荷的控制需要满足安全生产的要求，即在不影响多晶硅产品品质的情况下，对负荷功率加以调控。温度是影响多晶硅生产品质的关键性因素。

影响多晶硅生产温度的因素主要有以下几种。

(1)调功单元。调功单元通过改变电源加热量来维持多晶硅负荷的温度恒定。若多晶硅温度低于 1080℃，则适当地提高电压有效值；若多晶硅温度高于 1080℃，则适当地降低电压有效值。

(2)反应气体。刚通入还原炉的气体温度并不能达到反应的温度，因此会存在一个热交换过程，即对反应气体加热，这会带走一部分热量，使多晶硅表面温度下降。

(3)反应本身。化学气相沉积反应其本身是吸热反应，对化学反应速率有影响的因素如通入气体浓度比等，都会对反应温度产生影响，结合实际生产经验，这部分消耗热量较少，一般占辐射散热的3%左右。

(4)散热量。为了保护设备，还原炉壁和底盘夹层都通入循环冷却水，通过反应气的对流、气体之间的传导和多晶硅棒的辐射等方式也会带走部分热量，而这部分热量占比最大。

(5)散热面积。随着反应的进行，多晶硅半径越来越大，其散热面积也会逐渐增大，从而带走大量热量，虽然不是直接对多晶硅负荷温度产生影响，却始终贯穿整个多晶硅的生产周期。

多晶硅负荷功率控制具有瞬时性，因此着重考虑调功单元、反应气体、散热量。

结合式(2.33)和式(2.34)可得

$$\frac{U_{val}^2}{R} = \frac{1}{1-\eta} \cdot K \cdot 2\pi \cdot r \cdot L \cdot (T_x - T_{out}) \cdot \Delta t + v_1 \cdot \Delta t \cdot s_1 \cdot \rho_g \cdot c \cdot (T_x - T_g) \tag{3.54}$$

当需要改变多晶硅负荷消耗功率时，改变其供电电压即可，然而式(3.54)等号右边却对电压的改变提出了约束。式(3.54)等号右边的第一项可看作硅棒加热炉壳夹层和底盘冷却水的功率，第二项可看作硅棒加热反应混合气体的功率，同时加热炉壳夹层和底盘冷却水的功率可以看作冷却水内能的变化，假设冷却水进水口温度与出水口温度差是恒定的，则式(3.54)等号右边的第一项又可以写作

$$\frac{1}{1-\eta}\cdot K\cdot 2\pi\cdot r\cdot L\cdot(T_x-T_{out})=\frac{1}{1-\eta}\cdot c_w\cdot v_2\cdot s_2\cdot\Delta T_w \tag{3.55}$$

式中，c_w、v_2、s_2、ΔT_w 分别为水的比热容、进水速度、进水截面积、水温差。考虑到多晶硅负荷参与功率调节结束后，需要对其生产工艺进行恢复，因此在降低还原炉功率时，先关闭反应气，一方面保持多晶硅硅棒半径不变，另一方面减少对反应气加热功率的损耗，这部分功率较小，为方便计算分析，做忽略处理。

由式(3.55)可得，在水温差保持不变的情况下，当改变多晶硅功率时，需要配合冷却水进水量的改变，这一般通过改变进水速度来实现，冷却水的散热功率 P' 表达式为

$$P'=\frac{1}{1-\eta}\cdot K\cdot 2\pi\cdot r\cdot L\cdot(T_x-T_{out})\cdot\alpha \tag{3.56}$$

式中，α 为进水速度调节比例。

若 α 较大，则说明通入冷却水量较大，带走的热量也较多，若 α 较小，则说明降低了通入冷却水的量，带走热量减少。为防止炉壁温度过高，设定 $90\%\leqslant\alpha\leqslant100\%$。当需要降低负荷消耗功率时，多晶硅的电源加热量下降，必然需要降低 α 来减少热量散失，维持多晶硅温度，即满足热量平衡方程(2.28)。

若负荷调节量进一步增大，即当 $\alpha=90\%$ 时，冷却水已经达到调节极限，此时考虑在 1000～1100℃调节硅棒温度来匹配功率调节量，1000～1100℃是能够进行化学气相沉积的温度，实际对硅棒的保温范围可能更大，在 1000～1100℃对多晶硅温度进行调节不会影响其生产品质。当确定 α 和 T_x 值以后，即可对多晶硅供电电压进行调节。

结合式(3.54)和式(3.56)可得

$$\frac{U_{val}^2}{R}=\frac{1}{1-\eta}\cdot K\cdot 2\pi\cdot r\cdot L\cdot(T_x-T_{out})\cdot\alpha \tag{3.57}$$

结合式(3.57)，多晶硅负荷控制流程图如图 3.24 所示。

综合以上分析，当 $\alpha=90\%$ 且 $T_x=1000$℃时，还原炉可调节功率达到最大值，以硅棒半径为 r_j 的还原炉为例，其最大调节能力 ΔP_j 的计算表达式如下：

$$\Delta P_j = \frac{1}{1-\eta} \cdot K \cdot 2\pi \cdot r_j \cdot L \cdot (1080 - T_{\text{out}}) + v_1 \cdot s_1 \cdot \rho_{\text{g}} \cdot c \cdot (1080 - T_{\text{g}})$$

$$- \frac{1}{1-\eta} \cdot K \cdot 2\pi \cdot r_j \cdot L \cdot (1080 - T_{\text{out}}) \cdot \alpha \tag{3.58}$$

通过式(3.58)可以看出，当 $\alpha=90\%$ 时，相当于还原炉的功率可以调节 10%，当 $\alpha=90\%$ 且 $T_x=1000℃$ 时，还原炉的功率可以调节 19.5%。假设一个多晶硅厂还原炉所消耗的有功功率为 100MW，则其可调能力为 19.5MW，这对于局域电网的功率扰动量还是相当可观的调节能力。

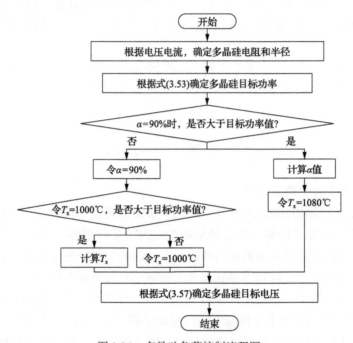

图 3.24 多晶硅负荷控制流程图

对于多晶硅负荷的调节，主要是对晶闸管导通角进行调节，进而改变负荷电压，调节速度快，同时为了保证安全生产和负荷的生产品质，可依次调节冷却水进水速度、硅棒温度等方法来配合电源电压调节，多晶硅负荷参与功率调节具有很强的可行性。

3.4 本章小结

本章研究了几种典型高耗能工业负荷电解铝、矿热炉、多晶硅的控制方法，分别提出其有功功率快速调节方法，通过仿真试验证明了所提控制方法的有效性，主要结论如下：

(1)针对电解铝负荷，基于电解铝负荷模型，提出了三种有功快速控制方法，即基于有载调压变压器调节、基于饱和电抗器调节、基于交流侧母线电压调节，现场试验高耗能电解铝负荷功率能够快速响应调节信号，各控制方法的负荷功率调节量可达其额定容量的 25%、8%、24.7%。

(2)针对矿热炉负荷，介绍了矿热炉负荷功率调节的边界条件，提出了两种有功快速控制方法，即阻抗-有功调节方法、电压-有功调节方法，仿真验证了所提控制特性与方法的有效性，各控制方法的负荷功率调节量可达其额定容量的 20%、10%。

(3)针对多晶硅负荷，分析了多晶硅负荷控制需要考虑的安全因素，提出利用拼波原理改变多晶硅电压进而调节负荷功率的方法，负荷功率调节量可达其额定容量的 19.5%。

各类高耗能工业负荷的有功功率调节方法和特点对比总结如表 3.7 所示。

表 3.7　各类高耗能工业负荷的有功功率调节方法和特点对比总结

负荷类型	调节方法	调节速度	调节容量
电解铝	有载调压变压器调节	秒级(调节一个挡位的周期一般为 7s)	25%额定容量
	饱和电抗器调节	毫秒级	8%额定容量
	交流侧母线电压调节	毫秒级	24.7%额定容量
矿热炉	阻抗-有功调节方法	秒级	20%额定容量
	电压-有功调节方法	毫秒级	10%额定容量
多晶硅	调节晶闸管导通角	毫秒级	19.5%额定容量

参 考 文 献

[1] Huang H, Li F. Sensitivity analysis of load-damping characteristic in power system frequency regulation[J]. IEEE Transactions on Power Systems, 2013, 28(2): 1324-1335.

[2] 武骏, 李士骑. 炼钢交流电弧炉工作电抗模型[J]. 北京科技大学学报, 1999, 6(5): 440-443.

[3] 王兆安, 杨君, 刘进军. 谐波抑制和无功功率补偿[M]. 北京: 机械工业出版社, 1998.

[4] 马震宇. 考虑运行电抗情况下电弧炉供电曲线的优化[D]. 沈阳: 东北大学, 2007.

[5] Koehle S. Effects on the electrical energy consumption of arc furnace steelmaking[J]. European Electric Steel Congress, 1992(4): 55.

[6] Laubenbacher R, Pengelley D. Mathematical Expeditions[M]. New York: Springer, 1999.

第 4 章　高耗能工业负荷参与局域电网频率控制方法

由于缺乏大电网的功率支撑，大规模风电功率的随机波动性将严重威胁含高耗能工业负荷的局域电网的安全稳定运行，如何提高含高耗能工业负荷的局域电网安全稳定裕度是亟待解决的问题。

针对含高渗透率风电与高耗能工业负荷的局域电网，本章首先分析该类型电力系统运行存在的难点及挑战，随后基于各类型负荷模型和控制方法，分别提出基于高耗能的电解铝负荷、矿热炉负荷、多晶硅负荷控制的含高渗透率风电局域电网的调频策略，并设计仿真验证策略的有效性。

4.1　含高耗能工业负荷的局域电网运行难点分析

4.1.1　含高耗能工业负荷的局域电网构架

含高耗能工业负荷的局域电网构架如图 4.1 所示，主要的发电电源包括自备电厂的火电机组和可再生能源发电机组。负荷包括高耗能工业生产负荷及厂用电负荷，以及少量的厂区公共负荷。由于电解铝负荷对供电可靠性要求高，该类型电网通常配备完善的调度系统及安全稳定控制系统，部分含高耗能工业负荷的局域电网配备广域量测系统，可以实时采集电网运行状态。

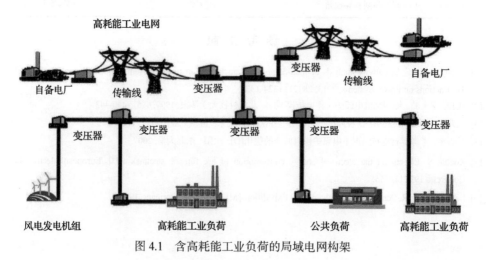

图 4.1　含高耗能工业负荷的局域电网构架

4.1.2　含高耗能工业负荷的局域电网频率特性分析

　　缺乏大电网的功率支撑，局域电网系统惯量小，较小的功率扰动将对该局域电网造成较大的冲击，从而导致系统频率剧烈变化，严重威胁系统安全。可以使用系统频率响应(system frequency response, SFR)模型对含高耗能工业负荷的局域电网频率响应特性进行分析。图 4.2 给出了含高耗能工业负荷的局域电网控制框图。相关系数定义如下：Δf 表示系统频率变化量，ΔP_m 表示调速器控制增发功率，ΔP_P 表示一次调频动作量，M 表示等效惯量系数，D 表示等效阻尼系数，R 表示一次调频下垂特性系数，$M(s)$ 表示调速器-汽轮机动态模型，T_G 为调速器时间常数，T_CH、T_R 及 F_H 为汽轮机时间常数。对于此类局域电网，火电机组自动发电控制没有投入，因此在频率响应模型中将不考虑二次调频的作用[1]。

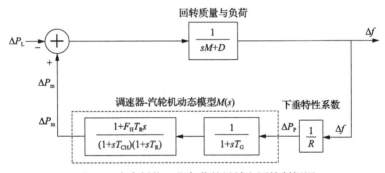

图 4.2　含高耗能工业负荷的局域电网控制框网

　　由于火电机组调速器响应时间较快，因此忽略火电机组调速器动态响应过程，火电机组调速器传递函数可表示为

$$M(s) = \frac{1 + F_\mathrm{H}T_\mathrm{R}s}{1 + T_\mathrm{R}s} \tag{4.1}$$

考虑系统一次调频作用，系统频率变化量 $\Delta f(s)$ 可由式(4.2)计算得到

$$\Delta f(s) = \frac{1}{(sM + D)}[\Delta P_\mathrm{m}(s) - \Delta P_\mathrm{L}(s)] \tag{4.2}$$

式中

$$\Delta P_\mathrm{m}(s) = M(s)[0 - \Delta P_\mathrm{P}(s)] = -M(s)\frac{\Delta f(s)}{R} \tag{4.3}$$

系统频率变化量 $\Delta f(s)$ 与系统出现扰动功率 $\Delta P_\mathrm{L}(s)$ 的关系如式(4.4)所示。

$$\Delta f(s) = \frac{1}{Ms + D}\left[-M(s)\frac{\Delta f(s)}{R} - \Delta P_{L}(s) \right] \tag{4.4}$$

负荷扰动 $\Delta P_{L}(s)$ 通常设为阶跃函数，如式(4.5)所示。

$$\Delta P_{L}(s) = \frac{\Delta P_{L}}{s} \tag{4.5}$$

因此系统频率变化量可表示为

$$\Delta f(s) = -\frac{1}{sg(s)}\Delta P_{L} \tag{4.6}$$

式中

$$g(s) = Ms + D + \frac{M(s)}{R} \tag{4.7}$$

稳态情况下：

$$g(0) = D + \frac{1}{R} \tag{4.8}$$

根据终值定理可以得到稳态情况下系统频率变化量为[2]

$$\Delta f_{\infty} = \lim_{s \to 0}\Delta f(s) = -\frac{1}{g(0)}\Delta P_{L} = -\frac{\Delta P_{L}}{D + 1/R} \tag{4.9}$$

从式(4.9)可以看出，当系统出现扰动时，系统频率变化量与系统惯量关系紧密。而含高耗能工业负荷的局域电网惯量小，较小的功率扰动将造成较大系统频率波动。

4.1.3　含高耗能工业负荷的局域电网运行存在的难点

由上面分析可知，由于缺乏大电网功率支撑，含高渗透率风电的高耗能工业负荷局域电网系统惯量小，其安全稳定运行存在诸多难点。

(1)含高耗能工业负荷的局域电网一次调频能力有限。当系统负荷扰动在火电机组一次调频调节范围内时，系统可以保持安全稳定运行。然而一旦系统负荷扰动超出火电机组一次调频调节上限，火电机组难以平抑该不平衡功率，系统频率将迅速下降，严重威胁系统安全。

(2)安全稳定控制系统难以平抑风电功率波动等连续性功率扰动。即使含高耗能工业负荷的局域电网配备安全稳定控制系统，能够保证系统在 N-1 故障时的安全稳定运行。但对于风电功率等较大幅度的连续功率波动，安全稳定控制系统难以检测该连续的功率波动。而且一旦该功率波动幅度超过火电机组一次调频上限，系统频率将迅速下降至低频减载点，直至此时才会触发低频减载动作。然而，对于高耗能工业负荷，其各工艺环节生产具有连续性，切除部分负荷，对整个工业生产影响会比较大。因此，很难设定低频减载的负荷轮切顺序。

上述问题在实际的含高耗能工业负荷的局域电网中真实存在。图 4.3 阐述了实际含电解铝负荷的局域电网发生的事故。事故起因是该系统内某台火电机组功率在短时间内连续下降，如图 4.3(b)中红色曲线所示。未知故障导致该火电机组有功功率在 1min 内下降了其额定功率的 13%。由于该功率变化为连续功率变化，因此该电力系统的安全稳定控制系统无法检测该故障。该功率变化仅由火电机组一次调频进行调节。从图 4.3(b)可以看出在故障火电机组功率最初下降的 30s 内，其他火电机组有功功率处于上升状态，平抑了该功率波动，因此系统频率变化缓慢。然而该机组的功率进一步下降，而总功率变化超出了系统内所有火电机组的一次调频能力之和，在此时刻系统频率开始迅速下降，短时间内下降至 48.5Hz 即低频减载触发频率，而该阶段内故障发电机组功率实际上仅下降了 25MW 左右，但由于该部分功率扰动没有调节资源进行抑制，加上该局域电网惯量小，因此导致系统频率迅速下降。一旦触发了该电力系统低频减载系统，安全稳定控制系统切除了高达 400MW 的一个系列电解铝负荷，系统频率瞬间上升并超过高频切机阈值，对该局域电网造成巨大的经济损失。此外，假如在 4h 内不能

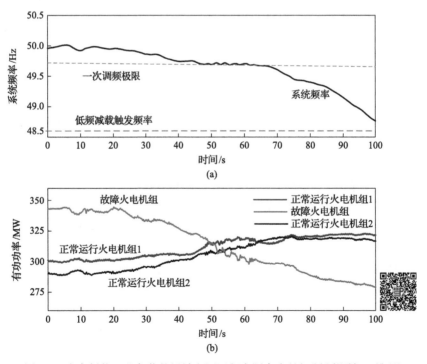

图 4.3　含高耗能工业负荷的局域电网运行实际存在的问题(彩图扫二维码)

恢复该局域电网供电，将会造成电解槽固化，所有生产线报废，所带来的后果将更加严重。

　　分析上述实例，故障火电机组功率突降的波形与风电功率的波形十分类似，特别是大规模风电功率。一旦风电功率的快速波动超过了火电机组一次调频的极限，将会造成与上述相同的后果，因此如何提高该类型电力系统一次调频能力上限，保证该电力系统的安全稳定运行十分重要。

4.2　基于电解铝负荷控制的局域电网频率控制方法

4.2.1　基于系统频率反馈的电解铝负荷控制器构架

　　4.1.2 节介绍了含高耗能工业负荷的局域电网频率特性，由系统 SFR 模型与式(4.9)可知，负荷等效阻尼系数 D 会影响系统频率动态特性。对于电解铝负荷而言，由于其为直流负荷，有功功率并不响应系统的频率变化，即负荷等效阻尼系数 D 为 0。如果能将局域电网频率变化量 Δf 引入电解铝负荷控制器，建立电解铝负荷有功功率变化量 ΔP 与系统频率变化量 Δf 的耦合控制关系，使电解铝负荷有功功率自动跟踪频率变化，改善了电解铝负荷等效阻尼系数 D，从而提高局域电网一次调频能力。本书 3.1 节介绍了电解铝负荷的三种控制方法，下面以基于交流侧母线电压调节方法为例介绍这种负荷阻尼控制方法。

　　电解铝负荷长期频繁参与系统频率调节将对电解铝负荷生产效率产生一定的影响，因此需要对电解铝负荷的控制范围进行限制。此外，电解铝负荷动态响应速度显著地高于火电机组一次调频速度，在频率调节的暂态过程中应提供更多的功率支撑。考虑电解铝负荷的动态特性，本节设计电解铝负荷控制器系统构架如图 4.4 所示。控制器包括比例放大环节、隔直环节、死区和限幅环节。通过将系统频率变化量 Δf 引入发电机励磁调节器，频率变化将改变发电机机端电压 U_G，从而改变电解铝负荷交流侧母线电压 U_{AH}，进而改变电解铝负荷有功功率，最终实现电解铝负荷有功功率对系统频率变化的响应。

　　比例放大环节的功能类似于火电机组一次调频系数，与火电机组一次调频共同为系统提供稳态功率支撑。通过控制比例放大环节参数 K_P，可以提高系统一次调频容量。

　　隔直环节呈现高通滤波特性，仅当系统出现紧急情况，导致频率剧烈变化时，提供暂态功率支撑。当频率恢复平稳时，隔直环节作用减弱。通过隔直环节控制参数 K_D，可以降低系统频率最大变化量，防止系统频率下降过低。

　　当系统处于正常运行情况时，系统频率偏差较小，死区环节闭锁负荷控制器，此时仅由火电机组一次调频进行调节。

　　限幅环节用于限制负荷控制器的输出大小。

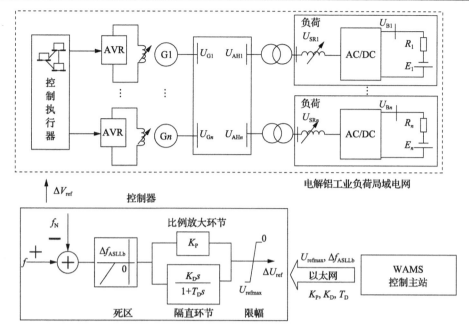

图 4.4　电解铝负荷控制器系统构架

4.2.2　电解铝负荷控制器参数设计

1. 比例放大环节设计

比例放大环节为系统提供稳态功率支撑。系统产生的功率扰动量 ΔP_L 由负荷调节量 ΔP_{ASLref} 和火电机组一次调节量 ΔP_{Gref} 共同承担。图 4.5 为电解铝负荷与自备火电机组功率分配关系，从图 4.5 (a) 可知，火电机组一次调节量与系统频率变化量满足

$$\Delta f_{ref} = f_N - f_{ref} = R_G \Delta P_{Gref} \cdot \frac{f_N}{P_{GN}} \tag{4.10}$$

式中，f_N 为额定频率；f_{ref} 为一次调频后系统频率稳态值；P_{GN} 为发电机组额定功率；R_G 为火电机组调差系数。

从图 4.5 (b) 可知，电解铝负荷调节量与系统频率变化量的关系满足

$$\Delta f_{SAL} = f_N - \Delta f_{ASLLb} - f_{ref} = R_{ASL} \Delta P_{ASLref} \cdot \frac{f_N}{P_{ASLN}} \tag{4.11}$$

式中，Δf_{ASLLb} 为负荷控制器死区范围；P_{ASLN} 为电解铝负荷额定功率；R_{ASL} 为电解铝负荷等效调差系数。

电解铝负荷承担的功率调节量为

$$\Delta P_{\text{ASLref}} = \Delta P_{\text{L}} - \Delta P_{\text{Gref}} \tag{4.12}$$

系统功率扰动量 ΔP_{L} 分为两种情况计算。瞬间功率扰动下，利用 PMU 实时监测系统可以监测系统产生的功率扰动，直接得到系统功率扰动量 ΔP_{L}，该情况下系统功率扰动量记为 ΔP_{S}，则有

$$\Delta P_{\text{L}} = \Delta P_{\text{S}} \tag{4.13}$$

风电功率连续波动下，风电功率波动量难以实时测算，本节以风电功率历史变化数据为依据，统计一段时间风电功率最大波动量 $\Delta P_{\text{windmax}}$。将该波动量作为系统功率扰动量 ΔP，计算放大系数 K_{P}，则有

$$\Delta P_{\text{L}} = \Delta P_{\text{windmax}} \tag{4.14}$$

由式(4.12)～式(4.14)求电解铝负荷等效调差系数：

$$R_{\text{ASL}} = \frac{P_{\text{ASLN}} R_{\text{G}} \Delta P_{\text{Gref}} f_{\text{N}} - P_{\text{ASLN}} \Delta f_{\text{ASLLb}} P_{\text{GN}}}{\Delta P_{\text{L}} P_{\text{ASLN}} P_{\text{GN}} - \Delta P_{\text{Gref}} P_{\text{GN}} f_{\text{N}}} \tag{4.15}$$

对于作用于发电机励磁系统的电解铝负荷控制器，满足式(4.16)：

$$\Delta f_{\text{ASL}} = \frac{\Delta V_{\text{ref}}}{K_{\text{P}}} = \Delta P_{\text{ASLref}} R_{\text{ASL}} \cdot \frac{f_{\text{N}}}{P_{\text{ASLN}}} \tag{4.16}$$

当电解铝负荷有功功率变化量为 ΔP_{ASLref} 时，火电机组端电压的变化量：

$$\Delta V_{\text{ref}} = \frac{\Delta P_{\text{ASLref}}}{K_{\text{ASL}}} = \frac{\Delta P_{\text{L}} - \Delta P_{\text{Gref}}}{K_{\text{ASL}}} \tag{4.17}$$

由式(4.16)和式(4.17)得到比例放大系数 K_{P}：

$$K_{\text{P}} = \frac{P_{\text{ASLN}}}{R_{\text{ASL}} f_{\text{N}} K_{\text{ASL}}} \tag{4.18}$$

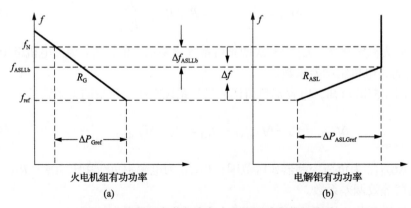

图 4.5　电解铝负荷与自备火电机组功率分配关系

2. 隔直环节设计

隔直环节在系统频率变化迅速时提供暂态功率支撑从而减小电力系统最大频率偏移量。隔直环节参数通过局域电网的 SFR 模型进行计算。当负荷控制器参与局域电网一次调频时，系统频率响应模型结构如图 4.6 所示。其中 $G_{ASL}(s)$ 为电解铝负荷动态响应，根据第 2 章现场测试数据拟合得到，$C(s)$ 为所提出的负荷控制器。隔直环节参数 T_D 为高通滤波作用，其大小通常选取为 6～7s。

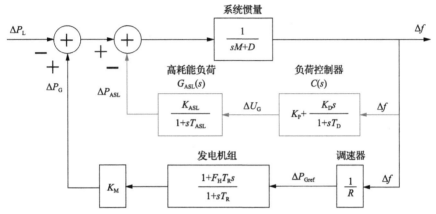

图 4.6　基于负荷控制的电解铝负荷系统频率响应模型结构

系统频率 $\Delta f(s)$ 与系统扰动 $\Delta P_L(s)$ 的关系为

$$H(s) = \frac{\Delta f(s)}{\Delta P_L(s)} = \frac{-1}{sM + D + l_1(s) - l_2(s)} \tag{4.19}$$

式中

$$l_1(s) = \frac{K_{ASL}}{1 + T_{ASL}s} \cdot \frac{K_P + (K_P T_D + K_D)s}{1 + T_D s} \tag{4.20}$$

$$l_2(s) = \frac{K_M(1 + F_H T_R s)}{R(1 + s T_R)} \tag{4.21}$$

忽略远离虚轴的零极点，可将式(4.19)转化为式(4.22)：

$$H(s) = \frac{K_1(s - z_2)}{(s + \zeta \omega_n)^2 + \omega_d^2} \tag{4.22}$$

式中，z_2 为零点；ζ 为阻尼比；ω_n 为无阻尼自振频率或固有频率；ω_d 为有阻尼自振频率。

由式(4.22)求得在单位阶跃函数作用下 SFR 模型输出信号的拉普拉斯变换：

$$\Delta f(s) = K_1 \Delta P_L \left[\frac{A_0}{s} - \frac{B_0(s + \zeta\omega_k) + C_0\omega_d}{(s + \zeta\omega_k)^2 + \omega_d^2} \right] \quad (4.23)$$

式中

$$A_0 = B_0 = \frac{-1}{T_R(\zeta^2\omega_n^2 + \omega_d^2)}, \quad C_0 = \frac{\zeta^2\omega_n^2 + \omega_d^2 - \zeta\omega_n}{T_R\omega_d(\zeta^2\omega_n^2 + \omega_d^2)} \quad (4.24)$$

对式(4.23)进行拉普拉斯逆变换，得

$$\Delta f(t) = K_1 \Delta P \left[A_0 - B_1 e^{-\zeta\omega_n t} \sin(\omega_d t + \varphi) \right] \quad (4.25)$$

式中

$$B_1 = \sqrt{B_0^2 + C_0^2}, \quad \varphi = \arctan\frac{B_0}{C_0} \quad (4.26)$$

假定 t_z 时刻，系统频率偏移量最大，此时频率变化量的斜率为零[3]，可得

$$\frac{df}{dt} = K_1 A_1 \Delta P_L \omega_n [e^{-\zeta\omega_n t_z} \sin(\omega_d t_z + \varphi_k)] = 0 \quad (4.27)$$

通过式(4.27)可求得系统频率最大偏移出现时间 t_z，通过调整隔直环节 K_D 参数，使系统最大频率偏移量 Δf_{devmax} 维持在 Δf_{max} 以内，因此可得

$$\Delta f_{devmax} = \Delta f(t_z) = K_1 \Delta P_L \left[A_0 - A_k e^{-\zeta\omega_n t_z} \sin(\omega_d t_z + \varphi) \right] \leqslant \Delta f_{max} \quad (4.28)$$

由式(4.27)和式(4.28)可以求得隔直环节系数 K_D。

3. 死区及限幅环节设计

对于该含高耗能工业负荷的局域电网，系统频率变化的允许范围为 ±0.2Hz，因此将负荷控制的死区范围设置为 0.2Hz。当系统频率变化超出此范围后，频率偏差信号通过比例放大环节和隔直环节叠加作用至发电机组励磁系统。限幅环节限制负荷控制器的输出大小，正常情况下电解铝负荷运行于额定功率附近，由于整流桥容量限制，不考虑电解铝负荷的向上调节能力，因此限幅环节向上最大输出为零。由于负荷控制器作用在发电机励磁电压，因此需要考虑发电厂用电设备及负荷辅机的最低电压允许值。

负荷控制器各环节参数可以在线实时修正，将在第 9 章结合实际现场试验进行阐述。

4.2.3　基于广域信息的不平衡功率在线辨识

当系统出现功率扰动，火电机组在一次调频的作用下能够调整其出力水平，抑制功率扰动。然而，由于火电机组的调频能力有限，当系统受到大的功率扰动后，仍可能会出现系统不平衡功率 ΔP。局域电网中的不平衡功率 ΔP，即系统受到的功率扰动量超出常规调频手段的调频容量部分，可由式(4.29)计算。局域电网中的常规调频手段的调节容量，即为所有火电机组当前时刻能够提供的最大向上一次调频容量 $\Delta P_{\text{primary}}$。

$$\Delta P = P_{\text{step}} - \Delta P_{\text{primary}} \tag{4.29}$$

式中，P_{step} 为系统受到的功率扰动量。

$\Delta P_{\text{primary}}$ 由当前火电机组的向上旋转备用 P_{res} 与火电机组的一次调频上限 P_{up} 共同决定。

P_{res} 与机组的当前出力有关，可由式(4.30)计算得到：

$$P_{\text{res}} = P_{\text{rated}} - P_{\text{G}} \tag{4.30}$$

式中，P_{rated} 为火电机组的装机容量；P_{G} 为火电机组当前的有功出力。

火电机组的一次调频上限 P_{up} 由其锅炉蓄热量决定[4]。只有当火电机组一次调频的有功调整量小于 P_{up} 时，锅炉蓄热才能维持主蒸汽压力恒定，否则发电机的有功功率输出无法达到设定值。P_{up} 通常为该机组额定容量的 5%～10%。

综上，$\Delta P_{\text{primary}}$ 等于 P_{up} 与 P_{res} 中较小的值，可由式(4.31)表示：

$$\Delta P_{\text{primary}} = \min\left\{P_{\text{up}}, P_{\text{res}}\right\} \tag{4.31}$$

对于系统受到的功率扰动量 P_{step} 的在线辨识，通过考虑跳闸机组是否为 PMU 量测点，本节给出两种辨识方法。如果跳闸机组为 PMU 量测点，则系统受到的功率扰动量 P_{step} 即为机组在跳闸前的有功出力，该值可由监测该火电机组的 PMU 直接量测得到。如果故障的火电机组没有布置 PMU 量测点，或者量测该机组的 PMU 出现通信故障，则直接量测火电机组故障前的功率输出从而得到系统受到的功率扰动量 P_{step} 的方法将不适用。本节提出一种利用系统频率的初始变化率辨识系统功率扰动的方法。

SFR 模型在电力系统频率分析中广泛地应用[5]，用来评估系统频率在受到功率扰动时的动态特性，如风电功率波动、发电机组切机、甩负荷等扰动发生时的频率响应。SFR 模型的传递函数结构框图如图 4.7 所示，所有的发电机都等效为一个再热式汽轮机。

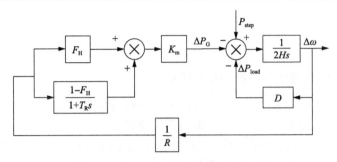

图 4.7　SFR 模型的传递函数结构框图

H-发电机惯性时间常数；D-发电机等效阻尼系数；R-调节器调差系数；T_R-原动机再热时间常数；F_H-原动机高压缸做功比例；K_m-与发电机功率因数和备用系数相关的系数；ΔP_G-火电机组一次调频容量；ΔP_{load}-负荷调节量；P_{step}-系统受到的功率扰动量

SFR 模型之所以被广泛地采用，是因为对于系统受到的功率扰动量 P_{step}，系统的频率响应可以由式(4.32)进行表示：

$$\Delta f(t) = \frac{RP_{step}}{2\pi(DR + K_m)}\left[1 + \alpha e^{-\zeta\omega_n t}\sin(\omega_r t + \varphi)\right] \tag{4.32}$$

式中，α、ζ、ω_n、ω_r、φ 均为 SFR 模型参数的函数。

通过在仿真系统中设置不同的系统受到的功率扰动量 P_{step}，可以得到相应的系统频率响应曲线，然后利用 MTALAB 的曲线拟合工具箱，基于式(4.32)辨识出该局域电网的 SFR 模型等效参数。此外，安装在现场的 PMU 量测得到的局域电网频率动态响应数据，也可作为 SFR 模型参数辨识的输入数据。

在 $t=t_0$ 时刻，系统出现扰动，频率初始变化率如式(4.33)所示，其中 H 为系统惯性常数：

$$\left.\frac{df}{dt}\right|_{t=t_0} = \frac{\alpha Rf_n P_{step}}{DR + K_m}\sin\varphi_1 = \frac{P_{step}}{4\pi H} \tag{4.33}$$

频率初始变化率 $\left.\dfrac{df}{dt}\right|_{t=t_0}$ 可以通过广域测量装置进行监测，并通过式(4.33)变形得到式(4.34)，在线计算系统受到的功率扰动量 P_{step}：

$$P_{step} = 4\pi H\left.\frac{df}{dt}\right|_{t=t_0} \tag{4.34}$$

基于以上方法，当系统出现功率扰动时，广域信息能够在线辨识出系统的不平衡功率 ΔP。如果 ΔP 小于零，则表示局域电网中的火电机组调频容量大于系统出现的功率扰动，系统功率扰动可以通过火电机组调整其出力予以平抑，整个局域电网系统最终进入一个新的稳态。而如果 ΔP 大于零，则说明仅仅通过调整火电机组输出不能够弥补系统的功率缺额。4.2.4 节和 4.2.5 节将具体讲述此种情况下，调节电解铝负荷有功功率消除系统不平衡功率的方法。

4.2.4　电压灵敏度方法

电压灵敏度用来描述发电机端电压变化量与负荷母线电压变化量之间的定量关系。当系统处于正常运行状态时，不同的母线电压之间的变化总是成比例的[6,7]，即

$$\Delta U_i = a_{ij}\Delta U_j \tag{4.35}$$

$$a_{ij} = \frac{\partial U_i}{\partial Q_j} \bigg/ \frac{\partial U_j}{\partial Q_j} \tag{4.36}$$

式中，a_{ij} 为母线 i 对母线 j 的电压灵敏度；U_i 为第 i 个负荷的母线电压；U_j 为第 j 台发电机组的端电压。式(4.36)中的 $\dfrac{\partial U_i}{\partial Q_j}$ 和 $\dfrac{\partial U_j}{\partial Q_j}$，均为雅可比矩阵中的元素。

需要说明的是，式(4.35)和式(4.36)表示的电压灵敏度关系仅适用于母线 i 与母线 j 之间电气距离比较小且二级电压控制分区明显的情况。为了避免由于电气距离引起的误差，式(4.35)可以写为式(4.37)，即基于电气距离的加权平均方法考虑不同发电机的端电压对同一个负荷母线电压的影响。

$$\Delta U_i = \frac{\sum(a_{ij}\Delta U_j / d_{ij})}{\sum(1 / d_{ij})} \tag{4.37}$$

$$d_{ij} = -\ln(\alpha_{ij}\alpha_{ji}) \tag{4.38}$$

式中，ΔU_i 为第 i 个负荷的母线电压变化量；ΔU_j 为第 j 台发电机端电压变化量；d_{ij} 为母线 i 与母线 j 之间的电气距离；α_{ji} 为母线 j 对母线 i 的电压灵敏度。利用以上方法，可以得到发电机母线对负荷侧母线电压灵敏度关系，实现负荷母线电压的定量控制。

4.2.5　电解铝有功控制方法实现步骤

当局域电网中出现火电机组故障跳闸时，基于电压调节的电解铝负荷有功功率控制方法实现的流程图如图 4.8 所示。

步骤 1：监测系统初始频率变化率，通过式(4.34)在线辨识系统受到的功率扰动量 P_{step}。如果跳闸机组出口端是 PMU 测点，也可以将机组跳闸前的功率输出作为功率扰动值。

步骤 2：监测发电机组有功输出，通过式(4.30)和式(4.31)在线计算所有火电机组当前时刻能够提供的最大向上一次调频容量 $\Delta P_{primary}$。

步骤 3：通过式(4.29)在线计算系统的不平衡功率 ΔP，作为电解铝负荷有功的调整目标。

步骤 4：如果 ΔP 大于零，执行步骤 5；否则，执行步骤 1。

步骤 5：按照电解铝负荷装机容量的比例，分配每个电解铝负荷应当承担的有功调节量，如式(4.39)所示。

$$\Delta P_{\text{load-}i} = \Delta P \times P_{\text{load-}i} \bigg/ \sum_{i=1}^{n} P_{\text{load-}i} \tag{4.39}$$

式中，$P_{\text{load-}i}$ 为第 i 个电解铝负荷当前的有功功率；$\Delta P_{\text{load-}i}$ 为第 i 个电解铝负荷需要承担的调节量。

步骤 6：基于步骤 5 求得各个电解铝负荷需要承担的调节量 $\Delta P_{\text{load-}i}$，根据式(4.40)和式(4.41)计算每个电解铝负荷母线电压的目标调整量 $U'_{\text{AH}i}$。

$$P_{\text{load}} = U_{\text{B}} I_{\text{d}} = \frac{U_{\text{B}}(U_{\text{B}} - E)}{R} \tag{4.40}$$

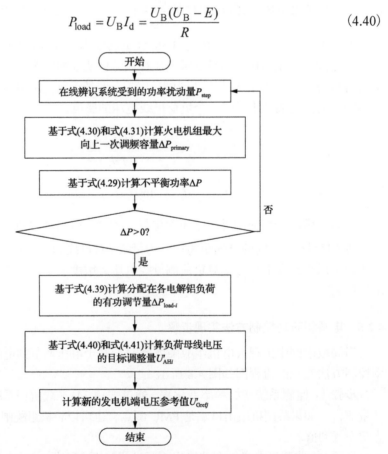

图 4.8　基于电压调节的电解铝负荷有功功率控制方法实现的流程图

$$U_{\mathrm{B}} = \left(\frac{1.35U_{\mathrm{AH}}}{k} + \frac{3\omega}{2\pi} \frac{L_{\mathrm{SR}}}{R} \cdot E \right) \Big/ \left(1 + \frac{3\omega}{2\pi} \frac{L_{\mathrm{SR}}}{R} \right) \tag{4.41}$$

步骤 7：基于电压灵敏度方法，通过式(4.35)～式(4.38)在线计算每个发电机端电压参考值，并通过调整发电机励磁的端电压参考值实现该控制。

通过调节每个火电机组母线电压值，能够控制电解铝负荷参与局域电网的频率紧急控制，消除系统中的不平衡功率，维持系统的频率稳定。

4.2.6　仿真分析

1. 仿真算例的系统网架结构

本节所研究的实际局域电网系统为 3.1.4 节所述的蒙东局域电网，网架结构如图 3.6 所示。为验证本章所提出的控制方法，我们建立了该局域电网的 RTDS 仿真模型。RTDS 模型按照与图 3.6 所示的蒙东局域电网 1∶1 的比例进行搭建，包括 8 台火电机组及相应的发电机励磁器和调速器、2 个风电场、3 个系列的电解铝负荷及相应的变压器和输电线路。

风电场采用双馈感应风力发电机 DFIG 进行模拟，电解铝负荷中的电解槽等效为一个串联电阻 R 加一个反电动势 E。发电机及相应的励磁器和调速器、变压器、输电线路等元件的参数，均按照调研得到的现场运行参数设置，元件参数见附录 A。仿真中，RTDS 的仿真步长为 70μs。

2. 火电机组跳闸算例

在本算例中，两个风电场的风速均低于切入风速(3m/s)，即此时的局域电网是一个纯火电系统。故障设置为装机容量为 300MW 的火电机组 G5 在 t=2.4s 时发生故障跳闸。G5 故障跳闸时刻火电机组的有功出力如表 4.1 所示。

表 4.1　G5 故障跳闸时刻火电机组的有功出力

	G1	G2	G3	G4	G5	G6	G7	G8
P_{G}/MW	92.5	92.5	138.8	138.8	277.6	277.6	324.0	324.0

G5 故障跳闸前的有功出力能够通过安装在该发电机出口处的 PMU 直接量测，即 G5 跳闸所造成的系统受到的功率扰动量 P_{step} 等于 277.6MW。如果 G5 没有 PMU 布点，则可以通过式(4.34)利用其他 PMU 监测到的频率初始变化率在线辨识 P_{step}。基于 4.2.3 节介绍的 SFR 模型参数辨识方法，能够对蒙东局域电网的 SFR 模型参数进行辨识，辨识结果如表 4.2 所示。

表 4.2　蒙东局域电网的 SFR 模型等效参数

T_R	H	F_H	D	R	k_m
1.205	1.246	0.077	1.000	0.050	0.820

G5 跳闸时,初始频率变化率为 3.826Hz/s。通过式(4.34)计算得到的系统受到的功率扰动量为 273.8MW,与实际系统受到的功率扰动量 277.6MW 仅相差 3.8MW。

火电机组有功出力和最大向上一次调频容量如表 4.3 所示。根据实际现场操作条件,火电机组的一次调频上限 P_{up} 考虑为火电机组装机容量的 10%,火电机组的向上旋转备用 P_{res} 可根据式(4.30)计算得到。$\Delta P_{primary}$ 为 P_{up} 与 P_{res} 两值中的较小值,可由式(4.31)计算得到。

表 4.3　火电机组有功出力和最大向上一次调频容量

	G1	G2	G3	G4	G5	G6	G7	G8
P_{res}/MW	7.5	7.5	11.2	11.2	22.4	22.4	26.0	26.0
P_{up}/MW	10.0	10.0	15.0	15.0	30.0	30.0	35.0	35.0
$\Delta P_{primary}$/MW	7.5	7.5	11.2	11.2	22.4	22.4	26.0	26.0

当 G5 发生故障跳闸时,剩余 7 台火电机组的最大一次调频容量$\Delta P_{primary}$之和为 111.8MW,系统受到的功率扰动量为 277.6MW,系统存在的不平衡功率ΔP 为 165.8MW。如果此时不采取其他控制手段时,系统中的不平衡功率将导致系统频率的迅速偏移,如图 4.9(a)所示。

本章提出的电解铝有功功率控制方法,能够在监测到局域电网调频能力不足时,快速调节电解铝负荷有功功率,维持局域电网的功率平衡。根据图 4.8 中的控制方法,当 G5 故障跳闸后,基于式(4.34)能够辨识出此时系统受到的功率扰动

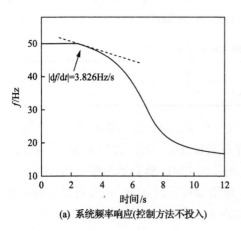

(a) 系统频率响应(控制方法不投入)

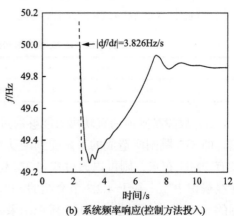

(b) 系统频率响应(控制方法投入)

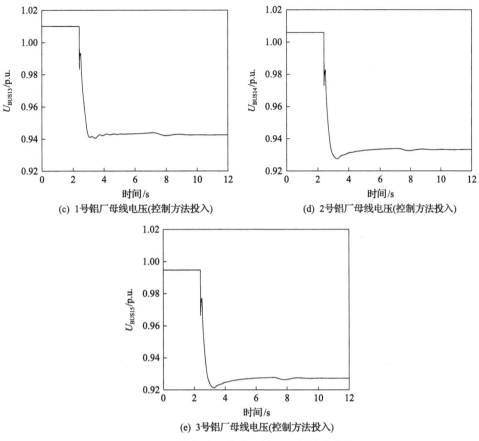

(c) 1号铝厂母线电压(控制方法投入)　　　　(d) 2号铝厂母线电压(控制方法投入)

(e) 3号铝厂母线电压(控制方法投入)

图 4.9　系统频率和负荷母线电压的响应曲线

量 P_{step}，并判断 P_{step} 已经超出了火电机组的一次调频能力，需要快速控制电解铝负荷有功功率，消除系统中的不平衡功率。

电解铝负荷的有功控制是通过调整剩余火电机组的端电压实现的。根据图 4.8 中的控制方法，控制器能够在线计算出每个电解铝负荷的有功调整量和母线电压调整量的目标值，继而计算出各发电机端电压的参考值调整量并予以控制。

表 4.4 列出了 N-1 故障发生时，各电解铝负荷的有功功率和母线电压的控制目标及仿真结果。其中，P_{load} 为 N-1 故障发生前各电解铝负荷的有功功率，P'_{load} 为故障发生时根据控制方法的步骤 5 在线计算得到的电解铝负荷有功的控制目标量，P_{load-s} 为按照控制方法进行控制时的 RTDS 仿真结果。相应地，U_{AH}、U'_{AH} 和 U_{AH-s} 分别为 N-1 故障发生前各电解铝负荷的母线电压、故障发生时根据控制方法的步骤 6 在线计算得到的负荷母线电压的控制目标量及按照控制方法进行控制时的 RTDS 仿真结果。

表 4.4   G5 跳闸时负荷有功功率、母线电压的控制目标及仿真结果

	铝厂 1	铝厂 2	铝厂 3
P_{load} /MW	330.000	420.000	640.000
P'_{load}/MW	291.830	371.144	565.029
$P_{load\text{-}s}$/MW	292.500	367.500	564.650
U_{AH}/p.u.	1.010	1.006	0.995
U'_{AH}/p.u.	0.942	0.938	0.928
$U_{AH\text{-}s}$/p.u.	0.943	0.933	0.927

表 4.5 列出了 G5 跳闸时发电机组端电压的控制目标及仿真结果。其中 U_G 为 N-1 故障前各发电机的端电压，U'_{Gref} 为故障发生时根据图 4.8 中的控制方法在线计算得到的各发电机组端电压的控制目标，$U_{G\text{-}s}$ 为各火电机组端电压按照控制方法进行控制时的 RTDS 仿真结果。

表 4.5   G5 跳闸时发电机端电压的控制目标及仿真结果

	G1	G2	G3	G4	G6	G7	G8
U_G/p.u.	1.051	1.051	1.052	1.052	1.051	1.036	1.036
U_{Gref}/p.u.	0.991	0.991	0.989	0.992	0.987	0.972	0.972
$U_{G\text{-}s}$/p.u.	0.988	0.988	0.987	0.989	0.987	0.972	0.972

图 4.9(b)～(e) 为采用电解铝负荷有功控制方法时，系统频率和负荷母线电压的响应曲线。

电解铝负荷有功功率的响应曲线如图 4.10 所示。各火电机组端电压的仿真动态曲线如图 4.11 所示。当系统中存在不平衡功率时，控制器通过调整励磁调节器

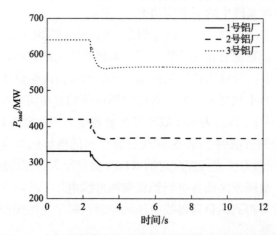

图 4.10   电解铝负荷有功功率的响应曲线(控制方法投入)

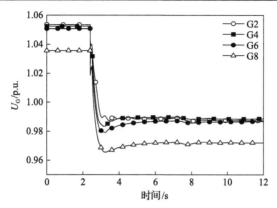

图 4.11　各火电机组端电压的仿真动态曲线(控制方法投入)

的端电压参考值,能够迅速地降低负荷母线电压,从而使电解铝负荷降低,平抑系统中的不平衡功率,维持系统的功率平衡。

当 G5 故障跳闸时,其他发电机组有功出力会随着一次调频的作用逐渐增加,最后达到其额定出力,火电机组的一次调频容量得到了完全利用,与控制方法设计的充分地发挥火电机组可用一次调频容量的目标相一致。不同装机容量火电机组的有功出力如图 4.12 所示。此外,仿真中电解铝负荷的无功功率模型采用幂函数静态模型[4],其无功功率随着母线电压的下降而相应下降,响应曲线如图 4.13 所示。

表 4.6 列出了火电机组在系统故障前后的有功出力。当 G5 故障跳闸时,剩余 7 台火电机组的有功出力从 1388.2MW 增加到 1497.3MW,提供了 109.1MW 的有功支撑。如图 4.10 所示,通过引入本章所提出的控制方法,电解铝负荷的有功功率从 1390.0MW 降低至 1224.7MW,提供了 165.3MW 的有功支撑。电源侧和负荷侧共同提供了 2743.8MW 的功率支撑,平抑了 G5 故障跳闸的功率扰动量。

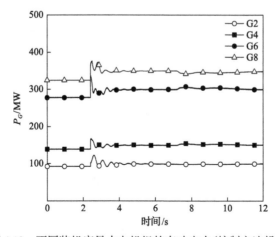

图 4.12　不同装机容量火电机组的有功出力(控制方法投入)

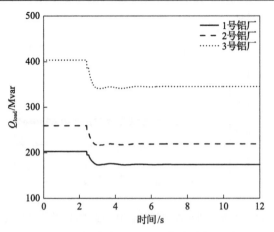

图 4.13　电解铝负荷的无功功率(控制方法投入)

表 4.6　G5 故障前后火电机组的有功出力

	G1	G2	G3	G4	G6	G7	G8	合计
P_G/MW	92.5	92.5	138.8	138.8	277.6	324.0	324.0	1388.2
P_G'/MW	99.8	99.8	149.7	149.7	299.5	349.4	349.4	1497.3

3. 风电功率波动时的火电机组跳闸

4.2.6 节算例中,没有考虑风电场出力和风电功率的波动性。当采用频率初始变化率 df/dt 在线辨识功率扰动和不平衡功率时,df/dt 在机组跳闸前均等于 0,这为判断功率扰动出现的时刻提供了方便,属于较为理想的情况。本节的算例考虑火电机组跳闸时的风电功率波动性,验证所提出的不平衡功率在线辨识方法和电解铝负荷有功控制方法在此场景下仍然有效。

算例中考虑 G4 停机检修,设置 G7 在 t=10s 时故障跳闸。在 G7 故障跳闸时,系统中各发电机组的有功出力 P_G 和备用容量 $\Delta P_{\text{primary}}$ 见表 4.7。

表 4.7　t=10s 时系统各发电机组有功出力与备用容量

	G1	G2	G3	G5	G6	G7	G8
P_G/MW	85.4	85.4	128.1	256.2	256.2	299.0	299.0
P_{res}/MW	14.6	14.6	21.9	43.8	43.8	51.0	51.0
P_{up}/MW	10.0	10.0	15.0	30.0	30.0	35.0	35.0
$\Delta P_{\text{primary}}$/MW	10.0	10.0	15.0	30.0	30.0	35.0	35.0

风电功率的波动情况如图 4.14(a)所示。如果不采取频率控制,由于局域电网的有功调频容量不足,无法平抑 G7 跳闸所引起的功率扰动,系统频率会迅速下降至崩溃,如图 4.14(b)所示。当 t=10s 时 G7 故障跳闸,系统频率变化率会突然增大,从 0.029Hz/s 阶跃至 4.68Hz/s。系统频率变化率突然增大的时刻即为式(4.34)

中的初始时刻 t_0。频率变化率的阶跃被广域测量系统量测到后，基于式(4.34)能够迅速辨识出系统受到的功率扰动量 P_{step}，并基于式(4.29)~式(4.31)计算得到系统的不平衡功率 ΔP 为 103.4MW，这时需要启动本章所提出的控制方法。

控制方法投入后，系统频率最终保持稳定，如图 4.14(c)所示。系统频率变化率的变化曲线如图 4.14(d)所示。

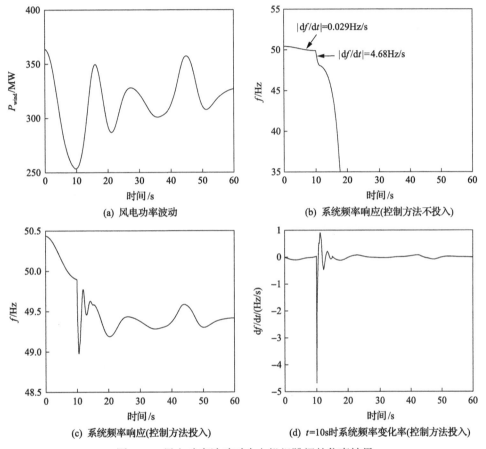

图 4.14　风电功率波动时火电机组跳闸的仿真结果

4. 相关讨论

1)控制方法的应用范围讨论

本节所提出的控制方法在电解铝负荷中的应用，是基于电解铝负荷的有功功率与母线电压间的强耦合关系，以及其热蓄能负荷的大惯量特点，因此能够在紧急状态下调整负荷有功功率，为系统提供频率支撑。对于其他生产工艺和负荷特性相类似电解类高耗能工业负荷(氯碱、电解锰等)也同样适用。

需要指出的是，该控制方法是基于在线辨识功率扰动超出传统调频手段的控制范围后，触发电解铝负荷参与频率紧急控制，目的是解决局域电网的火电机组故障事故，而暂未考虑风电功率波动这类连续扰动，因此该控制方法更加适用于在山东、河南等地十分常见的由纯火电驱动的高耗能工业局域电网[8]。

2) 控制方法需基于广域量测系统的必要性讨论

本章所研究的控制方法需基于广域量测系统，其必要性主要来自控制的实时性要求及输入数据的同步性要求。

由于局域电网的等效转动惯量小、频率暂态过程短，系统的不平衡功率需要在功率扰动发生时及时平抑。为了测试局域电网频率的暂态过渡时间，在 RTDS 仿真中设置了在不同不平衡功率下，局域电网的频率响应情况。表 4.8 为不同功率扰动系统频率跌落时间。从表 4.8 中可以看出，局域电网频率跌落的速度非常快，尤其当不平衡功率 ΔP 超过 100MW 时，频率跌至 48.5Hz 仅需要 1s 左右。对于暂态过程如此快的局域电网而言，采样周期为秒级的 SCADA/EMS[①] 系统对该局域电网的控制并不适用。此外，在不平衡功率在线计算及最终的电压控制目标在线计算过程中，控制器需要将故障发生时刻的全网同步数据作为输入数据，远程终端单元(remote terminal unit，RTU)也并不适用。

表 4.8　不同功率扰动系统频率跌落时间

不平衡功率 ΔP/MW	跌至 49Hz 所用的时间/s	跌至 48.5Hz 所用的时间/s
10	4.4288	5.3132
30	2.3312	3.0008
50	1.6208	2.1632
100	0.9212	1.2908
150	0.6368	0.9188

因此，本章所研究的电解铝负荷有功控制方法在局域电网存在不平衡时执行基于 WAMS 的实时控制，维持局域电网的频率稳定。

4.3　基于矿热炉负荷控制的局域电网频率控制方法

4.3.1　矿热炉阻抗、电压-有功协调控制

3.2.1 节和 3.2.2 节提出了矿热炉负荷快速调节有功功率的两种方法。两种方法都具备一定的功率调节能力，但每种调节手段的调节空间有限。为最大限度地挖掘矿热炉负荷的可调功率，本节综合考虑两种调节手段的特点，提出一种阻抗、

---

① 数据采集与监视控制系统(supervisory control and data acquistion，SCADA)

电压-有功协调控制方法。

考虑到调节电压具有全局性，调节母线电压将会影响整个系统内的负荷。而调节电极只会影响参与调节的矿热炉负荷功率，不会对系统内其他负荷造成影响，因此基本的控制思路为：当系统出现功率扰动且需要矿热炉响应时，应优先考虑通过定电压控阻抗的方式调节矿热炉功率，当该方式可调的功率不足以弥补系统的功率缺额时，则通过阻抗、电压协调控制的方式调节矿热炉功率，具体控制思路如图 4.15 所示。

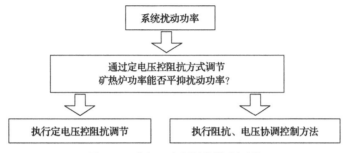

图 4.15　电极、电压协调控制思路

1. 矿热炉功率调节边界条件

3.2 节分析了矿热炉负荷的调节特性，并给出了在指定功率调节量的情况下，矿热炉的电极电流指令值和母线电压目标值的计算方法。本节将分析矿热炉功率调节的边界条件，结合电弧特性及相关经验，说明矿热炉功率的调节范围及 3.2 节中不同控制方法的触发条件，完善矿热炉的负荷控制方法。

1) 埋弧操作约束

由于工艺要求，矿热炉通常采用埋弧操作，即电极必须插入炉渣一定的深度，不允许出现明弧操作(电极露出炉渣)，如图 4.16 所示。因此，当矿热炉正常冶炼时，电极底部到炉料的距离 L 存在允许最大值 L_{max} 和允许最小值 L_{min}，即

$$L_{min} \leqslant L \leqslant L_{max} \tag{4.42}$$

由 2.2.2 节中式(2.8)可知，电弧静态电导 G_{arc} 与弧长 L 呈负相关关系，则电弧静态电阻 R_{arc} 与弧长 L 呈正相关关系，因此结合式(4.42)，电弧等效电阻存在上下限，即

$$R_{min} \leqslant R_{arc} \leqslant R_{max} \tag{4.43}$$

R_{min} 和 R_{max} 通常由现场运行人员根据生产准则与生产经验给出。

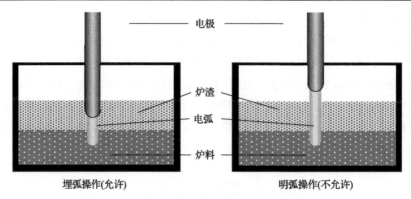

图 4.16　埋弧操作与明弧操作示意图

2) 功率因数约束

由于电弧燃烧存在电流过零点，因此为了维持电弧稳定燃烧，必须在电路中加入一定量的电感，使电压和电流错开一定相位，便于电弧的稳定燃烧，这决定了矿热炉电路的功率因数上限$(\cos\phi)_{\max}$。另外，为减少线路的无功损耗，功率因数不应过低，功率因数存在下限$(\cos\phi)_{\min}$。

$$(\cos\phi)_{\min} \leqslant \cos\phi \leqslant (\cos\phi)_{\max} \tag{4.44}$$

事实上，功率因数可由式(4.45)表示：

$$\cos\phi = \frac{P}{\sqrt{P^2 + Q^2}} = \frac{R_{\text{line}} + R_{\text{arc}}}{\sqrt{(R_{\text{line}} + R_{\text{arc}})^2 + (X_{\text{line}} + X_{\text{arc}})^2}} \tag{4.45}$$

将式(4.45)代入式(4.44)可推导出式(4.46)：

$$\sqrt{\frac{1}{(\cos\phi)_{\max}^2} - 1} \leqslant \frac{X_{\text{line}} + X_{\text{arc}}}{R_{\text{line}} + R_{\text{arc}}} \leqslant \sqrt{\frac{1}{(\cos\phi)_{\min}^2} - 1} \tag{4.46}$$

由式(4.46)可以看出，功率因数约束实际上是对矿热炉电路中电阻和电抗之间关系的约束，结合式(3.27)可知，功率因数约束最终将转换为对矿热炉的电弧电阻值和电抗值的约束。

3) 冶炼阶段功率约束

矿热炉具有良好的储热保温性，在忽略炉体热量耗散的情况下，根据能量守恒，矿热炉所需功率与冶炼时间将满足

$$P_0 \cdot \Delta T_0 = P_1 \cdot \Delta T_1 \tag{4.47}$$

式中，P_0、ΔT_0 为矿热炉额定冶炼功率和额定冶炼时间；ΔT_1 为矿热炉冶炼功率为 P_1 时所需要的冶炼时间。冶炼时间与冶炼功率呈负相关关系，降低冶炼功率，将导致冶炼时间增加。通常情况下，工厂会考虑到工人的工作时长及受制于订单合同的完成期限等因素，不会允许矿热炉长时间以极低的功率进行冶炼，因此从生产效率的因素考虑，矿热炉的冶炼功率将受到最低功率的约束。

此外，根据矿热炉的工艺，通常分为冶炼初期和冶炼末期。冶炼初期的任务是快速地将炉料熔化，因此要求输入功率高。冶炼末期的任务为调节炉料中的各类杂质和成分比例，输入功率相对较低。设冶炼初期阶段最低输入功率为 P_{initial}，冶炼末期最低输入功率为 P_{final}，则有 $P_{\text{initial}} \geqslant P_{\text{final}}$，且在冶炼初期和冶炼末期，矿热炉的电弧功率 P_{arc} 分别满足式 (4.48) 和式 (4.49)：

$$P_{\text{arc}} \geqslant P_{\text{initial}} \tag{4.48}$$

$$P_{\text{arc}} \geqslant P_{\text{final}} \tag{4.49}$$

通常，冶炼阶段可通过矿热炉变压器的挡位推测出来，当矿热炉处于冶炼初期时，变压器低压侧处于较高电压的挡位；当矿热炉处于冶炼末期时，变压器低压侧处于较低电压的挡位。

4) 母线电压约束

由于冶炼厂内存在其他辅助负荷，如电动机负荷等，这些负荷对电压的变化敏感，因此母线电压的调整范围有限。对于关键节点的母线，设允许运行的电压为 U_{bus}，上下限分别为 U_{max} 和 U_{min}。则母线电压约束为

$$U_{\text{min}} \leqslant U_{\text{bus}} \leqslant U_{\text{max}} \tag{4.50}$$

通常情况下，母线电压上下限可取 $U_{\text{max}}=1.1\text{p.u.}$ 和 $U_{\text{min}}=0.9\text{p.u.}$。若系统中存在对电压较为敏感的负荷，则应以系统中对电压变化最为敏感的负荷的允许运行电压上下限为母线电压约束条件。

2. 控制方法输入判据

当系统下达功率调节量时，应及时收集矿热炉的当前状态，分析判断矿热炉每种控制方式的调节量，并给出正确的控制信号。假设系统下达的功率调节量为 ΔP，且功率调节量 ΔP 在矿热炉的允许调节范围之内。根据 4.3.1 节的约束条件，当需要控制矿热炉功率时，应当采集的信息有当前矿热炉的变压器挡位 Tap、变压器低压侧电压 U_{tran}、电流 I_{tran}、有功功率 P_{tran}、无功功率 Q_{tran}、电极电压 U_{arc}、有功功率 P_{arc}、无功功率 Q_{arc}。

根据采集功率，通过式 (4.51) 和式 (4.52) 计算变压器低压侧功率因数 $\cos\phi_{\text{tran}}$

和电弧的功率因数 $\cos\phi_{\text{arc}}$。

$$\cos\phi_{\text{tran}} = \frac{P_{\text{tran}}}{\sqrt{P_{\text{tran}}^2 + Q_{\text{tran}}^2}} \tag{4.51}$$

$$\cos\phi_{\text{arc}} = \frac{P_{\text{arc}}}{\sqrt{P_{\text{arc}}^2 + Q_{\text{arc}}^2}} \tag{4.52}$$

可根据式(3.18)和式(3.19)计算出当前电弧静态电阻 R_{arc} 和静态电抗 X_{arc}。同理可以计算出当前变压器低压侧等效电阻 R_{tran} 和等效电抗 X_{tran}。短网电阻 R_{line} 和电抗 X_{line} 可由式(4.53)和式(4.54)计算得出：

$$R_{\text{line}} = R_{\text{tran}} - R_{\text{arc}} \tag{4.53}$$

$$X_{\text{line}} = X_{\text{tran}} - X_{\text{arc}} \tag{4.54}$$

由式(3.17)可知，电弧的静态电阻 R_{arc} 和静态电抗 X_{arc} 存在一定的相关关系，假设通过实测数据拟合的关系如式(3.27)所示。根据前面的描述，矿热炉控制边界条件中的埋弧操作约束和功率因数约束均可化为矿热炉电阻约束。

(1)根据 4.3.1 节，给定矿热炉电阻在埋弧操作约束下的取值为$[R_{\text{min}1}, R_{\text{max}1}]$。

(2)根据 4.3.1 节的功率因数约束条件，联立式(3.27)和式(3.46)，得到矿热炉电阻在功率因数约束下的取值为$[R_{\text{min}2}, R_{\text{max}2}]$。

则矿热炉电阻的最终取值范围为

$$[R_{\text{min}}, R_{\text{max}}] = [R_{\text{min}1}, R_{\text{max}1}] \bigcap [R_{\text{min}2}, R_{\text{max}2}] \tag{4.55}$$

令 $R_{\text{arc}}=R_{\text{max}}$，则静态电抗为

$$X_{\text{arc}} = aR_{\text{max}}^2 + bR_{\text{max}} + c \tag{4.56}$$

将采集得到的变压器低压侧电压 U_{tran}、计算得到的短网电阻 R_{line}、电抗 X_{line}、电弧静态电阻 R_{arc} 和静态电抗 X_{arc} 代入式(4.57)中，计算得到矿热炉在埋弧操作约束和功率因数约束下允许运行的最低功率 P_1：

$$P_1 = \frac{U_{\text{tran}}^2(R_{\text{line}} + R_{\text{arc}})}{(R_{\text{line}} + R_{\text{arc}})^2 + (X_{\text{line}} + X_{\text{arc}})^2} \tag{4.57}$$

(3)结合 4.3.1 节中的冶炼阶段功率约束条件，根据当前变压器挡位 Tap，判断矿热炉正处于的冶炼阶段，并得到该冶炼阶段下的矿热炉允许运行的最低功率

P_2。通过定电压控阻抗控制能够调节的矿热炉功率量为

$$\Delta P_1 = P_{\text{arc}} - \max\{P_1, P_2\} \tag{4.58}$$

比较 ΔP_1 和 ΔP，若 $\Delta P_1 \geqslant \Delta P$，则说明通过定电压控阻抗调节有功功率的方式可以满足系统下达的调节量要求，仅需对矿热炉下达阻抗-有功控制指令。特别地，若在计算电极调节量时，当 $P_2 \geqslant P_1$ 时，说明阻抗-有功控制能将矿热炉功率调节至当前状态下的最低值，则无论阻抗-有功方法是否能够满足系统调节量需求，都不启动阻抗-有功控制。

若 $\Delta P_1 \leqslant \Delta P$，则说明通过升降电极方式调节有功的方式不能满足系统下达的调节量要求，除了对矿热炉下达阻抗-有功控制指令，还需要进行母线电压调节，即需对矿热炉下达阻抗、电压-有功控制指令。通过改变母线电压来调节的功率量 ΔP_2 为

$$\Delta P_2 = \Delta P - \Delta P_1 \tag{4.59}$$

综上，矿热炉功率调节控制方法的启动判据如图 4.17 所示。

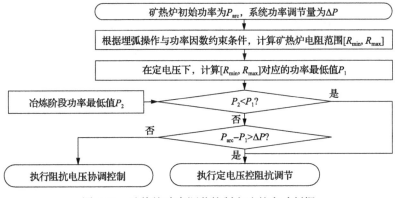

图 4.17　矿热炉功率调节控制方法的启动判据

3. 控制方法指令计算方法

根据 4.3.1 节提出的控制方法判据，若判据结果仅需矿热炉负荷执行阻抗-有功控制或电压-有功控制，则按照 3.2.1 节和 3.2.2 节方法计算相关指令值。现推导矿热炉需执行阻抗、电压-有功协调控制时，电极电流的指令值与母线电压目标值的计算方法。

假设系统出现功率缺额，需矿热炉负荷下调功率 ΔP，通过定电压控阻抗可调节的功率大小为 ΔP_1。则需通过调节母线电压方式进行矿热炉功率调整的功率 ΔP_2 为

$$\Delta P_2 = \Delta P - \Delta P_1 \tag{4.60}$$

在实际操作过程中, 阻抗、电压-有功协调控制应当同时给出电极电流指令值 I_{ref} 与母线电压目标值 U_{ref}。为方便推导, 在计算时可认为先对矿热炉负荷进行了升降电极操作, 待升降电极将矿热炉阻抗调整至极限阻抗 R_{arcmax} 和 X_{arcmax} 后, 继续调节母线电压, 最终完成矿热炉的功率调节。调节前后变量如表 4.9 所示。

表 4.9 调节前后变量

变量	调节前	调节阻抗后	调节母线电压后
功率	P_0	P_1	P_2
变压器低压侧电压	U_0	U_1	U_2
电弧静态电阻	R_{arc0}	R_{arc1}	R_{arc2}
电弧静态电抗	X_{arc0}	X_{arc1}	X_{arc2}
电极电流	I_0	I_1	I_2

首先, 在阻抗调节阶段, 根据 3.2.1 节的计算过程, 可计算出矿热炉功率下降 ΔP_1 后的静态电阻和静态电抗。当矿热炉电弧的静态电阻和静态电抗达到 R_{arc1} 和 X_{arc1} 时, 表示电极已到达指令位置, 此时通过调节阻抗完成 ΔP_1 的功率调节量的任务已经完成。然后, 矿热炉进入调节母线电压阶段。在这个阶段中, 只改变变压器高压侧母线电压, 并认为调节母线电压前后电弧的静态电阻与静态电抗保持不变, 即

$$R_{arc\,2} = R_{arc1} = R_{arcmax} \tag{4.61}$$

$$X_{arc\,2} = X_{arc1} = X_{arcmax} \tag{4.62}$$

根据 3.2.2 节, 我们可以认为在调节变压器高压侧母线电压时, 调节前功率为 P_1, 调节前变压器低压侧电压为 U_1, 功率调节量为 ΔP_2, 调节后变压器低压侧电压为 U_2, 则根据式 (3.53) 可知, 变压器母线低压侧电压目标值 U_2 为

$$U_2 = \sqrt{U_1^2 \left(1 - \frac{\Delta P_2}{P_1}\right)} = \sqrt{U_0^2 \left(1 - \frac{\Delta P_2}{P_0 - \Delta P_1}\right)} \tag{4.63}$$

则由式 (3.54) 可知, 调节母线电压后, 变压器高压侧电压目标值 U_H 为

$$U_H = k_{HL} U_2 = k_{HL} \sqrt{U_0^2 \left(1 - \frac{\Delta P_2}{P_0 - \Delta P_1}\right)} \tag{4.64}$$

通过调节母线后, 电极电流最终的目标值 I_{ref} 为

$$I_{ref} = I_2 = \frac{U_2}{\sqrt{(R_{line} + R_{arc\,2})^2 + (X_{line} + X_{arc\,2})^2}} \tag{4.65}$$

至此，阻抗、电压协调控制的电流指令值、电压目标值推导完毕。在实际执行过程中，电路阻抗、母线电压根据 I_{ref} 和 V_{ref} 同时进行调节。电极、电压-有功协调控制执行过程如图 4.18 所示。

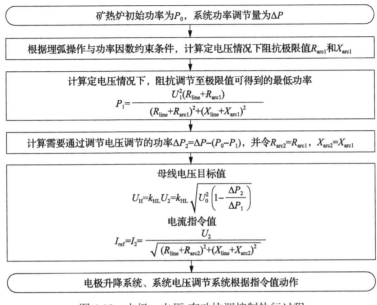

图 4.18　电极、电压-有功协调控制执行过程

4. 验证阻抗、电压-有功协调控制方法的仿真

以 3.2.2 节中图 3.14 的无穷大电源-单台矿热炉负荷模型为例，现考虑以下约束条件。单台矿热炉调节约束条件如表 4.10 所示。

表 4.10　单台矿热炉调节约束条件

约束条件	边界范围
埋弧操作电阻约束	$[0.002\Omega, 0.006\Omega]$
功率因数约束	$[0.7, 0.86]$
母线电压约束	$[29.7\text{kV}, 36.3\text{kV}]$
冶炼功率约束	$[70\text{MW}, 100\text{MW}]$

矿热炉功率负荷初始功率为 100MW，要求矿热炉负荷快速下调 30MW 功率，现分别采用定电压控阻抗控制、定阻抗控电压控制及阻抗-电压协调控制对单台矿热炉负荷进行调节。三种控制方式指令值计算结果如表 4.11 所示。

表 4.11　三种控制方式指令值计算结果

	定电压控阻抗控制	定阻抗控电压控制	阻抗-电压协调控制
电极电流指令值/kA	118	130	111
母线电压指令值/kV	33	29.7	30.2

　　三种控制方式对应的仿真结果如图 4.19～图 4.22 所示。由图 4.19～图 4.21 可知，三种控制方式都满足约束条件，即调节前后，电路电阻为 0.002～0.006Ω，电路功率因数为 0.7～0.86，母线电压为 29.7～36.3kV。但由于调节功率较大，定电压控阻抗控制方式的电阻值已达到调节边界，定阻抗控电压控制方式的电压值

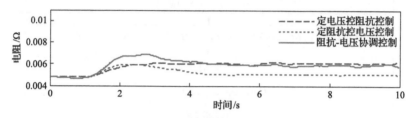

图 4.19　三种控制方式电阻对比

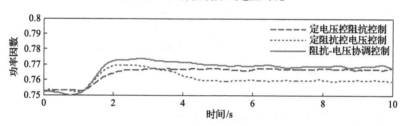

图 4.20　三种控制方式功率因数对比

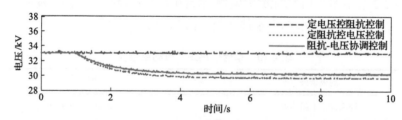

图 4.21　三种控制方式变压器高压侧电压对比

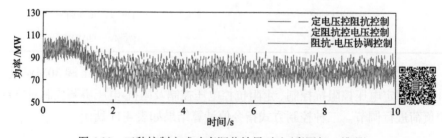

图 4.22　三种控制方式功率调节效果对比(彩图扫二维码)

也已达到调节边界,最终导致这两种控制方式的功率无法调节至指令值(图 4.22)。而阻抗-电压协调控制方式是在定电压控阻抗控制方法的基础上,进一步对电压进行调节,充分地利用了电阻和电压的边界条件,将矿热炉负荷的功率调节能力发挥到极致,因此可将矿热炉功率调节至指令位置。

4.3.2　多矿热炉系统协调控制方法

1. 多台矿热炉功率调节总量计算

网络内含有多台矿热炉时,若所有矿热炉均采用阻抗-有功调节手段,则所有矿热炉的功率调节是相互独立的,因此矿热炉功率调节总量为网络内所有矿热炉单台最大调节量之和。若网络内有一台或多台矿热炉需要采用控制母线电压的方式调节功率,由于母线电压控制具有全局性,则网络内其他矿热炉的调节都具有关联,矿热炉功率调节总量不再是网络内所有矿热炉单台最大调节量之和。因此,对于含多台矿热炉的网络,需要对其调节总量进行计算。

(1)假设网络中有 n 台矿热炉。当网络中有 m 台矿热炉已达到允许运行功率的下限时,则系统内剩余 $n-m$ 台矿热炉只可采用阻抗-有功控制方式。通过 3.2.1 节可求得第 i 台矿热炉的最大功率调节量 ΔP_i,则网络中矿热炉功率调节总量为

$$\Delta P_{\text{total}} = \sum_{i=1}^{n-m} \Delta P_i \tag{4.66}$$

(2)当网络中所有矿热炉均未达到允许运行功率的下限时,则需确定母线电压目标值的下限。首先假设将系统内所有矿热炉阻抗调节至极限值,即 $R_{\text{arc}}=R_{\text{max}}$,$X_{\text{arc}}=f(R_{\text{arc}})$,并将功率调节至 4.3.1 节中矿热炉允许运行的最低功率,记为 P_{2i},则每 i 台矿热炉在功率为 P_{2i} 时的母线最低电压为

$$U_{\text{H2}i} = k_i U_{\text{L0}i} = k_i \sqrt{P_{2i} \left[R_{\text{line}} + R_{\text{arc}} + \frac{(X_{\text{line}} + X_{\text{arc}})^2}{R_{\text{line}} + R_{\text{arc}}} \right]} \tag{4.67}$$

式中,$U_{\text{H2}i}$ 为变压器高压侧母线电压;k_i 为变压器变比;$U_{\text{L0}i}$ 为变压器低压侧电压。取 $U_{\text{H2}i}$ 中的最大值作为系统母线电压的目标值,即 $U_{\text{H2}}^*=\max\{U_{\text{H2}i}\}$,代入式(4.68),得到当母线电压目标值统一为 U_{H2}^* 时,将阻抗调节至极限后的第 i 台矿热炉功率:

$$P_i^* = \frac{U_{\text{H2}}^*(R_{\text{line}} + R_{\text{arc}})}{(R_{\text{line}} + R_{\text{arc}})^2 + (X_{\text{line}} + X_{\text{arc}})^2} \tag{4.68}$$

记第 i 台矿热炉初始功率为 P_{0i},则系统内第 i 台矿热炉的最大功率调节量为

$$\Delta P_i^* = P_{0i} - P_i^* \tag{4.69}$$

系统内所有矿热炉可调节总功率为

$$\Delta P_{\text{total}} = \sum (P_{0i} - P_{1i}^*) \tag{4.70}$$

综上,多台矿热炉功率调节总量计算如图 4.23 所示。

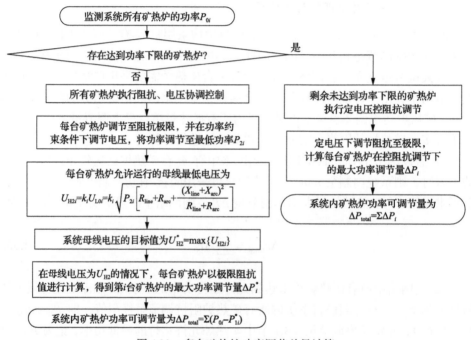

图 4.23 多台矿热炉功率调节总量计算

2. 多台矿热炉功率调节量分配及指令计算方法

为尽可能地保证矿热炉功率调节的均衡性,本书考虑按比例分配各矿热炉功率调节量。假设系统需要调节的总功率量为 ΔP,通过 4.3.1 节计算得出的第 i 台矿热炉功率调节量为 ΔP_i。则对于当前系统的需求,各矿热炉分配到的功率调节量 ΔP_{ci} 为

$$\Delta P_{ci} = \Delta P \frac{\Delta P_i}{\Delta P_{\text{total}}} \tag{4.71}$$

由 4.3.2 节分析得出,若系统中存在矿热炉运行在允许运行功率的下限,则系统只能通过阻抗调节改变矿热炉功率。则根据式 (3.47) 可计算出各矿热炉电流指

令值 I_{refi}，并下发给每个矿热炉的电极升降装置执行。

若系统中所有矿热炉均未达到允许运行功率的下限，则需通过阻抗、电压协调控制才能满足系统分配的功率调节任务。记每台矿热炉初始功率为 P_{0i}，则根据每台矿热炉分配到的功率调节量 ΔP_{ci}，计算每台矿热炉负荷的目标功率 $P_i = P_{0i} - \Delta P_{ci}$。根据式(4.72)，第 i 台矿热炉在极限阻抗下，功率调节至 P_i 时变压器高压侧母线电压目标值 U_{H2i} 为

$$U_{H2i} = k_i U_{L0i} = k_i \sqrt{P_i \left[R_{line} + R_{arc} + \frac{(X_{line} + X_{arc})^2}{R_{line} + R_{arc}} \right]} \tag{4.72}$$

为保证每台矿热炉都能调节至最低功率，母线电压目标值应取 U_{H2i} 中的最小值，即 $U_H^* = \min\{U_{H2i}\}$。此时在母线电压目标值为 U_H^* 下执行定电压控阻抗控制，根据 3.2.1 节的计算方法，即可计算出第 i 台矿热炉的电极电流指令值 I_{ref}。并将上述计算出的母线电压目标值 U_H^* 和电极电流指令值 I_{refi} 同时下发给发电机励磁系统和矿热炉电极升降装置执行。综上，多台矿热炉功率调节量分配及指令计算方法如图 4.24 所示。

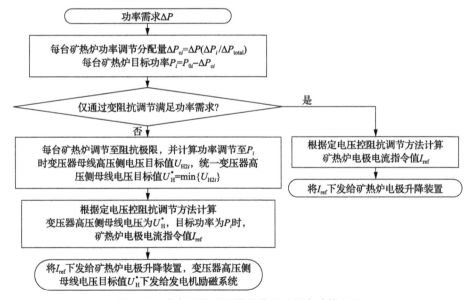

图 4.24　多台矿热炉调节量分配及指令计算方法

3. 验证多矿热炉系统协调控制方法的仿真

以无穷大电源-四台矿热炉负荷为例，其拓扑结构图如图 4.25 所示，其初始运行状态如表 4.12 所示。

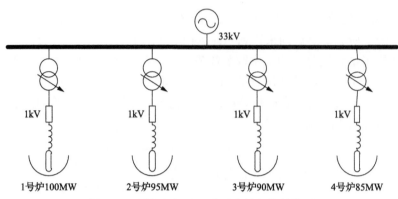

图 4.25 无穷大电源-四台矿热炉拓扑结构图

表 4.12 算例初始运行状态

负荷	初始功率/MW	初始电阻/Ω	初始电流/kA	阻抗约束/Ω	功率约束/MW	电压约束/kV
1 号矿热炉	100	0.0048	144	[0.002, 0.006]	[75, 100]	[29.7, 36.3]
2 号矿热炉	95	0.0051	136	[0.002, 0.006]	[75, 100]	[29.7, 36.3]
3 号矿热炉	90	0.0055	128	[0.002, 0.006]	[70, 90]	[29.7, 36.3]
4 号矿热炉	85	0.0059	120	[0.002, 0.006]	[70, 90]	[29.7, 36.3]

现在需要 4 台矿热炉共下调 60MW 功率,各矿热炉可调节功率计算见表 4.13。

表 4.13 各矿热炉可调节功率计算

计算过程	1 号矿热炉	2 号矿热炉	3 号矿热炉	4 号矿热炉	总计
定电压-变阻抗下最低功率/MW	84	84	84	84	336
33kV 调至最大电阻时可下调的功率/MW	16	11	6	1	34
过程结论 1	定电压控阻抗调节能力不足,需启动阻抗-电压协调控制				
0.9p.u.电压下,阻抗为边界值时的功率/MW	68	68	68	68	272
过程结论 2	不满足功率约束条件				
满足功率约束条件下可下调功率/MW	25	20	20	15	80
最大电阻情况下电压调节下限/kV	31.3	31.3	30.2	30.2	123
统一电压取值/kV	31.3	31.3	31.3	31.3	125.2
统一电压取值下最低功率/MW	75	75	75	75	300
当前矿热炉最终可调节功率/MW	25	20	15	10	70

由表 4.13 可知,当前矿热炉最终可调节功率 70MW,1 号矿热炉可调节功率 25MW,2 号矿热炉可调节功率 20MW,3 号矿热炉可调节功率 15MW,4 号矿热炉可调节功率 10MW。因此,矿热炉功率调节量分配结果及各指令值计算结果如表 4.14 所示。

表 4.14　矿热炉功率调节量分配结果及各指令值计算结果

计算过程	1 号矿热炉	2 号矿热炉	3 号矿热炉	4 号矿热炉	总计
初步功率分配/MW	21	17	13	9	60
目标功率/MW	79	78	77	76	310
最大电阻情况下需要的电压指令值/kV	32.1	31.9	31.7	31.5	127.2
统一电压目标值/kV	31.5	31.5	31.5	31.5	126
电流指令值/kA	117	116	114	113	460
电阻/Ω	0.0057	0.0058	0.0059	0.0060	0.0234

将表 4.14 计算出的指令值下发至图 4.25 中的算例系统，得到仿真结果如图 4.26 和图 4.27 所示。

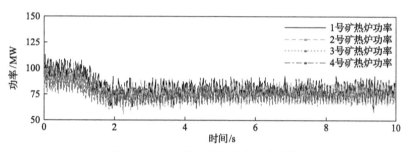

图 4.26　1～4 号矿热炉功率变化情况

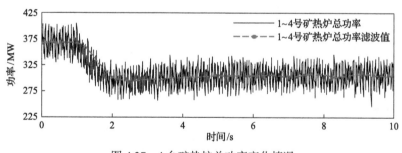

图 4.27　4 台矿热炉总功率变化情况

由图 4.26 可以看出，通过下达响应的电流、电压指令后，4 台矿热炉均能快速响应系统的功率调节量需求，并且能够按照 4.3.2 节提出的功率分配方法进行调整。由图 4.27 可以看出，4 台矿热炉总功率由初始的 370MW 降至 310MW，完成系统 60MW 的调节需求。

4.3.3　实际局域电网频率波动响应策略

本节结合含矿热炉负荷局域网的实际场景，具体分析和仿真矿热炉负荷参与局域网 N-1 故障调节的负荷控制方法。并引入第 2 章中轧钢负荷的功率特性模型，模拟局域网因冲击功率而产生频率波动的场景，提出利用矿热炉负荷控制减小这类频率波动的响应策略，从而得出引入矿热炉负荷控制有利于提高系统的稳定性的结论。

1. 局域网模型介绍

1) 局域网拓扑结构

根据文献[9]，选取淡水河谷公司一个局域电网算例的网络拓扑作为参考，并稍做拓展，其拓扑结构如图 4.28 所示。该系统中，一期包含 2 台 70.2MW 机组，2 台 72.5MW 机组，3 台 76.5MW 机组，4 台额定功率为 85MW 矿热炉负荷，70MW 公共辅助负荷。二期考虑建设一台 150MW 机组及 1 号和 2 号两条轧钢生产线，用于消纳铁合金产品。

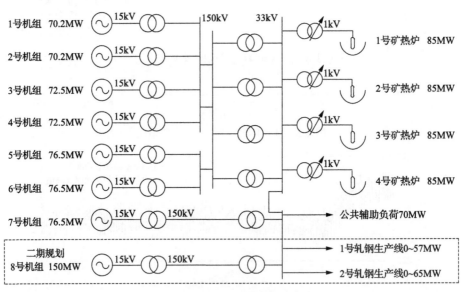

图 4.28　局域电网算例拓扑结构

2) 发电系统模型

RTDS 模型库提供了发电机模型，包含了原动机转矩输入 T_m、励磁电流偏差输入 E_f、机端电压 U_{MPU}、励磁电流 I_f、转速 ω，如图 4.29 所示。

(1) 调速器模型。RTDS 中，调速器输入信号为转速 ω_{pu}，通过计算转速与参考功率之间的关系，自动增减原动机力矩，使发电机输出功率达到整定值，其模型如图 4.30 所示。

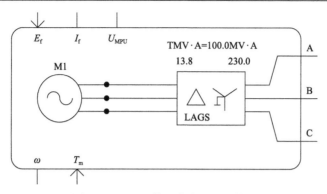

图 4.29　RTDS 模型库中发电机模型

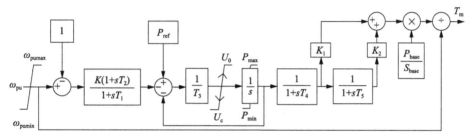

图 4.30　RTDS 模型库中调速器模型

图 4.30 中，较为重要的参数如下所示。

ω_{pumax}、ω_{pumin} 为转速上下限，通过对调速器输入转速进行限幅，最终限制了调速器输出力矩，等价于发电机的一次调频限幅。

K 为调速器的静态频率控制效应系数，即发电机有功变化标幺值与频率变化标幺值之比。

P_{ref} 为调速器目标功率参考值，可通过改变 P_{ref} 的值，主动调节发电机有功输出，等价于发电机的二次调频。

P_{base} 为发电机额定有功功率，即最大输出有功功率。

S_{base} 为发电机额定视在功率，即发电机容量。

其余参数表征调速器各环节，调速器参数设置如表 4.15 所示。

表 4.15　调速器参数设置

参数	T_1	T_2	T_3	T_4	T_5	U_0	U_c	P_{max}	P_{min}	K_1	K_2
设定值	0.001s	0.001s	0.25s	0.2s	5s	0.1p.u./s	−0.2p.u./s	1p.u.	0p.u.	0.3	0.7

（2）励磁系统模型。励磁系统输入信号为机端电压标幺值 U_{pu}，根据计算机端电压标幺值 U_{pu} 与励磁电压指令值 U_{ref} 之差，输出相应的偏差信号，直至机端电压值接近指令电压值。RTDS 平台搭建的励磁系统如图 4.31 所示。

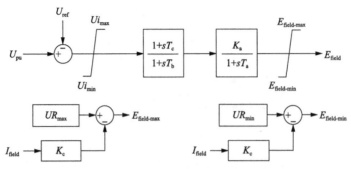

图 4.31　RTDS 平台搭建的励磁系统

图 4.31 中，U_{pu} 为机端电压标幺值，U_{ref} 为发电机电压指令值，E_{field} 和 I_{field} 分别为励磁电压和励磁电流，max、min 表示最大、最小值。励磁系统参数设置如表 4.16 所示。

表 4.16　励磁系统参数设置

参数	T_c	T_b	T_a	K_a	K_c	UR_{max}	UR_{min}	Ui_{max}	Ui_{min}
设定值	1s	20s	0.02s	200s	0.175s	5.7p.u.	−4.9p.u.	1p.u.	−1p.u.

考虑到矿热炉负荷自身功率波动性大，容易造成系统频率出现低频振荡，因此需考虑在励磁系统中引入电力系统稳定器(power system stabilizer，PSS)，防止系统出现低频振荡。引用 RTDS 中封装好的 PSS 模块，其模型如图 4.32 所示。其参数设置如表 4.17 所示。

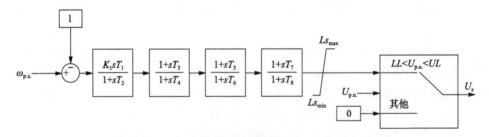

图 4.32　PSS 模型

表 4.17　PSS 模型参数设置

参数	T_1	T_2	T_3	T_4	T_5	T_6	T_7	T_8	K_1	Ls_{max}	Ls_{min}	LL	UL
设定值	10s	10s	0.55s	0.2s	0.55s	0.2s	0.55s	0.2p.u.	10	0.1p.u.	−0.1p.u.	1.2	0.2

考虑到 4.2.1 节提到通过改变交流侧母线电压调节矿热炉负荷功率方法，因此在励磁系统中应考虑再加入一个电压偏差信号 ΔU_i，使发电机具备控制系统节点电压的功能。同时考虑电压灵敏度，如式(4.37)和式(4.38)所示，当系统处于正常

运行状态时，不同的母线电压之间变化总是成比例的。

综上，考虑加入节点电压控制、PSS 控制后的励磁系统模型如图 4.33 所示。

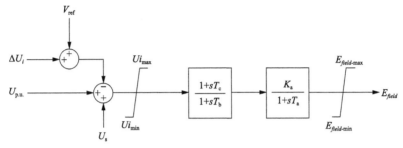

图 4.33　加入节点电压控制、PSS 控制后的励磁系统模型

2. 矿热炉负荷响应 N-1 故障引起的频率波动

本节研究当局域网发生 N-1 故障而引起频率波动时矿热炉的响应机制。对于发生机组 N-1 故障，常规的做法是快速切除系统中相应功率的负荷，以维持系统剩余发电机组和用电负荷在允许频率范围内保持功率匹配。然而当系统的单个可切负荷容量过大时，会存在过切负荷的现象，导致系统频率处于偏高水平。并且对于工业负荷，大多数与生产有关，一旦切除可能会造成生产进度的中断，例如，切除鼓风机、制氧机等负荷，整个生产将被迫中止。因此，对于系统内一台机组突然跳闸这一类事故，除了常规的快速切负荷手段，还应考虑利用可控负荷的降负荷能力，尽可能地覆盖各类潜在的功率缺额，为系统频率的稳定提供更加全面的保障。

1) 考虑局域网一期工程机组全开情况下的仿真

现考虑图 4.28 局域网一期工程全部投入运行，仿真初始潮流设定表如表 4.18 所示。

表 4.18　仿真初始潮流设定表

电源	额定功率/MW	初始功率/MW	负荷	功率/MW
1 号机组	70.2	60	1 号矿热炉	100
2 号机组	70.2	60	2 号矿热炉	95
3 号机组	72.54	62	3 号矿热炉	90
4 号机组	72.54	62	4 号矿热炉	85
5 号机组	76.5	66	公共辅助负荷	70
6 号机组	76.5	66		
7 号机组	76.5	66		
总计	514.98	442		440

考虑在运行过程中，局域网中 1 号机组突然跳闸，根据本节前面的内容可知，系统中不平衡功率计算结果如表 4.19 所示。

表 4.19　不平衡功率计算结果

计算明细	功率/MW
故障前机组额定总功率	514.98
跳闸机组额定功率	70.2
故障后剩余机组额定总功率	514.98 − 70.2 = 444.78
系统剩余机组一次调频能力(一次调频能力为 10%)	444.78×0.1≈44
剩余机组故障前额定总功率与当前输出总功率之差	444.78−(442−60)≈63
剩余机组故障后短时间可增加功率	min{44, 63} = 44
跳闸机组故障前功率	60
系统不平衡功率	60 − 44 = 16

根据表 4.19 的计算结果，安稳系统接收到的不平衡功率值为 16MW，由 4.3.2 节的功率调节量分配及指令计算方法可知，矿热炉功率调节量分配及指令计算过程如表 4.20 所示。

表 4.20　矿热炉功率调节量分配及指令计算过程

计算明细	1 号矿热炉	2 号矿热炉	3 号矿热炉	4 号矿热炉	总计
当前功率/MW	100	95	90	85	370
定电压控阻抗可下调至最低功率/MW	84	84	84	84	336
可调节功率量/MW	16	11	6	1	34
不平衡功率/MW			16		
初步结论		通过定电压控阻抗调节，可平抑系统不平衡功率			
功率调节量分配/MW	7	5	3	1	16
目标功率/MW	93	90	87	84	354
电极指令电流/kA	129	125	121	116	491
母线电压目标值/kV	33	33	33	33	132

根据上述计算结果，在机组跳闸后立即下发相关指令值，可使矿热炉参与到 N-1 故障后的系统频率控制中，RTDS 仿真结果如图 4.34～图 4.37 所示。当 1 号机组跳闸后，系统内剩余机组电磁功率将突增(图 4.34)，以满足实时功率平衡，此时系统频率迅速跌落。1 号机组的跳闸造成 33kV 母线电压瞬间跌落(图 4.35)，矿热炉功率与母线电压呈正相关关系，导致了 4 台矿热炉功率短时间内急剧下降，此时系统频率有所回升，机组出力有所减小。随后，母线电压逐渐回升至设定值，矿热炉功率随之升高，但由于电极电流指令值发生了改变，电极升降系统响应新的指令

值,使矿热炉功率只回升到了表 4.20 中的目标功率值(图 4.36)。最终,在系统剩余机组一次调频和矿热炉功率调节的共同作用下,系统频率维持在 49.75Hz(图 4.37),并未出现频率失稳的情况。

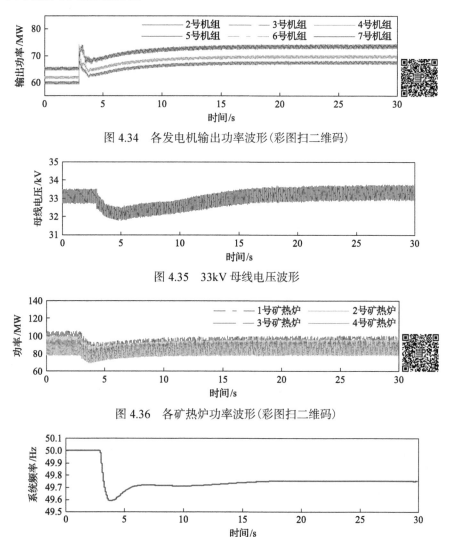

图 4.34　各发电机输出功率波形(彩图扫二维码)

图 4.35　33kV 母线电压波形

图 4.36　各矿热炉功率波形(彩图扫二维码)

图 4.37　系统频率波形

图 4.38 为采取无安稳措施、采取矿热炉负荷控制、采取切负荷手段的频率仿真波形。通过图 4.38 的波形对比可以看出,出现 N-1 故障后,若不采取任何安稳措施,系统剩余发电机达到功率一次调频能力上限后,无法继续提高功率,此时系统不平衡功率将依旧存在,系统频率将持续下降,最终导致所有机组失速,系统失稳;若采取传统的切负荷手段,则当时存在的可切负荷功率(85MW)

过大，将导致系统出现过切负荷的情况，系统频率将回升至较高的水平(图 4.38中频率为 50.12Hz)，此时系统频率虽然处于允许的范围内，但矿热炉负荷的非计划停电有一定风险，因此安稳的代价较大。而采取矿热炉负荷控制的方法，无须切除任何负荷，仅改变负荷的运行功率，最终将系统频率维持在 49.75Hz，相较于传统的切负荷手段，控制代价更小。机组全开下不同控制方法控制效果和控制代价如表 4.21 所示。

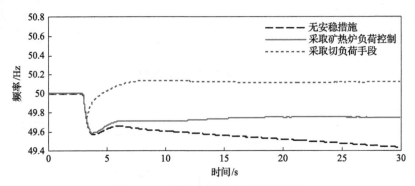

图 4.38　不同控制方法仿真结果对比

表 4.21　机组全开下不同控制方法控制效果和控制代价

控制方法	初始频率/Hz	控制效果	控制代价
无安稳措施	50	频率失稳	无
采取切负荷手段	50	50.12Hz	切除 4 号矿热炉
矿热炉负荷控制	50	49.75Hz	1 号矿热炉降低 7%的功率；2 号矿热炉降低 5.3%的功率 3 号矿热炉降低 3.3%的功率；4 号矿热炉降低 1.2%的功率

2)考虑局域网一期工程内 1 台机组检修情况下的仿真

在自备电厂中，发电机组通常会定期安排检修，检修期间，系统的一次调频能力将减小。此时若出现 N-1 跳机故障，则需要负荷下调更多的功率以维持系统频率处于允许的范围。

在图 4.28 所示的系统中，考虑 7 号机组检修，此时系统中的发电机组只剩 1～6 号机组，相较机组全开的工况，此时 1～6 号机组的输出功率将提升；通常，为了维持系统电力平衡，工厂会安排机组和负荷同期检修，以配合系统电力平衡。系统稳定运行后，仿真初始潮流设定表如表 4.22 所示。由表 4.22 可以看出，由于 7 号发电机检修，1～6 号发电机的输出功率明显提高，机组的平均负载率约为 95.8%，这意味着一旦出现 N-1 机组跳闸故障，剩余的机组最多只能增发 4.2%的功率，无法按照 10%的一次调频能力增加功率，这对紧急情况下矿热炉负荷的功率调节量提出更高的要求。

表 4.22　仿真初始潮流设定表

电源	额定功率/MW	初始功率/MW	负荷	功率/MW
1 号机组	70.2	67.24	1 号矿热炉	100
2 号机组	70.2	67.42	2 号矿热炉	95
3 号机组	72.54	69.48	3 号矿热炉	90
4 号机组	72.54	69.48	4 号矿热炉	85
5 号机组	76.5	73.28	公共辅助负荷	50
6 号机组	76.5	73.28		
7 号机组	检修	检修		
总计	438.48	420.18		420

在运行过程中，若局域网中 6 号发电机跳闸，则同上面的方法，系统中不平衡功率计算结果如表 4.23 所示。

表 4.23　系统中不平衡功率计算结果

计算明细	功率/MW
故障前机组总额定功率	438.48
跳闸机组额定功率	76.5
故障后剩余机组总额定功率	$438.48 - 76.5 = 361.98$
系统剩余机组一次调频能力	$361.98 \times 0.1 \approx 36.2$
剩余机组故障前额定总功率与输出总功率之差	$361.98 - (420 - 73.28) \approx 15.26$
剩余机组故障后短时间可增加功率	$\min\{44, 15.26\} = 15.26$
跳闸机组功率	73.28
系统不平衡功率	$73.28 - 15.26 = 58.02$

根据上述计算结果，安稳系统接收到的不平衡功率值为 58.02MW，根据 4.3.2 节的功率调节量分配及指令计算方法可知，矿热炉功率调节量分配及相关指令计算结果如表 4.24 所示。

表 4.24　矿热炉功率调节量分配及相关指令计算结果

计算明细	1 号矿热炉	2 号矿热炉	3 号矿热炉	4 号矿热炉	总计
当前功率/MW	100	95	90	85	370
定电压控阻抗可下调至最低功率/MW	84	84	84	84	336
可调节功率量/MW	16	11	6	1	34
不平衡功率/MW		58.02			
初步结论		定电压控阻抗调节能力不足，需采用阻抗、电压协调控制			
29.7kV 时极限阻抗时的功率/MW	60	60	60	60	240
功率约束条件/MW	75	75	70	70	290

计算明细	1号矿热炉	2号矿热炉	3号矿热炉	4号矿热炉	总计
满足功率约束条件下可下调功率/MW	25	20	20	15	80
极限阻抗下最低电压/kV	31.3	31.3	30.2	30.2	
统一电压取值/kV	31.3	31.3	31.3	31.3	
统一电压取值下最低功率/MW	75	75	75	75	300
可调节功率/MW	25	20	15	10	70
初步功率分配/MW	21	17	13	9	60
目标功率/MW	79	78	77	76	310
最大电阻情况下需电压指令值/kV	32.1	31.9	31.7	31.5	
电压指令值/kV	31.5	31.5	31.5	31.5	
电流指令值/kA	117	116	114	113	

　　同样地，根据上述计算结果，在机组跳闸后立即下发相关指令值，使矿热炉响应系统频率控制，RTDS仿真结果如图4.39~图4.42所示。由仿真结果可知，当6号机组跳闸后，系统内剩余机组（1~5号机组）将瞬间增加电磁功率（图4.39），以满足实时功率平衡，此时系统频率迅速跌落。6号机组的跳闸造成33kV母线电压瞬间跌落（图4.40），导致了1~4号矿热炉负荷功率短时间内急剧下降，此时系统频率有所回升，1~5号机组出力有所减小。随后，在新的电压指令下，1~5号机组将33kV母线电压值逐渐调节至31.5kV，同时，各矿热炉负荷电极升降装置接收到新的指令电流，驱动电极运动，使矿热炉功率回升至表4.24中的目标功率值（图4.41），由于电极运动需要一段时间，在这段时间内，1~5号机组功率缓缓升至机组额定总功率。最终，在系统剩余机组一次调频和矿热炉功率调节的共同作用下，系统频率维持在49.93Hz（图4.42），并未出现频率失稳的情况。

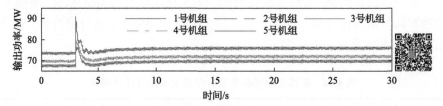

图4.39　各机组输出功率波形（彩图扫二维码）

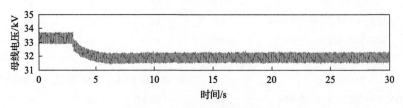

图4.40　33kV母线电压波形

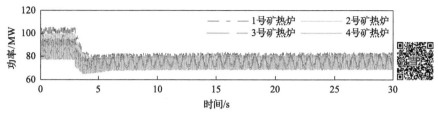

图 4.41　各矿热炉功率波形(彩图扫二维码)

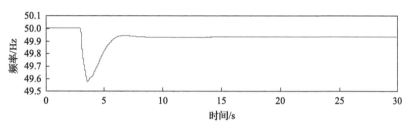

图 4.42　系统频率波形

同样地，图 4.43 为采取无安稳措施、采取矿热炉负荷控制、采取切负荷手段的频率仿真波形。通过图 4.43 的波形对比可以看出，出现 N-1 故障后，若不采取任何安稳措施，系统剩余发电机达到功率一次调频能力上限后，无法继续提高功率，此时系统不平衡功率将依旧存在，系统频率将持续下降，最终导致所有机组失速，系统失稳；若采取传统的切负荷手段，则当时存在的可切负荷功率(85MW)过大，将导致系统出现过切负荷的情况，系统频率将回升至正常的水平(图 4.43 中频率为 50.05Hz)，此时频率虽然处于允许范围内，但仍然以切除一台矿热炉为代价，依旧具有风险性。而采取矿热炉负荷控制的方法，无须切除任何负荷，仅改变负荷的运行功率，最终将频率维持在 49.93Hz，符合国家标准，相较于传统的切负荷手段，具有相似的调节效果，但控制代价更小。不同控制方法仿真结果对比如表 4.25 所示。

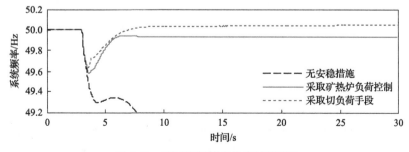

图 4.43　不同控制策略仿真结果对比

表 4.25　一台机组检修情况下不同控制方法控制效果和控制代价

控制策略	初始频率	控制效果	控制代价
无安稳措施	50Hz	频率失稳	无
切负荷控制	50Hz	50.05Hz	切除 4 号矿热炉
矿热炉负荷控制	50Hz	49.93Hz	1 号矿热炉降低 21%的功率；2 号矿热炉降低 17.9%的功率 3 号矿热炉降低 14.6%的功率；4 号矿热炉降低 10.6%的功率

3. 矿热炉负荷平抑轧钢冲击功率引起的频率波动

第 2 章提到在含矿热炉的局域网内通常会存在钢铁加工行业，而钢铁工业最具代表性的负荷是轧钢负荷，这类负荷对局域网频率影响较大。2.2.4 节提出了基于生产工艺流程的轧钢负荷模型，基于该模型，本节将提出基于短期冲击功率预测的矿热炉响应策略，并通过 RTDS 仿真验证利用矿热炉负荷调节平抑局域网冲击功率的有效性。

1) 轧钢冲击功率预测方法

如图 4.44 所示，钢坯在进入轧钢机产生冲击功率之前，必须在传送带上以一定速度传至轧钢机，由于轧钢生产线有着严格的工艺要求，对于同一批次的钢材生产，可认为传送速度近似相等，将传送带的平均速度记作 v。考虑在距离轧钢机为 s 的传送道上安装一个传感器，当传感器检测到钢坯通过该位置时，传感器即向系统发出信号，告知钢坯当前位置。由位移速度公式可知

$$t = \frac{s}{v} \tag{4.73}$$

当钢坯经过传感器位置时，便可向系统发出预警信息，告知系统在 t 秒之后将产生冲击功率。由于同一批次钢材的传送平均速度 v 是不变的，因此预警时间 t 与传感器安置的位置 s 有关，可通过改变传感器的安装位置来设置预警时间 t 的值。通过这一方法，并结合 2.2.4 节的轧钢负荷模型，只需在轧钢生产线合适位置安置传感器，则可预测 t 秒内的轧钢负荷功率波形，这便是预测轧钢冲击功率的基本原理。

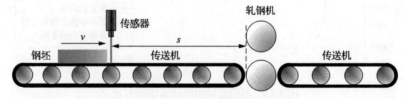

图 4.44　轧钢负荷预测原理

2) 基于短期预测功率的矿热炉响应策略

通过 2.2.4 节的轧钢负荷模型可知，轧钢生产流程主要由粗轧机和精轧机组成。如图 4.45 所示，从功率的时域波形上看，粗轧部分的功率波形特征为：单个粗轧机功率较大，冲击次数多，每次冲击时间约为 10s，这类功率在功率陡升阶段会造成系统频率陡降，持续一小段时间后，功率陡降，系统频率又会陡升，恢复至冲击前的水平，因此可认为粗轧引起的冲击功率对系统频率有一定影响，但影响程度较小。精轧部分的功率波形特征为：多个小功率精轧机叠加形成较大的冲击功率，持续时间可达上百秒。相比于粗轧部分的功率，精轧部分的功率对系统频率不仅冲击大，而且冲击持续时间较长，这将造成系统频率长时间处于低谷，机组一次调频能力被长期占用，若此时后续又有钢坯进入粗轧工序，产生粗轧冲击功率，则系统频率将在低谷水平进一步陡降，极易造成系统频率低于允许范围，甚至出现频率失稳的情况。因此，对于轧钢负荷功率，应重点关注精轧部分的功率，当预测到精轧功率将要来临时，及时地发出预警信号，告知系统提前做好准备。

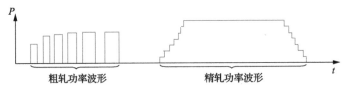

图 4.45　轧钢负荷波形特征

考虑到矿热炉负荷本身承担冶炼生产的任务，不宜频繁调节功率，因此在轧钢生产过程中，应结合实际情况灵活制定启动矿热炉负荷的判据，使矿热炉负荷以合适的频次参与系统调节。以工厂内存在的两条轧钢生产线为例，考虑工厂内有 1 号轧钢生产线和 2 号轧钢生产线，当 1 号轧钢生产线预测到 t_1 秒后将产生精轧冲击功率 P_1 时，则在 $t_1-\Delta t$ 秒后发出 1 号预警信号；当 2 号轧钢生产线预测到 $t_2-\Delta t$ 秒后将产生精轧冲击功率 P_2 时，则发出 2 号预警信号。其中 Δt 为系统执行矿热炉负荷控制的缓冲时间，其意义在于使矿热炉负荷在冲击功率到来的 Δt 秒之前提前完成负荷调节，避免当冲击功率到来时，出现短暂的频率过低的情况。当系统检测到当前同时存在 1 号预警信号和 2 号预警信号时，则启动矿热炉负荷控制；当 1 号预警信号、2 号预警信号中有一处预警信号消除时，则将矿热炉负荷恢复至正常冶炼水平。考虑两条轧钢生产线的矿热炉控制启动判据如图 4.46 所示。

在调节量方面，可考虑利用矿热炉负荷控制平抑两条轧钢生产线中较小的一条精轧功率，即系统功率调节量需求 ΔP 为

$$\Delta P = \min\{P_1, P_2\} \tag{4.74}$$

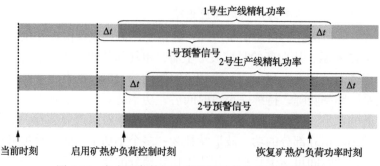

图 4.46　考虑两条轧钢生产线的矿热炉控制启动判据

这样一来可将两条生产线精轧功率同步叠加的情况等效转换为只存在一条生产线精轧功率的工况，避免了最严重的频率下跌情况。值得注意的是，轧钢负荷是旋转电机负荷，对电压变化较为敏感，因此在含有轧钢负荷的局域网内，只采用矿热炉负荷的阻抗调节控制，即不调节母线电压。综上，利用矿热炉负荷平抑两条轧钢生产线冲击功率的流程如图 4.47 所示。

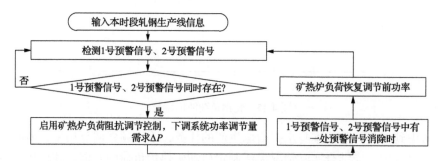

图 4.47　利用矿热炉负荷平抑两条轧钢生产线冲击功率的流程

3) 算例仿真

现考虑在图 4.28 所示的系统中，一期工程、二期工程全部建设完毕，即局域网中同时存在矿热炉负荷和轧钢负荷。仿真初始潮流设定表如表 4.26 所示，考虑到轧钢负荷冲击较大，因此系统初始频率调整为 50.1Hz，为后续冲击负荷引起的频率下跌预留空间。

表 4.26　仿真初始潮流设定表

电源	额定功率/MW	当前输出功率/MW	负荷	功率/MW
1 号机组	70.2	45.25	1 号矿热炉	100
2 号机组	70.2	45.25	2 号矿热炉	95
3 号机组	72.54	50.45	3 号矿热炉	90
4 号机组	72.54	50.45	4 号矿热炉	85

续表

电源	额定功率/MW	当前输出功率/MW	负荷	功率/MW
5 号机组	76.5	53.15	公共辅助负荷	80
6 号机组	76.5	53.15	1 号轧钢负荷	0
7 号机组	76.5	53.15	2 号轧钢负荷	0
8 号机组	150	104.45		
总计	664.98	455.3		450

引入的两条轧钢生产线信息如下，1 号轧钢生产线共有 1 台 5 道次粗轧机和 7 台精轧机，其模型参数如表 4.27 所示，每块钢坯之间的时间间隔约为 143s。

表 4.27　1 号轧钢生产线功率特性模型参数

过程	进钢时刻 t_0/s	用时 Δt/s	平均功率 a/MW	过程	进钢时刻 t_0/s	用时 Δt/s	平均功率 a/MW
R1 粗轧第 1 道次	0	7	7	F1 精轧	208	100	7
R1 粗轧第 2 道次	40	9	12	F2 精轧	211	100	7
R1 粗轧第 3 道次	63	8	15	F3 精轧	213	100	6
R1 粗轧第 4 道次	84	9	21	F4 精轧	215	100	4
R1 粗轧第 5 道次	104	10	25	F5 精轧	217	100	3
				F6 精轧	219	100	3
				F7 精轧	221	100	2

2 号轧钢生产线共有 1 台 1 道次粗轧机、1 台 5 道次粗轧机和 5 台精轧机，其模型参数如表 4.28 所示，每块钢坯之间的时间间隔约为 186s。

表 4.28　2 号轧钢生产线功率特性模型参数

过程	进钢时刻 t_0/s	用时 Δt/s	平均功率 a/MW	过程	进钢时刻 t_0/s	用时 Δt/s	平均功率 a/MW
R1 粗轧第 1 道	0	8	22	F1 精轧	190	126	6.4
R2 粗轧第 1 道	40	13	23	F2 精轧	193.5	126	6.4
R2 粗轧第 2 道	70	8	33	F3 精轧	197	126	6.4
R2 粗轧第 3 道	91	8	33	F4 精轧	200.5	126	6.4
R2 粗轧第 4 道	112	10	30	F5 精轧	204	126	6.4
R2 粗轧第 5 道	133	13	30				

表 4.29 分析了轧钢生产线对系统频率影响的分析，由表 4.29 可知，在两条轧钢生产线的冲击下，理论上最大冲击功率造成系统频率偏差为 0.46Hz。

表 4.29　轧钢生产线对系统频率影响分析

名称	值
1 号轧钢生产线最大粗轧功率/MW	25
1 号轧钢生产线最大精轧功率/MW	32
1 号轧钢生产线最大冲击功率/MW	25 + 32 = 57
2 号轧钢生产线最大粗轧功率/MW	33
2 号轧钢生产线最大精轧功率/MW	32
2 号轧钢生产线最大冲击功率/MW	33 + 32 = 65
1 号轧钢生产线、2 号轧钢生产线最大冲击功率之和/MW	57 + 65 =122
最大冲击功率造成系统频率偏差($K_f = 20$)/Hz	$122 / 664.98 / 20 \times 50 \approx 0.46$

　　根据本节提出的矿热炉负荷响应控制方法，当 1 号轧钢生产线、2 号轧钢生产线精轧功率叠加时，矿热炉下调的功率值为两条轧钢生产线最小的精轧功率，由表 4.29 可知，两条轧钢生产线最小精轧功率为 32MW，因此矿热炉负荷需响应 32MW 的功率。根据表 4.30 计算分析，当矿热炉响应 32MW 功率需求后，理论上系统最大频率偏差可减小至 0.34Hz。

表 4.30　轧钢生产线对系统频率影响分析

名称	值
功率响应量/MW	32
功率响应量可减少的频率偏差值/Hz	$32 / 664.98 / 20 \times 50 \approx 0.12$
采用矿热炉负荷控制前系统最大频率偏差/Hz	0.46
采用矿热炉负荷控制后系统最大频率偏差/Hz	0.46 − 0.12 = 0.34

　　根据 4.3.2 节的功率调节量分配及指令计算方法可知，矿热炉功率调节量分配及指令计算过程如表 4.31 所示。

表 4.31　矿热炉功率调节量分配及指令计算过程

计算明细	1 号矿热炉	2 号矿热炉	3 号矿热炉	4 号矿热炉	总计
定电压控阻抗可下调至最低功率/MW	84	84	84	84	336
当前可调节功率量/MW	16	11	6	1	34
功率需求/MW			32		
功率调节量分配/MW	15	10	6	1	32
目标功率/MW	85	85	84	84	338
电极指令电流/kA	118	118	116	116	468
母线电压目标值/kV	33	33	33	33	132

在 RTDS 平台上进行仿真验证,引入的轧钢生产线功率波形如图 4.48～图 4.50 所示。从图 4.49 和图 4.50 可以看出,1 号轧钢生产线、2 号轧钢生产线功率与表 4.27 和表 4.28 所描述过程一致,并且叠加形成的功率波形之和如图 4.51 所示,具有较大的冲击性,最大冲击功率约为 122MW,与表 4.29 分析一致。

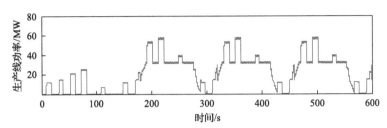

图 4.48　1 号轧钢生产线功率波形

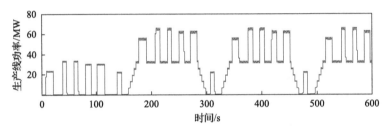

图 4.49　2 号轧钢生产线功率波形

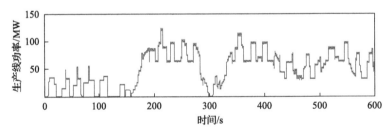

图 4.50　1 号轧钢生产线、2 号轧钢生产线功率波形之和

此外,从图 4.48 和图 4.49 可以清楚地看到图 4.50 波形形成的原因,也可以看出两条轧钢生产线功率波形之和的主要成分为每条生产线的精轧功率,即图 4.48 和图 4.49 中持续时间较长的梯形波。

图 4.51 和图 4.52 揭示了在两条轧钢生产线同时运行过程中,无矿热炉负荷控制和含矿热炉负荷控制的区别。从图 4.51 的波形图可以看出,由于轧钢负荷持续不断地产生冲击功率,造成母线电压频繁波动,但波动幅度仅为 3kV,符合国家规定的标准。由于母线电压波动,造成矿热炉电极电流小幅度波动,图 4.52 中电极出现频繁小幅度移动。同时由于电压的波动,图 4.53 中矿热炉的功率也出现小幅度波动,并非是平整的带状功率。

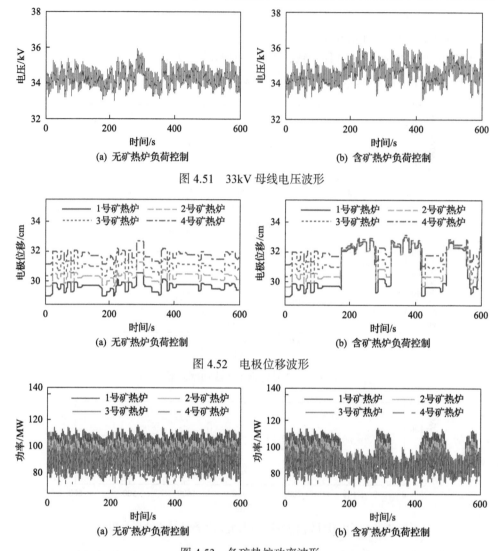

图 4.51　33kV 母线电压波形

图 4.52　电极位移波形

图 4.53　各矿热炉功率波形

不同的是，在无矿热炉负荷控制的仿真场景中，电极位移只出现小幅度波动，矿热炉功率近似保持不变，如图 4.52(a) 和图 4.53(a) 所示。而在含矿热炉负荷控制的仿真场景中，在启动矿热炉负荷控制时，能清楚地看出电极位移发生大幅度波动，此时矿热炉负荷也产生大幅度的改变，如图 4.52(b) 和图 4.53(b) 所示。

最终，两组仿真场景下的频率对比如图 4.54 所示。在频率波动幅度方面，无矿热炉负荷控制时，系统频率最大波动约为 0.5Hz，在采取矿热炉负荷控制后，系统频率最大波动为 0.33Hz，与表 4.29 的分析基本吻合，由此验证了此前理论分析的正确性。此外可以看出，在无矿热炉负荷控制的仿真场景中，频率最低跌落至 49.67Hz，而采取矿热炉负荷控制后，系统最低频率为 49.82Hz，达到大电网的频率标准。由此可见，采取了矿热炉负荷控制后，系统频率得到了明显的改善。这说明了对于轧钢冲击功率引起的局域网频率波动，采取矿热炉负荷控制这一方法是有效的。

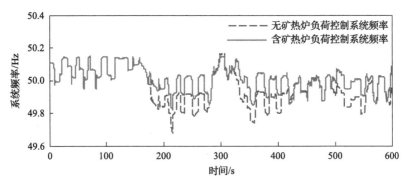

图 4.54　无矿热炉负荷控制和含矿热炉负荷控制系统频率对比

4.4　基于多晶硅负荷控制的局域电网频率控制方法

4.4.1　基于广域信息的多晶硅负荷响应风电波动控制

1. 考虑还原炉半径差异性调节方案

多晶硅负荷具有响应系统功率波动的潜能，而对于大量还原炉乃至一个多晶硅生产厂，每台还原炉的工作状态可能不一样，即任一时刻的多晶硅棒半径不相等，那么每台还原炉的调节能力也不一样，如果所有的还原炉都参与系统不平衡功率调节，显然是不合理的。特别地，在局域电网中若风电功率扰动刚超过火电机组一次调频能力，此时要求所有的还原炉参与微小的功率调节，不仅调节面大，波及范围广，大大增加了还原炉的调节次数，而且大量控制信号的上传与下发也会增加调节成本，因此在多晶硅负荷参与功率调节时，有必要考虑还原炉之间的差异性。

第 2 章对多晶硅负荷进行建模，由式(2.42)可以看出，多晶硅棒半径越大，其所调功率也越大。为减少参与调节的还原炉台数与次数，制定多晶硅棒半径大的还原炉优先调节原则(priority regulation principle of reducing furnace with large radius silicon rod，PPLR)，然后随多晶硅棒半径减小逐次进行调节，直至达到所需调节功率或多晶硅负荷的最大调节能力。多晶硅棒温度变化是一个积累的过程，存在非线性、大滞后、大时变的特征，功率调节不必考虑温度骤变的情况。具体操作步骤如下所示。

(1)对多晶硅厂的还原炉数量进行统计，检测其电压电流，根据相关生产曲线得出多晶硅棒半径。

(2)按照多晶硅棒半径将其分类，假设分类标准为 75, 70, 65, …, 15, 10, 5，共 15 组，组数用 j 表示，并将其进行编号 1, 2, 3, …, 13, 14, 15。每组有还原炉 m 台，假设第 i 个多晶硅厂需调节功率为 $P_{\text{Si-}i}$。

(3)进行判断。若存在一个 $M<15$，满足

$$\sum_{j=1}^{M} \Delta P_j \cdot m \leqslant \Delta P_{\text{Si-}i} < \sum_{j=1}^{M+1} \Delta P_j \cdot m \tag{4.75}$$

将前 M 组还原炉控制参数设置为 $\alpha=90\%$，$T_{\text{x}}=1000℃$，并调节其对应输出电压的有效值 U_{val}，剩余的功率由第 $M+1$ 组进行调节，第 $M+2\sim15$ 组的炉子则不参与调节，即 $\alpha=100\%$，$T_{\text{x}}=1080℃$，第 $M+1$ 组的每台炉子所需调节功率为 $\Delta P_{\text{Si-}i}/m - \sum_{j=1}^{M} P_j$，按照 3.3.2 节所提出的控制方法进行调节。

(4)若 $M \geqslant 15$，则所有还原炉控制参数都设为 $\alpha=90\%$，$T_{\text{x}}=1000℃$，同时调节其对应输出电压，此时多晶硅厂已经达到其调节能力的上限。

多晶硅棒半径大的还原炉优先调节主要是多晶硅棒半径越大，调节潜能越大，其优先调节，可以有效地减少多晶硅棒半径小的还原炉的调节次数及数量；同时，多晶硅棒半径越大，生长逐渐趋于"成熟"，外界环境的改变对其影响减小，在一定程度上保证了多晶硅的生产品质。

2. 多晶硅负荷响应风电波动

在 4.2.3 节提出的基于广域信息不平衡功率在线辨识的基础上，本节提出利用多晶硅负荷响应局域电网功率扰动的具体控制方法。当系统出现功率扰动超出火电机组调频能力时，具体控制流程如下所示。

(1)利用 WAMS 实时监测系统频率 f，若出现机组跳闸、风电功率波动或切除负荷，都将在局域电网中出现系统受到的功率扰动量 P_{step}，可用式(4.76)进行计算：

$$\left.\frac{\mathrm{d}f}{\mathrm{d}t}\right|t=t_0 = \frac{P_{\text{step}}}{4\pi H} \tag{4.76}$$

(2)计算系统的旋转备用容量：①若火电机组出力在较低水平，则考虑到机组爬坡能力，火电机组的一次调频容量按照其额定功率的 5%~10%(本节取 5%)进行计算；②若火电机组出力在较高水平，则火电机组的调频容量需要考虑其额定功率上限 $P_{\text{G}k\text{max}}$(k 表示火电机组序号)。则局域电网的旋转备用 P_{res} 可用式(4.77)进行计算：

$$P_{\text{res}} = \min\left\{ \sum_{k=1}^{N}(P_{\text{G}k\text{max}} - P_{\text{G}k}), \ \sum_{k=1}^{N} P_{\text{G}k\text{rate}} \times 5\% \right\} \tag{4.77}$$

(3)利用式(4.78)计算系统存在的不平衡功率:

$$\Delta P = P_{\text{step}} - P_{\text{res}} \tag{4.78}$$

(4)若不平衡功率未超出局域电网的备用容量,则负荷调节系统不动作,若超出备用容量,根据各个多晶硅负荷功率 $P_{\text{Si-}i}$ 的消耗比例,计算每个多晶硅负荷的有功改变量 $\Delta P_{\text{Si-}i}$:

$$\Delta P_{\text{Si-}i} = \Delta P \times P_{\text{Si-}i} \bigg/ \sum_{i=1}^{2} \Delta P_{\text{Si-}i} \tag{4.79}$$

(5)按照 PPLR 的调节原则,由式(4.75)判断每台参与调节的还原炉的运行状态。

(6)用式(3.57)确定参与调节的还原炉的目标电压值 U_{val}、进水速度调节比例 α 和硅棒表面温度 T_{x}。

(7)找到满足 $U_1 \leqslant U_{\text{val}} \leqslant U_2$ 的 U_1 和 U_2,由式(3.52)计算每台还原炉的 ωt,完成对电源的控制。

多晶硅负荷平抑功率波动控制流程图如图 4.55 所示。

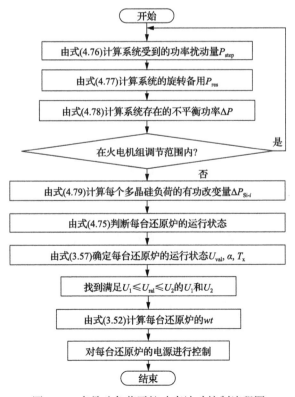

图 4.55　多晶硅负荷平抑功率波动控制流程图

4.4.2 基于负荷调节效应的多晶硅负荷控制方法

电力系统负荷所消耗的有功功率随频率变化的现象称为负荷调节效应。由于负荷调节效应的存在，当电力系统功率平衡遭到破坏而引起频率发生变化时，负荷功率的变化起到补偿作用。负荷的调节效应通常用频率调节效应系数 K_{L^*} 来表示，即

$$K_{L^*} = \frac{\mathrm{d}P_{L^*}}{\mathrm{d}f_*} = a_1 + 2a_2 f_* + 3a_3 f_*^2 + \cdots + n a_n f_*^{n-1}$$

$$= \sum_{i=1}^{n} n a_n f_*^{n-1} \tag{4.80}$$

式中，a_1、a_2、$\cdots$、a_n 为各类负荷占总负荷的比例。系统的 K_{L^*} 由系统负荷的性质决定。如电动机或直流供电电源的这类负荷，其不具有频率响应特性，负荷的 K_{L^*} 为 0，但当大电网或者系统存在大量对频率敏感的可控负荷时，a_2、$\cdots$、a_n 是不为零的数，K_{L^*} 将是一个变化的值[10,11]。K_{L^*} 是系统调度部门要求掌握的一个数据，在实际系统中，需要经过相关测试求得，也可以根据大量的负荷统计资料进行分析估算。系统的 K_{L^*} 随季节及昼夜的变化而变化。

因此，基于负荷的调节效应，考虑在局域电网利用负荷来实时响应系统功率波动，本节具体将多晶硅负荷作为可控负荷，利用频率反馈控制使其具有频率响应特性。K_{L^*} 的选择对电网运行的经济性和安全性都有很大的影响。因此 K_{L^*} 的选择既要使火电机组充分地发挥一次调频能力，满足经济性的要求，又要提高系统抗干扰能力，满足安全性的要求。

若系统存在的持续性功率扰动超出火电机组的一次调频能力，则需要启动基于负荷调节效应的频率控制方法。火电机组的一次调频容量和系统频率偏差成正比，则稳态系统频率偏差 Δf^* 为

$$\Delta f^* = \frac{R}{K_m} \times \sum_{k=1}^{N} P_{Gk\mathrm{rate}} \times 5\% \Big/ P_{GN} \tag{4.81}$$

式中，R/K_m 为系统火电机组的等效调差系数；P_{GN} 为系统火电机组总容量。当局域电网建立以后，R/K_m 的值为一个定值。

根据图 4.7 所示的 SFR 模型，可以得到系统频率偏差的另一种计算表达式，即为系统受到功率扰动后产生的频率偏移量：

$$\Delta f^* = \frac{R \cdot P_{\mathrm{step}} \big/ P_{GN}}{D \cdot R + K_m} \tag{4.82}$$

结合式(4.81)和式(4.82),可以解出考虑负荷调节效应后负荷等效阻尼系数 D 值。

$$D = \frac{\left(P_{\text{step}} - \sum_{k=1}^{N} P_{Gk\text{rate}} \times 5\%\right) \cdot K_{\text{m}}}{R \cdot \sum_{k=1}^{N} P_{Gk\text{rate}} \times 5\%} \tag{4.83}$$

D 必为大于 0 的值。在负荷具有足够的调节能力的前提下,当系统等效阻尼系数 D 值满足式(4.83)时,可以充分地利用火电机组的一次调频能力。

一般大电网的允许频率波动范围为 ± 0.2Hz,局域电网的允许频率波动范围为 ± 0.5Hz,本节假设的负荷等效阻尼系数 D 值可以使电力系统维持在一个较高的水平。在稳定运行范围内,对于存在弹性负荷的电力系统,如热力型负荷,都可以通过相关控制手段,使其存在负荷等效阻尼特性。

在紧急情况下,系统频率下降比较急速、下降幅度大时,可以设定负荷等效阻尼系数 D 值暂时变大,以增加负荷的调节量,避免系统频率崩溃,等到火电机组出力逐渐上升或者安稳装置动作且系统频率稳定以后,再逐渐减小负荷等效阻尼系数 D 值,在线整定负荷等效阻尼系数 D 值可以有效地提高系统的稳定性,本节研究基于多晶硅负荷的闭环控制方法,为方便起见,将负荷等效阻尼系数 D 假设为恒定值,如式(4.83)所示。

4.4.3 基于多晶硅负荷的闭环频率控制方法研究

考虑风电持续波动,局域电网一直存在功率扰动,系统频率也处于振荡变化当中,系统的不平衡功率无法快速追踪。而多晶硅负荷为热力型负荷,具备一定的频率响应能力,因此可以对多晶硅负荷引入负荷等效阻尼系数 D,使其跟随系统频率波动。

利用 WAMS 实时监测系统的频率偏差 Δf,由式(4.83)求解出负荷等效阻尼系数 D 值后,可得多晶硅总负荷的有功调节量标幺值 P_{Si}^{*} 为

$$\Delta P_{\text{Si}}^{*} = D \cdot \Delta f / f_{\text{N}} \tag{4.84}$$

式中,f_{N} 为系统的额定频率。

则第 i 个还原炉所需的调节功率为

$$\Delta P_{\text{Si-}i} = \Delta P_{\text{Si}}^{*} \cdot \sum_{k=1}^{N} P_{Gk\text{rate}} \cdot \left. P_{\text{Si-}i} \middle/ \sum_{i=1}^{2} P_{\text{Si-}i} \right. \tag{4.85}$$

考虑到还原炉之间的差异性,在求得单个多晶硅的目标功率以后,需按照 4.4.1 节提出的还原炉的控制方法,对每个还原炉的运行电压进行整定,并求解其

拼波电压 U_1 和 U_2，以及拼波时刻 t，然后引入还原炉的功率控制器对其电压进行调整。第 i 个多晶硅的目标调节功率 $\Delta P_{\mathrm{Si}\text{-}i}$ 与第 j 组还原炉的拼波电压 U_{j1} 和 U_{j2} 及拼波时刻 t_j 之间的关系用函数 h 进行表示，则

$$\Delta P_{\mathrm{Si}\text{-}i} = h\,(U_{j1}, U_{j2}, \omega t_j) \tag{4.86}$$

$$(U_{j1}, U_{j2}, \omega t_j) = h^{-1}(\Delta P_{\mathrm{Si}\text{-}i}) \tag{4.87}$$

第 j 组还原炉的电压有效值为

$$U_{\mathrm{val}\text{-}j} = \sqrt{\dfrac{\left(\omega t - \dfrac{\sin 2\omega t}{2}\right) \cdot \left(U_{j1}^2 - U_{j2}^2\right) + U_{j2}^2}{2}} \tag{4.88}$$

第 j 组还原炉的功率为

$$P_j = U_{\mathrm{val}\text{-}j}^2 / R_j \tag{4.89}$$

式中，R_j 为第 j 组还原炉的电阻。然后对 15 组的还原炉功率进行求和，即为多晶硅负荷的功率。具体到每个还原炉的控制框图如图 4.56 所示。

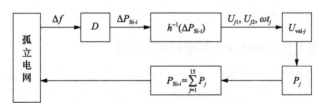

图 4.56　每个还原炉的控制框图

多晶硅负荷响应局域电网风电功率波动效果可能受信号时延影响，具体包括 PMU 对系统频率变化量的采集和网络控制单元(network control unit，NCU)对每个还原炉控制信息的下发，由于 PMU 和 NCU 响应速度很快，可以满足实时信息采集和毫秒级数据传输与下发，故其时延影响不加考虑。多晶硅负荷响应局域电网风电功率波动示意图如图 4.57 所示。

基于以上分析，对于整个多晶硅负荷，将其包含的所有还原炉的调节能力等效为一个负荷等效阻尼系数 D 值，可以在充分挖掘一次调频能力的基础上，使负荷响应局域电网功率波动，实现了负荷对系统频率的跟踪调节。

4.4.4 仿真分析

本节在仿真平台 RTDS 上搭建相关模型，验证本节所提基于多晶硅负荷的闭环频率控制方法的有效性、多晶硅负荷响应局域电网风电波动的有效性。同时，

设定不同的负荷等效阻尼系数 D 值，探究其值对局域电网频率稳定性的影响。

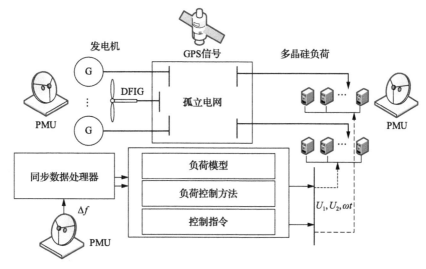

图 4.57　多晶硅负荷响应局域电网风电功率波动示意图

1. 仿真算例的系统网架结构

为了验证多晶硅负荷参与局域电网频率稳定调节能力，现以赤峰局域电网为例展开研究，其电网架构图如图 4.58 所示。

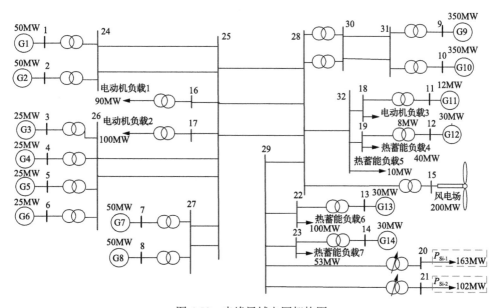

图 4.58　赤峰局域电网架构图

赤峰市位于我国内蒙古自治区，其风电资源极其丰富，年平均风速可达 8m/s 以上，在此建立局域电网，用高耗能工业负荷去消纳风电，经济效益很高。目前赤峰市已经建立了 14 台火电机组，以小容量机组为主，包含 2 台 350MW 机组、4 台 50MW 机组、4 台 25MW 机组、3 台 30MW 机组及 1 台 12MW 机组，总装机容量可达 1102MW。同时局域电网已接入 198MW 的电动机负荷和 203MW 的热力负荷，若火电厂的厂用电按照 10%进行计算，该局域电网负荷共计 511.2MW，电网可以良好稳定运行。

为提高生产效益，充分地利用火电机组容量与风电资源，拟新建 200MW 的风电场，从节点 28 接入，同时在节点 29 处新增两期多晶硅负荷，一期负荷额定功率为 163MW，二期负荷额定功率为 102MW，建成后，赤峰局域电网电源及负荷结构如表 4.32 所示。

本节在仿真平台 RTDS 上建立了如图 4.59 所示的赤峰局域电网，所建容量比例为 1∶1，包括 14 台火电机组及其相关的励磁系统和调速系统，1 个采用双馈电机 DFIG 的风电场，3 个电动机负荷，用来模拟热力负荷的 4 个恒功率负荷。对于多晶硅负荷，由 MATLAB 下发多晶硅负荷的电压控制指令到 RTDS，模拟控制信号的传递过程，变压器、输电线路等参数都从实际现场采集得到，具体的电网电气元件参数见附录 B。

表 4.32 赤峰局域电网电源及负荷结构

电源	额定功率/MW	负荷	有功功率/MW
G1	50	电动机负荷 1	90
G2	50	电动机负荷 2	100
G3	25	电动机负荷 3	8
G4	25	热力负荷 4	40
G5	25	热力负荷 5	10
G6	25	热力负荷 6	100
G7	50	热力负荷 7	53
G8	50	多晶硅负荷 1	163
G9	350	多晶硅负荷 2	102
G10	350		
G11	12		
G12	30		
G13	30		
G14	30		
风电场	200		

2. 多晶硅负荷响应局域电网风电波动仿真

1) 风速低于 5m/s 且发生 N-2 故障

5m/s 为风电机组的切入风速，当实际风速低于切入风速时，风电机组的出力几乎为 0，此时局域电网为一个纯火电系统，火电机组的出力维持在一个较高的水平。$t=2.0$s 时火电机组的有功出力及备用容量表如表 4.33 所示。

表 4.33　$t=2.0$s 时火电机组的有功出力及备用容量表

项目	G1	G2	G3	G4	G5	G6	G7	G8	G9	G10	G11	G12	G13	G14
P_G/MW	39.12	39.12	19.49	19.49	19.49	19.49	39.01	39.01	257.4	257.4	11.67	23.32	23.32	23.24
P_{res}/MW	2.5	2.5	1.25	1.25	1.25	1.25	2.5	2.5	17.5	17.5	0.6	1.5	1.5	1.5

若 $t=2.0$s 时，在节点 24 和节点 25 之间发生了三相断线故障，即火电机组 G1 和 G2 从局域电网中切除，系统存在的功率扰动为 78.64MW，除去局域电网备用容量 50.1MW，系统仍然存在 28.53MW 的不平衡功率，若不采取任何紧急措施，则系统的频率立即崩溃。$t=2.0$s 时，火电机组 G1 和 G2 的有功变化及系统频率变化如图 4.59 所示。

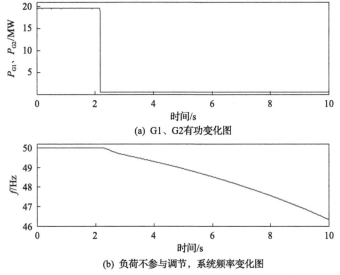

(a) G1、G2有功变化图

(b) 负荷不参与调节，系统频率变化图

图 4.59　$t=2.0$ 时，火电机组 G1、G2 的有功变化及系统频率变化图

现在考虑利用 4.4.1 节提出的负荷响应控制方法。每个多晶硅负荷都有 15 组，其中多晶硅负荷 1 每组有 8 台炉子，额定功率为 163MW，多晶硅负荷 2 每组有 5 台炉子，额定功率为 102MW，多晶硅负荷所需调节功率由式(4.79)进行计算，$\Delta P_{Si-1}=17.56$MW，$\Delta P_{Si-2}=10.97$MW，则利用式(4.75)进行判断，多晶硅棒半径为

75mm, 70mm, 65mm, 60mm, 55mm 的还原炉需要进行满调，即降低冷却水进水速度为 90%且预设多晶硅棒的最终温度为 1000℃，其所能调节功率为 17.20MW，剩余功率由多晶硅棒半径为 50mm 的还原炉进行细调，单台还原炉单相所需调节功率为(17.56−17.20)/3/8=0.015MW，（0.015/0.566）×100%≈2.65%，即将冷却水的进水速度降低 2.65%即可完成调节。

多晶硅负荷所需调节的功率是根据其额定功率进行分配的，故对多晶硅负荷 1 和多晶硅负荷 2 的电压控制指令是一样的。表 4.34 是断线故障发生前后，对多晶硅负荷的电气控制指令。

表 4.34　断线故障发生前后，对多晶硅负荷的电气控制指令

电气控制指令	多晶硅棒半径/mm														
	75	70	65	60	55	50	45	40	35	30	25	20	15	10	5
U_1/V	380	380	380	380	380	380	380	380	380	600	600	600	600	800	800
U_2/V	600	600	600	600	600	600	600	600	600	800	800	800	800	1500	1500
ωt	2.822	2.485	2.297	2.136	1.981	1.819	1.636	1.413	1.094	2.694	1.932	1.293	2.477	1.921	0.477
α/%	100	100	100	100	100	100	100	100	100	100	100	100	100	100	100
T_x/℃	1080	1080	1080	1080	1080	1080	1080	1080	1080	1080	1080	1080	1080	1080	1080
U_1'/V	0	0	0	380	380	380	380	380	380	600	600	600	800	800	800
U_2'/V	380	380	380	600	600	600	600	600	600	800	800	800	1500	1500	1500
t'	1.028	0.892	0.682	2.760	2.414	1.819	1.636	1.413	1.094	2.694	1.932	1.293	2.477	1.921	0.477
α'/%	90	90	90	90	90	97.35	100	100	100	100	100	100	100	100	100
T_x'/℃	1000	1000	1000	1000	1000	1080	1080	1080	1080	1080	1080	1080	1080	1080	1080

多晶硅负荷参与局域电网频率调节以后，多晶硅负荷 1 和多晶硅负荷 2 有功变化及系统频率变化如图 4.60 所示。

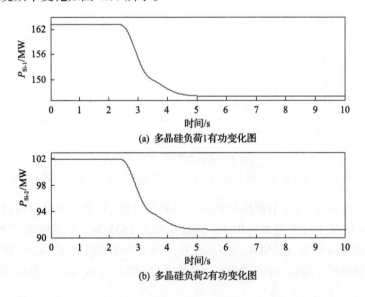

(a) 多晶硅负荷1有功变化图

(b) 多晶硅负荷2有功变化图

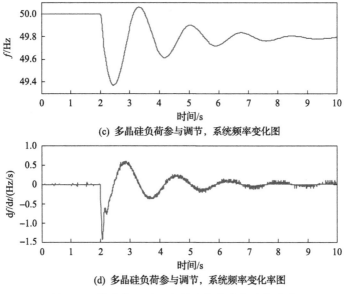

(c) 多晶硅负荷参与调节，系统频率变化图

(d) 多晶硅负荷参与调节，系统频率变化率图

图 4.60　故障发生后，多晶硅负荷响应功率波动

当发生断线故障以后，G1、G2 的有功出力瞬间降为 0，为维持功率平衡，多晶硅负荷 1、多晶硅负荷 2 的总负荷量下降，多晶硅负荷消耗有功变化表如表 4.35 所示。

表 4.35　多晶硅负荷消耗有功变化表

项目	多晶硅负荷 1	多晶硅负荷 2
额定功率/MW	163	102
目标功率/MW	145.4	91
仿真功率/MW	144.5	91.3

多晶硅负荷 1 有功消耗实际减少了 18.5MW，多晶硅负荷 2 有功消耗减少了 10.7MW，合计有功消耗减少 29.2MW。图 4.61 为 G1、G2 切除后，剩余火电机组功率变化情况。

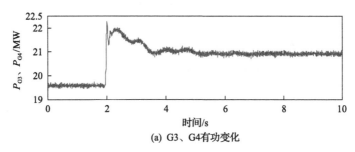

(a) G3、G4有功变化

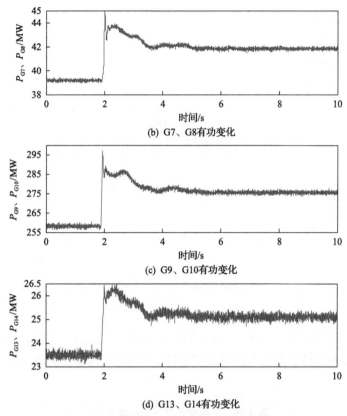

(b) G7、G8有功变化

(c) G9、G10有功变化

(d) G13、G14有功变化

图 4.61　G1、G2 切除后，剩余火电机组功率变化情况

表 4.36 列出了火电机组在系统故障前后的有功出力变化。火电机组增加出力 50.47MW，多晶硅负荷提供 29.2MW 的有功支撑，局域电网共向下调节功率 79.67MW，完全平抑了系统的功率扰动 78.24MW。

表 4.36　G1、G2 切除后，剩余火电机组功率变化表

项目	G1	G2	G3	G4	G5	G6	G7	G8	G9	G10	G11	G12	G13	G14
P_G/MW	39.12	39.12	19.49	19.49	19.49	19.49	39.01	39.01	257.4	257.4	11.67	23.32	23.32	23.24
P'_G/MW	0	0	20.76	20.75	20.76	20.74	41.5	41.5	275	275	12.3	24.83	24.83	24.83

若断线故障信号传输失效，无法正确辨别系统功率扰动，也可通过检测的频率变化率计算系统存在的功率扰动，火电机组 G1 和 G2 切除后，经过仿真试验测试，赤峰局域电网的 SFR 模型等效参数如表 4.37 所示。

表 4.37　赤峰局域电网的 SFR 模型等效参数

T_R/p.u.	H/p.u.	F_H/p.u.	R/p.u.	K_m/p.u.
1.245	1.39	0.087	0.030	1.770

系统的 H 值为 1.39，由图 4.60(d)可以看出系统的频率变化率 $|\mathrm{d}f/\mathrm{d}t|$=1.44，则由式(4.84)可计算系统的功率扰动为 78.42MW，计算结果与实际误差为 0.3%，说明 SFR 模型检测功率扰动的有效性。

当局域电网出现功率扰动时，先由火电机组增加出力，充分地利用火电机组的一次调频能力，超出一次调频范围之外的不平衡功率，再由负荷进行平抑。由于所研究局域电网惯性常数小，在火电机组一次调频与负荷协调控制动作后，系统的频率经过波动后，最终趋于稳定。

2)风电满发且出现两处断线故障

当风电机组接入 134 台，额定风速为 14.5m/s 时，风电达到额定出力为 200MW，在风电满发的情况下，依然在 t =2.0s 时，节点 24 和节点 25 之间发生了三相断线故障，即火电机组 G1 和 G2 从局域电网中切除，同时一台 50MW 的 G7 机组在极低概率下出现跳闸现象，此时系统各个火电机组的有功出力和备用容量表如表 4.38 所示。

表 4.38 t=2.0 时，系统各个火电机组的有功出力和备用容量表

项目	G1	G2	G3	G4	G5	G6	G7	G8	G9	G10	G11	G12	G13	G14
P_G/MW	29.28	29.29	14.63	14.63	14.63	14.63	29.28	29.28	193.6	193.6	8.751	17.53	17.58	17.58
P_res/MW	2.5	2.5	1.25	1.25	1.25	1.25	2.5	2.5	17.5	17.5	0.6	1.5	1.5	1.5

G1、G2 和 G7 从系统切除后，系统存在功率扰动量为 87.85MW，此时局域电网备用容量为 47.6MW，系统存在 40.25MW 的不平衡功率，系统的功率扰动已经超过火电机组的调节能力，此时利用本节提出的多晶硅负荷控制方法来平抑不平衡功率。

由式(4.87)进行计算，$\Delta P_\mathrm{Si\text{-}1}$ =24.77MW，$\Delta P_\mathrm{Si\text{-}2}$ =15.48MW，利用式(4.75)进行判断，多晶硅棒半径为 75mm、70mm、65mm、60mm、55mm、50mm、45mm、40mm 的还原炉需要进行满调，即降低冷却水进水速度为 90%且预设多晶硅棒的最终温度为 1000℃，其所能调节功率为 24.35MW，剩余功率由多晶硅棒半径为 35mm 的还原炉进行细调，单台还原炉单相所需调节功率为(24.77–24.35)/3/8=0.0175MW，(0.0175/0.396)×100%≈4.42%，即将冷却水的进水速度降低 4.42%即可完成调节。表 4.39 是在 G1、G2 和 G7 从系统切除后，启动多晶硅负荷控制，对还原炉的电气控制指令。

表 4.39 极端场景下，对多晶硅负荷的电气控制指令

电气控制指令	多晶硅棒半径/mm														
	75	70	65	60	55	50	45	40	35	30	25	20	15	10	5
U_1/V	380	380	380	380	380	380	380	380	380	600	600	600	600	800	800
U_2/V	600	600	600	600	600	600	600	600	600	800	800	800	800	1500	1500

续表

电气控制指令	多晶硅棒半径/mm														
	75	70	65	60	55	50	45	40	35	30	25	20	15	10	5
ωt	2.822	2.485	2.297	2.136	1.981	1.819	1.636	1.413	1.094	2.694	1.932	1.293	2.477	1.921	0.477
α /%	100	100	100	100	100	100	100	100	100	100	100	100	100	100	100
T_x /℃	1080	1080	1080	1080	1080	1080	1080	1080	1080	1080	1080	1080	1080	1080	1080
U'_1 /V	0	0	0	380	380	380	380	380	380	600	600	600	800	800	800
U'_2 /V	380	380	380	600	600	600	600	600	600	800	800	800	1500	1500	1500
$\omega t'$	1.028	0.892	0.682	2.760	2.414	2.201	2.008	1.807	1.095	2.694	1.932	1.293	2.477	1.921	0.477
α'/%	90	90	90	90	90	90	90	90	95.58	100	100	100	100	100	100
T'_x /℃	1000	1000	1000	1000	1000	1000	1000	1000	1080	1080	1080	1080	1080	1080

　　多晶硅负荷 1 和多晶硅负荷 2 参与局域电网频率调节后，其有功变化及系统频率变化如图 4.62 所示。

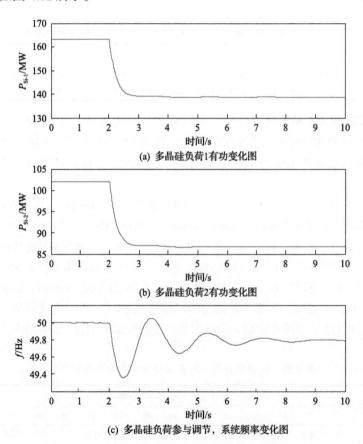

(a) 多晶硅负荷1有功变化图

(b) 多晶硅负荷2有功变化图

(c) 多晶硅负荷参与调节，系统频率变化图

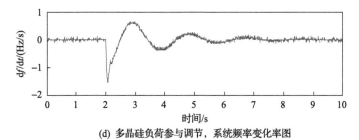

(d) 多晶硅负荷参与调节，系统频率变化率图

图 4.62   风电满发且出现两处断线故障后，多晶硅负荷响应功率波动

多晶硅负荷有功变化表如表 4.40 所示。

表 4.40   多晶硅负荷有功变化表

项目	多晶硅负荷 1	多晶硅负荷 2	剩余火电机组
额定功率/MW	163	102	536.49
目标功率/MW	138.6	86.65	584.82

多晶硅负荷 1 有功消耗减少 24.4MW，多晶硅负荷 2 有功消耗减少 15.35MW，合计有功消耗减少 39.75MW，安全运行的火电机组增加出力 48.33MW，负荷与电源一共提供 88.08MW 的有功支持，系统最终能维持稳定，消除故障带来的功率缺额，火电机组的有功出力变化见附录 C。

在局域电网正常运行时，需要时刻检测系统的不平衡功率与系统备用容量以避免误启动负荷控制系统。由以上分析可以得出，即使系统出现较大功率扰动，负荷总能跟踪调节不平衡功率，调节效果很好，验证了本节所提控制方法的有效性。

另外，在 2～3s 时，多晶硅负荷功率变化时间较长，这是由于在 MATLAB 与 RTDS 进行交互时，MATLAB 采集 RTDS 仿真得出的不平衡功率值，然后在 MATLAB 中通过计算处理后，下传控制指令到 RTDS，实现对多晶硅负荷的控制，指令下发存在时延且 RTDS 不能保证多个指令完全同步读取，实际现场基于 WAMS 进行信息交互控制，效果会更好。

3. 多晶硅负荷的闭环频率控制方法仿真

1) 风速低于 5m/s 且发生断线故障

赤峰局域电网架构如图 4.58 所示，同样在节点 24 和节点 25 之间发生了三相断线故障，即从局域电网中切除火电机组 G1 和 G2，系统存在的功率扰动为 78.64MW，本节采用频率闭环反馈控制方法对系统的功率波动加以平抑。

经过多次仿真测试，得到切除火电机组 G1 和 G2 后，赤峰局域电网的 SFR 模型等效参数如表 4.41 所示。

表 4.41 切除 G1 和 G2 后，赤峰局域电网的 SFR 模型等效参数

T_R/p.u.	H/p.u.	F_H/p.u.	R/p.u.	K_m/p.u.
1.316	1.437	0.081	0.030	0.859

切除 G1 和 G2 后，剩余火电机组一次调频能力为 50.1MW，由式(4.83)可以求得负荷等效阻尼系数 $D=16.32$，维持 D 值不变，将系统的频率偏差 Δf 引入负荷的闭环控制系统，得到系统频率仿真波形，如图 4.63(a)所示。由图 4.63(a)和(b)可以看出，引入闭环控制方法后，多晶硅负荷可以有效地响应系统频率变化，最终多晶硅负荷 1 功率变化为 18.1MW，多晶硅负荷 2 功率变化为 10.3MW，合计 28.4MW，火电机组增加出力为 51.4MW，最终依靠火电机组的一次调频和负荷调节能力，系统维持稳定，平抑了故障带来的功率扰动。火电机组的出力变化见附录 C。

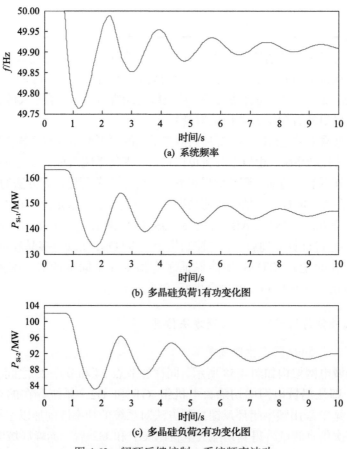

图 4.63 闭环反馈控制，系统频率波动

2)风电极端情况持续波动

若风电波动在火电机组一次调频范围内,不需要负荷参与功率调节;若局域电网建在风速变化很大的地区,如沿海地带,此时开环控制方法和安稳控制措施则不再起作用,需要引入基于负荷响应的闭环控制方法,使负荷快速跟踪局域电网存在的功率扰动,维持局域电网稳定。

初始时刻,系统所有火电机组都处于正常运行状态,风电场的额定功率为200MW,受风速的影响,风电功率处于波动状态中,风速与风电功率的波动图如图 4.64 所示,风电功率在大约 $t=13\text{s}$ 时达到最低点,最低风速为 11m/s。

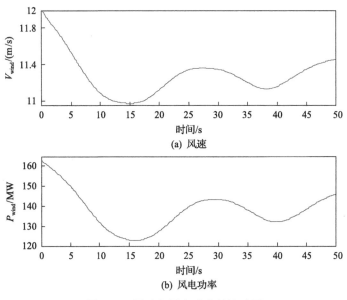

图 4.64　风速与风电功率的波动图

为响应局域电网的风电功率持续波动,负荷控制系统启动,多晶硅负荷 1 和多晶硅负荷 2 的功率变化如图 4.65(a)与(b)所示。

由图 4.65 可以看出,经过频率偏差的反馈调节,多晶硅负荷可以快速地跟踪风电功率的波动,使系统频率在正常的范围内波动,验证了本节所提闭环控制方法的有效性。

3)极端风电波动情况下的 N-1 故障

现考虑另一种极端的运行场景,依然处于前面风速波动情况下,在风电功率的最低点,发生 N-1 故障,一台额定功率为 50MW 的火电机组 G7 跳闸,此为系统可能出现的最危险的运行工况。

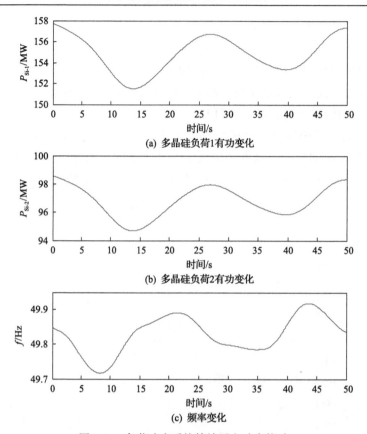

图 4.65　负荷响应系统持续风电功率扰动

G7 跳闸后，局域电网的 SFR 模型参数如表 4.42 所示。

表 4.42　G7 跳闸后，局域电网的 SFR 模型参数

T_R/p.u.	H/p.u.	F_H/p.u.	R/p.u.	K_m/p.u.
1.347	1.45	0.075	0.030	1.352

图 4.66(a) 为火电机组 G7 的有功变化情况，t=13 时，G7 跳闸后其有功出力瞬间变为 0，此时局域电网的系统频率及频率变化率如图 4.66(b) 与 (c) 所示。

当 t=13s 时，系统频率变化率为–1.416Hz/s，由式(4.76)计算此时系统存在的功率扰动量为 86.4MW，计及火电机组的一次调频能力 52.6MW，可由式(4.83)计算负荷的等效阻尼系数 D =17.4。

将系统的频率偏差 Δf 引入负荷的闭环控制系统，使多晶硅负荷跟踪系统频率变化，响应功率扰动，多晶硅负荷 1 和多晶硅负荷 2 有功变化如图 4.66(d) 与 (e) 所示。

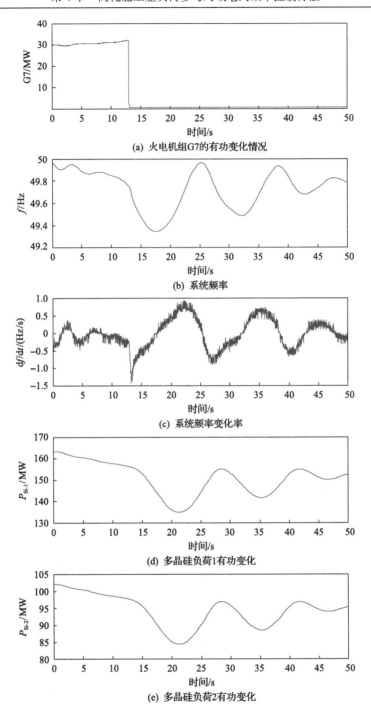

(a) 火电机组G7的有功变化情况

(b) 系统频率

(c) 系统频率变化率

(d) 多晶硅负荷1有功变化

(e) 多晶硅负荷2有功变化

图 4.66　风电极端波动且 G7 跳闸后，多晶硅负荷响应功率变化

由于火电机组 G7 跳闸，造成较大功率扰动，多晶硅负荷也会迅速下降，去平

抑局域电网存在的不平衡功率，即使在极端风电波动且火电机组跳闸的情况下，通过频率反馈调节，系统仍然能维持稳定，仿真结果有效地验证了基于多晶硅负荷闭环控制方法的有效性。

4）反馈系数对局域电网频率响应特性的影响

为了研究不同的负荷等效阻尼系数 D 值对局域电网稳定性的影响，考虑局域电网运行工况为风速低于 5m/s,且在节点 24 和节点 25 之间发生了三相断线故障，即从局域电网中切除火电机组 G1 和 G2，现改变 D 值，D 值分别为 10、20、30，图 4.67 为所示的仿真结果。

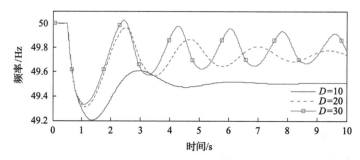

图 4.67　不同的 D 值对局域电网稳定运行影响

暂态方面，由图 4.67 可以看出，t 为 0~2s 时，当 D 值增大时，对于相同的频率偏差，负荷调节量增大，特别是在故障刚发生时，较大的负荷调节量可以避免频率大幅度跌落，在一定程度上维持了局域电网的稳定性；另外，D 值过大可能存在过调的现象，系统需要经过多次振荡才能趋于平稳，多次振荡极不利于局域电网运行，继电保护装置可能会发生误动作或机组跳闸等事故；若 D 值过小，可能导致负荷调节量远低于系统不平衡功率，负荷的调节能力得不到充分发挥，局域电网仍然会发生频率崩溃现象。

稳态方面，若 D 值较大，对于相同的负荷调节量，其所需要的频率偏差较小，系统的频率可以维持在较高的水平，但 D 值增大，也会导致负荷调节量增大，稳定时，甚至无法充分地挖掘火电机组的一次调频能力，这显然不利于电网的经济性运行。

按照 4.4.2 节所提出的多晶硅负荷控制方法，可以很好地解决局域电网运行的稳定性和经济性问题，为局域电网的稳定性控制提供了相关的参考依据。

4.5　本章小结

本章分析了含高耗能工业负荷的局域电网运行难点，并针对局域电网一次调频控制问题分别提出了几种基于典型高耗能负荷控制的局域电网调频方法，主要结论如下所示。

(1)提出了基于励磁电压的高耗能电解铝负荷控制器,与火电机组一次调频协调配合,能够快速有效地调节高耗能电解铝负荷有功功率。

(2)提出了一种利用系统频率的初始变化率在线辨识功率扰动量的方法,提出了基于电压调整的孤立电网频率紧急控制方法,介绍电解铝负荷有功目标调整量、电解铝负荷母线电压目标调整量和发电机端电压目标调整量的在线计算方法和具体控制手段。

(3)介绍了矿热炉负荷功率调节的边界条件,分别为埋弧操作约束、功率因数操作、冶炼阶段功率约束、母线电压约束,提出了阻抗、电压-有功协调控制方法,分析了多台矿热炉负荷共同参与系统频率控制的功率调节量分配方法。

(4)搭建了实际局域网模型模拟矿热炉平抑轧钢负荷引起的频率波动场景,利用轧钢类负荷的功率波动特性,进行冲击功率短期波形预测,并根据预测结果,提前控制矿热炉负荷进行调节,以此减少系统的频率波动,仿真验证了所提控制方法的有效性,说明了引入矿热炉负荷控制有助于提高局域网系统频率的稳定性。

(5)考虑到多晶硅负荷还原炉之间的差异性,提出 PPLR,进一步提出了多晶硅负荷响应电力系统风电功率波动的控制方法;以赤峰局域电网为例,在 RTDS 上搭建局域电网模型,通过火电机组跳闸故障场景,负荷控制方法可以提供有功支持,验证了所提控制方法的有效性。

(6)提出了基于负荷调节效应的孤立电网频率闭环控制策略,通过对孤立电网的多晶硅负荷引进负荷调差系数,多晶硅负荷具有无极差调节能力并跟踪系统的频率偏差变化,对系统 N-1 故障、极端风电波动及极端风电波动下的 N-1 故障等重大事故进行仿真,验证了所提控制方法的有效性。

参 考 文 献

[1] Sewell G. Computational Methods of Linear Algebra[M]. New York: John Wiley and Sons, 2005.

[2] He J, Lu C, Wu X, et al. Design and experiment of wide area HVDC supplementary damping controller considering time delay in China southern power grid[J]. Generation, Transmission and Distribution, 2009, 3(1): 17-25.

[3] Oh S, Yoo C, Chung I, et al. Hardware-in-the-loop simulation of distributed intelligent energy management system for microgrids[J]. Energies, 2013, 6(7): 3263-3283.

[4] Kundur P. Power System Stability and Control[M]. New York: McGraw-Hill, 1994.

[5] 张恒旭, 李常刚, 刘玉田, 等. 电力系统动态频率分析与应用研究综述[J]. 电工技术学报, 2010, 25(11): 169-176.

[6] Lagonotte P, Sabonnadiere J C, Leost J Y, et al. Structural analysis of the electrical system: application to secondary voltage control in France[J]. IEEE Transactions on Power Systems, 1989, 4(2): 479-486.

[7] Dahu L I, Yijia C A O. Wide-area real-time dynamic state estimation method based on hybrid SCADA/PMU measurements[J]. Power System Technology, 2007, 31(6): 72.

[8] 崔日浩. 中国高耗能行业的发展与环境污染水平的关系研究[D]. 天津: 天津大学, 2013.

[9] Lueger B, Ma T, Shen D, et al. 安装于三电极 90 兆瓦电弧炉的首台用于稳定有功功率的智能预测型线路控制器 (SPLC)[J]. 世界有色金属, 2014(12): 48-51.

[10] Fink S, Mudd C, Porter K, et al. Wind energy curtailment case studies[R]. National Renewable Energy Laboratory, 2009.

[11] Rogers J, Fink S, Porter K. Examples of wind energy curtailment practices[R]. National Renewable Energy Laboratory, 2010.

第5章 电解铝负荷参与局域电网动态电压控制方法

电压稳定是局域电网稳定运行的必要条件。为了保证系统电压稳定,现有文献提出了许多控制方法,主要包括以系统静态电压模型为基础的控制方法(如三级电压控制),以及以中长期电压控制模型为基础的控制方法。这些控制方法难以计及系统的快速动态电压特性,在快速大扰动下,不一定能保证系统电压稳定。特别是局域电网结构简单,快速电压调节手段较少,在负荷快速增加、断线等快速故障过程中,电压会迅速偏离正常运行范围,甚至失去稳定。因此,局域电网动态电压控制需要更深入的研究。

根据电力系统电压调节手段的响应时间尺度,快速电压调节手段主要是发电机励磁电压控制。现有快速电压控制方法主要有反馈线性化、非线性控制等。文献[1]~[3]中所提出的电压控制方法主要是基于反馈线性化的方法。文献[4]采用Lyapunov 稳定性方法设计了一种电压控制方法。上面提到的这些方法大都从发电机的角度设计励磁电压控制方法。对局域电网而言,这些方法在一些快速较大的故障中,可能难以保证系统电压稳定、合理运行。因此考虑网络及负荷电压的变化,从整个局域电网的角度来设计快速电压协调控制方法,对提高局域电网的电压稳定性显得十分重要。此外,这些方法的实用性还有待进一步提高。

系统实时运行状态的获取是实现动态电压控制的基础。传统数据采集与监视控制(supervisory control and data acquisition, SCADA)系统数据采样周期长,电网相量数据主要通过潮流计算和状态估计获得,这样 SCADA 系统的实时性和准确性难以适用于快速电压控制。随着 WAMS 的不断发展和成熟,PMU 量测具有采样周期短(一般为 10ms 或者 20ms)、数据实时同步等优点,能够反映系统的实时全动态过程,将为动态电压控制提供一种新的技术途径。现有基于 WAMS 的电压监测研究者已经提出了较多方法[5,6];但在动态电压控制方面,具体的技术和方法还较少。因此,如何利用 PMU 量测信息建立等效简化的系统动态模型、补偿 WAMS 的控制时延及设计电压控制方法等问题需要深入探讨。

本章以第 3 章的带电解铝负荷的实际蒙东局域电网为例,提出一种带电压型负荷的局域电网动态电压控制方法,其基本结构如图 5.1 所示。首先,建立基于广域信息的局域电网等效模型。其次,利用 Padé 近似法补偿 WAMS 的控制时延,提出一种局域电网动态电压控制模型。然后,将动态电压控制问题转化为线性二次型跟踪控制问题,设计一种动态电压控制方法,以改善局域电网的快速动态电压响应特性。最后,通过对 WSCC-9 节点系统和实际局域电网的仿真分析,验证本章所提控制方法的有效性。

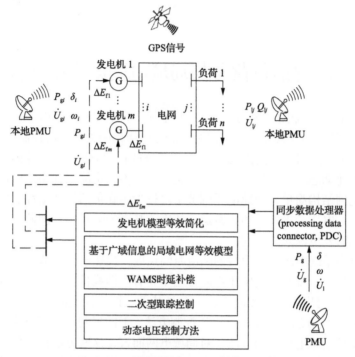

图 5.1　局域电网动态电压控制基本结构

5.1　基于广域信息的局域电网动态电压控制模型

5.1.1　局域电网模型

局域电网主要包括同步发电机、电解铝负荷及其他模型等。其模型主要由以下部分组成。

1) 同步发电机

考虑发电机的励磁电压和频率动态特性，发电机动态模型一般表示为如下三阶方程[7]：

$$T'_{d0i}\dot{E}'_{qi} = E_{fi} - E'_{qi} - (X_{di} - X'_{di})i_{di} \tag{5.1}$$

$$T_{ji}\dot{\omega}_i = T_{mi} - T_{ei} - D_i(\omega_i - 1) \tag{5.2}$$

$$\dot{\delta}_i = \omega_0(\omega_i - 1), \quad i = 1, \cdots, m \tag{5.3}$$

式(5.1)表示发电机励磁电压方程。式中，T'_{d0i}、E_{fi}、E'_{qi}、X_{di}、X'_{di} 和 i_{di} 分别为发电机的 d 轴开路时间常数、励磁电压、q 轴暂态电势、d 轴电抗、d 轴暂态电抗和 d 轴电流。式 (5.2) 和式 (5.3) 为发电机机械方程。式中，T_{ji}、ω_i、ω_0、δ_i、D_i、T_{mi} 和 T_{ei} 分别为发电机惯性时间常数、角频率、额定角频率、功角、阻尼系数、机械转矩和电磁转矩。m 为发电机个数。

2) 电解铝负荷

电解铝负荷属于典型的电压型负荷，其模型为

$$\begin{cases} P_{li} = P_{li0}(U_{li} / U_{li0})^{K_{pv}} \\ Q_{li} = Q_{li0}(U_{li} / U_{li0})^{K_{qv}} \end{cases}, \quad i = 1,\cdots,n \tag{5.4}$$

式中，P_{li}、Q_{li} 和 U_{li} 为额定条件下电压型负荷的吸收功率和电压，0 下标表示实际值。电压型负荷的"电压-功率"特性可以通过幂函数形式表示，K_{pv} 和 K_{qv} 为幂指数。当幂指数分别为 0、1 和 2 时，电压型负荷对应的类型分别为恒功率模型、恒电流模型和恒阻抗模型，n 为负荷节点个数。

3) 其他模型

系统中厂用电负荷和热负荷用阻抗模型表示。此外，系统的网络方程为

$$\boldsymbol{I}_{xy} = \boldsymbol{Y}_{xy}\boldsymbol{U}_{xy} \tag{5.5}$$

式中，$\boldsymbol{U}_{xy}$ 和 $\boldsymbol{I}_{xy}$ 分别为系统所有发电机与负荷节点的电压向量和注入节点电流向量；$\boldsymbol{Y}_{xy}$ 为网络导纳矩阵。

5.1.2　基于广域信息的系统等效简化模型

PMU 能提供高精度的实时数据，包括：有功功率和无功功率、节点电压、发电机功角等信息。文献[8]～[10]中提出了 PMU 在电力网络中的最优配置方法，即利用最少的 PMU 个数，保证全网的可观测性。目前，本书所研究的局域电网已经配置了足够的 PMU，保证对全网运行状况的实时监测。

当从发电机侧 PMU 实时获取发电机功角 δ_i、角频率 ω_i、有功功率 P_{gi}、机端电压 U_{gi} 及相角 θ_{gi} 信息后，可由式 (5.6) 和式 (5.7) 求得 q 轴暂态电势 E'_{qi}。

$$P_{gi} = \frac{E'_{qi}U_{gi}}{X'_{di}}\sin(\delta_i - \theta_{gi}) + \frac{X'_{di} - X_{qi}}{2X'_{di}X_{qi}}U_{gi}^2\sin 2(\delta_i - \theta_{gi}) \tag{5.6}$$

$$E'_{qi} = \left[P_{gi} - \frac{X'_{di} - X_{qi}}{2X'_{di}X_{qi}}U_{gi}^2\sin 2(\delta_i - \theta_{gi})\right]X'_{di} \bigg/ \left[U_{gi}\sin(\delta_i - \theta_{gi})\right] \tag{5.7}$$

式中，X_{qi} 为 q 轴电抗。

同时，发电机 dq 轴电流 i_{di} 和 i_{qi} 可由式 (7.8) 求出。

$$\begin{cases} i_{di} = (E'_{qi} - U_{gi}\cos\delta_i)\,/\,X'_{di} \\ i_{qi} = U_{gi}\sin\delta_i\,/\,X_{qi} \end{cases} \tag{5.8}$$

而发电机电磁转矩 T_{ei} 可由式(5.9)获得，即

$$T_{ei} = E'_{qi}i_{qi} - (X'_{di} - X_{qi})i_{di}i_{qi} \tag{5.9}$$

此时，利用广域信息，式(5.2)和式(5.3)中的状态量与电气量都变为已知量。对动态电压控制而言，可用广域信息得到的变量值实时代替式(5.2)和式(5.3)。这样，式(5.2)和式(5.3)可从发电机 3 阶动态方程中消去，从而只保留式(5.1)。如图 5.2 所示，经过上述变换后，发电机由 3 阶模型简化为 1 阶模型。

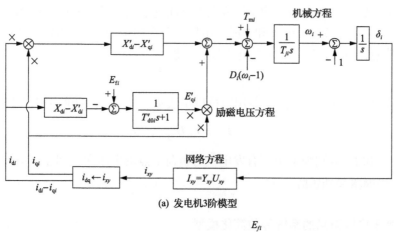

(a) 发电机3阶模型

(b) 基于广域信息的发电机1阶模型

图 5.2　基于广域信息的发电机等效简化模型

将式(5.8)代入式(5.1)可得

$$\dot{E}'_{qi} = -\frac{X_{di}}{T'_{d0i}X'_{di}}E'_{qi} + \frac{1}{T'_{d0i}}E_{fi} + \frac{X_{di} - X'_{di}}{T'_{d0i}X'_{di}}U_{gi}\cos\delta_i \tag{5.10}$$

取 $\Delta E'_{qi} = E'_{qi} - E'_{qi0}$，式(5.10)化为

$$\Delta\dot{E}'_{qi} = -\frac{X_{di}}{T'_{d0i}X'_{di}}\Delta E'_{qi} + \frac{1}{T'_{d0i}}\Delta E_{fi} + \frac{(X_{di} - X'_{di})}{T'_{d0i}X'_{di}}(U_{gi}\cos\delta_i - U_{gi0}\cos\delta_{i0}) \tag{5.11}$$

式中，E'_{qi0}、U_{gi0} 和 δ_{i0} 为对应变量的初始值。

利用式(5.11)，整个系统动态模型可表示为

$$\dot{x}_s = A_s x_s + B_s u_s + E_s W_s, \quad x_s \in \mathbf{R}^m, \; u_s \in \mathbf{R}^m, \; W_s \in \mathbf{R}^m \tag{5.12}$$

式中

$$x_s = [\Delta E'_{q1}, \cdots, \Delta E'_{qm}]^T, \quad u_s = [\Delta E_{f1}, \cdots, \Delta E_{fm}]^T$$

$$W_s = [w_1, \cdots, w_i, \cdots, w_m]^T, \quad w_i = U_{gi}\cos\delta_i - U_{gi0}\cos\delta_{i0}$$

$$A_s = \operatorname{diag}\left(-\frac{X_{d1}}{T'_{d01}X'_{d1}}, \cdots, -\frac{X_{dm}}{T'_{d0m}X'_{dm}}\right)$$

$$B_s = \operatorname{diag}\left(\frac{1}{T'_{d01}}, \cdots, \frac{1}{T'_{d0m}}\right)$$

$$E_s = \operatorname{diag}[(X_{d1} - X'_{d1})/(T'_{d01}X'_{d1}), \cdots, (X_{dm} - X'_{dm})/(T'_{d0m}X'_{dm})]$$

另外，从 WAMS 实时获取负荷侧节点电压 U_{1i} 及相角 θ_{1i} 后，建立负荷节点电压偏差向量 ΔU_1（$\Delta U_1 = U_1 - U_{10}$，$U_1$ 和 U_{10} 分别为负荷节点电压向量和负荷节点电压初始值向量）和系统状态量 x_s 的关系。具体过程如下所示。

将式(5.5)中的联络节点消去后，只含有发电机节点和负荷节点的网络方程，可表示为

$$\begin{bmatrix} I_G \\ I_L \end{bmatrix} = \begin{bmatrix} Y_{GG} & Y_{GL} \\ Y_{LG} & Y_{LL} \end{bmatrix} \begin{bmatrix} U_G \\ U_L \end{bmatrix} \tag{5.13}$$

式中，I_G 和 U_G 为发电机注入电流向量与电压向量，I_L 和 U_L 为负荷注入电流向量与电压向量，$I_G \in \mathbf{R}^{2m}$，$U_G \in \mathbf{R}^{2m}$，$I_L \in \mathbf{R}^{2n}$，$U_L \in \mathbf{R}^{2n}$；$\begin{bmatrix} Y_{GG} & Y_{GL} \\ Y_{LG} & Y_{LL} \end{bmatrix}$ 为网络导纳矩阵。

同时，发电机网络接口方程为

$$\begin{bmatrix} I_{gxi} \\ I_{gyi} \end{bmatrix} = \begin{bmatrix} G_{gxi} & -B_{gxi} \\ B_{gyi} & G_{gyi} \end{bmatrix} \begin{bmatrix} E'_{qi}\cos\delta_i - U_{gxi} \\ E'_{qi}\sin\delta_i - U_{gyi} \end{bmatrix} = \begin{bmatrix} a_{xi}E'_{qi} \\ a_{yi}E'_{qi} \end{bmatrix} - Y_{gi}\begin{bmatrix} U_{gxi} \\ U_{gyi} \end{bmatrix} \tag{5.14}$$

式中

$$\begin{bmatrix} I_{gxi} \\ I_{gyi} \end{bmatrix} \text{与} \begin{bmatrix} U_{gxi} \\ U_{gyi} \end{bmatrix}$$

分别为向量 I_G 和 U_G 的第 $2i$ 个元素与第 $2i+1$ 个元素。

$$Y_{gi} = \begin{bmatrix} G_{gxi} & -B_{gxi} \\ B_{gyi} & G_{gyi} \end{bmatrix}$$

变量 G_{gxi}、B_{gxi}、B_{gyi} 和 G_{gyi} 分别为

$$G_{gxi} = \frac{-(X'_{di} - X_{qi})\sin^2 \delta_i}{2X'_{di}X_{qi}}$$

$$B_{gxi} = -\frac{1}{X'_{di}X_{qi}}(X'_{di}\cos^2 \delta_i + X_{qi}\sin^2 \delta_i)$$

$$B_{gyi} = -\frac{1}{X'_{di}X_{qi}}(X'_{di}\sin^2 \delta_i + X_{qi}\cos^2 \delta_i)$$

$$G_{gyi} = -G_{gxi}$$

a_{xi}、a_{yi} 分别为

$$a_{xi} = G_{gxi}\cos \delta_i - B_{gxi}\sin \delta_i , \quad a_{yi} = B_{gyi}\cos \delta_i + G_{gyi}\sin \delta_i$$

负荷与网络的接口方程为

$$\begin{bmatrix} I_{lxi} \\ I_{lyi} \end{bmatrix} = -\frac{1}{U_{li}^2}\begin{bmatrix} P_{li} & Q_{li} \\ -Q_{li} & P_{li} \end{bmatrix}\begin{bmatrix} U_{lxi} \\ U_{lyi} \end{bmatrix} \tag{5.15}$$

式中，$\begin{bmatrix} I_{lxi} \\ I_{lyi} \end{bmatrix}$ 与 $\begin{bmatrix} U_{lxi} \\ U_{lyi} \end{bmatrix}$ 分别为向量 $\boldsymbol{I}_L$ 和 $\boldsymbol{U}_L$ 的第 $2i$ 个元素和第 $2i+1$ 个元素。

将式 (5.4) 代入式 (5.15) 可得

$$\begin{bmatrix} I_{lxi} \\ I_{lyi} \end{bmatrix} = -\frac{1}{U_{li0}^2}\begin{bmatrix} P_{li0}U_{li}^{(K_{pv}-2)} & Q_{li0}U_{li}^{(K_{qv}-2)} \\ -Q_{li0}U_{li}^{(K_{qv}-2)} & P_{li0}U_{li}^{(K_{pv}-2)} \end{bmatrix}\begin{bmatrix} U_{lxi} \\ U_{lyi} \end{bmatrix} = -\boldsymbol{Y}_{li}\begin{bmatrix} U_{lxi} \\ U_{lyi} \end{bmatrix} \tag{5.16}$$

式中

$$\boldsymbol{Y}_{li} = \frac{1}{U_{li0}^2}\begin{bmatrix} P_{li0}U_{li}^{(K_{pv}-2)} & Q_{li0}U_{li}^{(K_{qv}-2)} \\ -Q_{li0}U_{li}^{(K_{qv}-2)} & P_{li0}U_{li}^{(K_{pv}-2)} \end{bmatrix}$$

将式 (5.14) 和式 (5.16) 代入式 (5.13) 可得

$$\boldsymbol{U}_L = -(\boldsymbol{Y}_{NLL} - \boldsymbol{Y}_{LG}\boldsymbol{Y}_{NGG}^{-1}\boldsymbol{Y}_{GL})^{-1}\boldsymbol{Y}_{LG}\boldsymbol{Y}_{NGG}^{-1}\boldsymbol{I}_{NG} = \boldsymbol{Z}_N\boldsymbol{I}_{NG} \tag{5.17}$$

式中，向量 $\boldsymbol{I}_{NG}$ 的第 $2i$ 个元素和第 $2i+1$ 个元素为 $\begin{bmatrix} a_{xi}E'_{qi} \\ a_{yi}E'_{qi} \end{bmatrix}$，$\boldsymbol{I}_{NG} \in \mathbf{R}^{2m}$；矩阵 $\boldsymbol{Y}_{NLL}$、

Y_{NGG} 和 Z_N 分别为

$$Y_{NLL} = Y_{LL} + \text{diag}(Y_{l1}, \cdots, Y_{li}, \cdots, Y_{ln})$$

$$Y_{NGG} = Y_{GG} + \text{diag}(Y_{g1}, \cdots, Y_{gi}, \cdots, Y_{gm})$$

$$Z_N = -(Y_{NLL} - Y_{LG} Y_{NGG}^{-1} Y_{GL})^{-1} Y_{LG} Y_{NGG}^{-1}, \quad Z_N \in \mathbf{R}^{2n \times 2m}$$

记矩阵 Z_N 的第 i 行为 $Z_{Ni} = [z_{i1}, \cdots, z_{ij}, \cdots, z_{i,2m}]$。并利用式(5.17)，建立负荷节点电压 U_{li} 和 x_s 的关系：

$$U_{li} = Z_i(x_s + E'_{q0}) = Z_i x_s + r_{li} \tag{5.18}$$

式中，$Z_i = \dfrac{1}{\cos\theta_{li}}[z_{2i,1}a_{x1} + z_{2i,2}a_{y1}, \cdots, z_{2i,2m-1}a_{xm} + z_{2i,2m}a_{ym}]$，$Z_i \in \mathbf{R}^{1 \times m}$，当 $\theta_{li} = (2k+1)\pi/2$，$k$ 为整数时，$Z_i = \dfrac{1}{\sin\theta_{li}}[z_{2i+1,1}a_{x1} + z_{2i+1,2}a_{y1}, \cdots, z_{2i+1,2m-1}a_{xm} + z_{2i+1,2m}a_{ym}]$。$r_{li} = Z_i E'_{q0}$，$E'_{q0}$ 为初始值 E'_{qi0} 组成的向量。

将系统负荷节点电压偏差向量 ΔU_l 作为输出量，并记为 y，则有

$$y = V_l - U_{l0} = Z x_s + r_l - U_{l0} = Z x_s - r \tag{5.19}$$

式中，矩阵 Z 的第 i 行为 Z_i，$Z \in \mathbf{R}^{n \times m}$；向量 r_l 的第 i 行为 r_{li}，$r_l \in \mathbf{R}^n$；$r = V_{l0} - r_l$。

当发电机功角 δ_i、负荷节点电压 V_{li} 及相角 θ_{li} 已知后，式(5.19)中的矩阵 Z 和 r 均为已知量。

联合式(5.12)和式(5.19)，系统模型表示为

$$\begin{cases} \dot{x}_s = A_s x_s + B_s u_s + E_s W_s \\ y = Z x_s - r \end{cases} \tag{5.20}$$

5.1.3 WAMS 的控制时延补偿

WAMS 的控制时延问题是其实际应用时遇到的主要问题之一。一般地，WAMS 的时延范围为 0.5～1s[11]。对小规模的局域电网而言，WAMS 的时延会更小。为了补偿 WAMS 的时延，现有文献已经提出了一些方法，例如，预测补偿法[12]、Padé 近似法[13,14]等。其中 Padé 近似法通过线性系统逼近信号的时延函数 e^{-st} 来处理信号的时延问题，具有较好的准确性。本章采用二阶 Padé 近似法来补偿 WAMS 的控制时延。

对时延值为 τ 的信号，其二阶 Padé 近似的状态空间描述为

$$\begin{cases} \dot{\boldsymbol{x}}_{\mathrm{p}i} = \boldsymbol{A}_{\mathrm{p}i}\boldsymbol{x}_{\mathrm{p}i} + \boldsymbol{B}_{\mathrm{p}i}u_i , \quad \boldsymbol{x}_{\mathrm{p}i} \in \boldsymbol{R}^2, \ u_i \in \boldsymbol{R} \\ u_{\mathrm{s}i} = \boldsymbol{C}_{\mathrm{p}i}\boldsymbol{x}_{\mathrm{p}i} + \boldsymbol{D}_{\mathrm{p}i}u_i \end{cases} \tag{5.21}$$

式中，$u_{\mathrm{s}i}$ 为向量 $\boldsymbol{u}_{\mathrm{s}}$ 的第 i 个元素；$\boldsymbol{A}_{\mathrm{p}i}$、$\boldsymbol{B}_{\mathrm{p}i}$、$\boldsymbol{C}_{\mathrm{p}i}$ 和 $\boldsymbol{D}_{\mathrm{p}i}$ 分别为

$$\boldsymbol{A}_{\mathrm{p}i} = \begin{bmatrix} 0 & 1 \\ -12/\tau^2 & -6/\tau \end{bmatrix}, \quad \boldsymbol{B}_{\mathrm{p}i} = \begin{bmatrix} 0 \\ 1 \end{bmatrix}$$

$$\boldsymbol{C}_{\mathrm{p}i} = \begin{bmatrix} 0 & -12/\tau \end{bmatrix}, \quad \boldsymbol{D}_{\mathrm{p}i} = 1$$

将式(5.21)代入式(5.20)后，得到含有控制时延补偿的系统：

$$\dot{\boldsymbol{x}} = \begin{bmatrix} \boldsymbol{A}_{\mathrm{s}} & \boldsymbol{B}_{\mathrm{s}}\boldsymbol{C}_{\mathrm{p}} \\ \boldsymbol{0} & \boldsymbol{A}_{\mathrm{p}} \end{bmatrix}\boldsymbol{x} + \begin{bmatrix} \boldsymbol{B}_{\mathrm{s}}\boldsymbol{D}_{\mathrm{p}} \\ \boldsymbol{B}_{\mathrm{p}} \end{bmatrix}\boldsymbol{v} + \begin{bmatrix} \boldsymbol{E}_{\mathrm{s}} \\ \boldsymbol{0} \end{bmatrix}\boldsymbol{W}_{\mathrm{s}} = \boldsymbol{A}\boldsymbol{x} + \boldsymbol{B}\boldsymbol{u} + \boldsymbol{E}\boldsymbol{W}_{\mathrm{s}} \tag{5.22}$$

式中

$$\boldsymbol{x} = [\boldsymbol{x}_{\mathrm{s}}; \boldsymbol{x}_{\mathrm{p}}], \quad \boldsymbol{x}_{\mathrm{p}} = [\boldsymbol{x}_{\mathrm{p}1}; \cdots; \boldsymbol{x}_{\mathrm{p}i}; \cdots; \boldsymbol{x}_{\mathrm{p}m}]; \quad \boldsymbol{u} = [u_1, \cdots, u_m]^{\mathrm{T}}$$

$$\boldsymbol{A}_{\mathrm{p}} = \mathrm{diag}(\boldsymbol{A}_{\mathrm{p}1}, \cdots, \boldsymbol{A}_{\mathrm{p}i}, \cdots, \boldsymbol{A}_{\mathrm{p}m}), \quad \boldsymbol{B}_{\mathrm{p}} = \mathrm{diag}(\boldsymbol{B}_{\mathrm{p}1}, \cdots, \boldsymbol{B}_{\mathrm{p}i}, \cdots \boldsymbol{B}_{\mathrm{p}m})$$

$$\boldsymbol{C}_{\mathrm{p}} = \mathrm{diag}(\boldsymbol{C}_{\mathrm{p}1}, \cdots, \boldsymbol{C}_{\mathrm{p}i}, \cdots, \boldsymbol{C}_{\mathrm{p}m}), \quad \boldsymbol{D}_{\mathrm{p}} = \mathrm{diag}(\boldsymbol{D}_{\mathrm{p}1}, \cdots, \boldsymbol{D}_{\mathrm{p}i}, \cdots, \boldsymbol{D}_{\mathrm{p}m})$$

$$\boldsymbol{A} \in \boldsymbol{R}^{3m\times 3m}, \quad \boldsymbol{B} \in \boldsymbol{R}^{3m\times m}, \quad \boldsymbol{E} \in \boldsymbol{R}^{3m\times m}$$

与此同时，系统输出量为

$$\boldsymbol{y} = [\boldsymbol{Z}, \boldsymbol{0}]\boldsymbol{x} - \boldsymbol{r} = \boldsymbol{C}\boldsymbol{x} - \boldsymbol{r}, \quad \boldsymbol{C} \in \boldsymbol{R}^{n\times 3m} \tag{5.23}$$

5.1.4　动态电压控制模型

在式(5.22)和式(5.23)的基础上，以负荷节点电压偏差和控制代价的二次型指标最小为目标函数，建立如下动态电压控制模型：

$$\min J = \frac{1}{2}\int_{t_0}^{t_m} (\boldsymbol{y}^{\mathrm{T}}\boldsymbol{Q}\boldsymbol{y} + \boldsymbol{u}^{\mathrm{T}}\boldsymbol{R}\boldsymbol{u})\mathrm{d}t$$

$$\mathrm{s.t.} \begin{cases} \dot{\boldsymbol{x}} = \boldsymbol{A}\boldsymbol{x} + \boldsymbol{B}\boldsymbol{v} + \boldsymbol{E}\boldsymbol{W}_s \\ \boldsymbol{y} = \boldsymbol{C}\boldsymbol{x} - \boldsymbol{r} \\ \boldsymbol{u}_{\min} \leqslant \boldsymbol{u} \leqslant \boldsymbol{u}_{\max} \end{cases} \tag{5.24}$$

式中，J 为目标函数；t_0 为扰动发生时刻；t_m 为终止时刻；矩阵 $\boldsymbol{Q}$ 和 $\boldsymbol{R}$ 分别为电压偏差加权矩阵和控制代价加权矩阵，它们均为对角矩阵；矩阵 $\boldsymbol{Q}$ 和 $\boldsymbol{R}$ 中各元素的选取方法可参考文献[15]；$\boldsymbol{u}_{\max}$、$\boldsymbol{u}_{\min}$ 为控制变量的上下限。

5.2　动态电压控制方法设计

5.2.1　基于二次型最优控制的动态电压控制方法设计

为简化控制问题，首先不考虑式(5.24)中的不等式约束条件，则动态电压控制问题转化为线性二次型跟踪控制问题[16]。针对式(5.24)，本节找到一个反馈控制规律：

$$\boldsymbol{v} = \boldsymbol{K}\boldsymbol{x} + \boldsymbol{G}，\quad \boldsymbol{K} \in \mathbf{R}^{m \times 3m}，\quad \boldsymbol{G} \in \mathbf{R}^{m} \tag{5.25}$$

使得目标函数 J 最小。式中，$\boldsymbol{K}$ 和 $\boldsymbol{G}$ 为反馈控制矩阵。

假设任意时刻，式(5.24)满足如下两个条件：①$(\boldsymbol{A}, \boldsymbol{B})$ 是能控的；②$(\boldsymbol{A}, \boldsymbol{C})$ 是能观的。可利用 PBH(Popov-Belevitch-Hautus)法则验证以上两个条件，即验证式(5.26)是否成立。

$$\mathrm{Rank}([\lambda_i \boldsymbol{I} - \boldsymbol{A} \quad \boldsymbol{B}]) = 3m \text{ 或者 } \mathrm{Rank}\left(\begin{bmatrix} \boldsymbol{C} \\ \lambda_i \boldsymbol{I} - \boldsymbol{A} \end{bmatrix}\right) = 3m \tag{5.26}$$

式中，λ_i 为矩阵 $\boldsymbol{A}$ 的特征根，$i=1,\cdots,3m$；$3m$ 为矩阵 $\boldsymbol{A}$ 的维数。

进一步地，假设控制结束时间 t_m 足够大。根据二次型最优控制理论[17]，反馈控制矩阵 $\boldsymbol{K}$ 和 $\boldsymbol{G}$ 的近似解为

$$\begin{cases} \boldsymbol{K} = -\boldsymbol{R}^{-1}\boldsymbol{B}^{\mathrm{T}}\boldsymbol{P} \\ \boldsymbol{G} = \boldsymbol{R}^{-1}\boldsymbol{B}^{\mathrm{T}}\boldsymbol{\varepsilon} \end{cases} \tag{5.27}$$

式中，矩阵 $\boldsymbol{P}$ 和 $\boldsymbol{\varepsilon}$ 为式(5.28)的解，且 $\boldsymbol{P} \in \mathbf{R}^{3m \times 3m}$，$\boldsymbol{\varepsilon} \in \mathbf{R}^{3m}$。

$$\begin{cases} \boldsymbol{0} = -\boldsymbol{P}\boldsymbol{A} - \boldsymbol{A}^{\mathrm{T}}\boldsymbol{P} + \boldsymbol{P}\boldsymbol{B}\boldsymbol{R}^{-1}\boldsymbol{B}^{\mathrm{T}}\boldsymbol{P} - \boldsymbol{C}^{\mathrm{T}}\boldsymbol{Q}\boldsymbol{C} \\ \boldsymbol{0} = (\boldsymbol{P}\boldsymbol{B}\boldsymbol{R}^{-1}\boldsymbol{B}^{\mathrm{T}} - \boldsymbol{A}^{\mathrm{T}})\boldsymbol{\varepsilon} + \boldsymbol{P}\boldsymbol{E}\boldsymbol{W}_{\mathrm{s}} - \boldsymbol{C}^{\mathrm{T}}\boldsymbol{Q}\boldsymbol{r} \end{cases} \tag{5.28}$$

然后，将式(5.24)中的不等式约束条件嵌入式(5.25)中，得到动态电压控制方法，其详细结构如图 5.3 所示。

5.2.2　实现流程

如图 5.3 所示，本章所提动态电压控制方法实现步骤如下所示。

(1)参数初始化：从 SCADA/EMS 系统中获取各开关量的状态、网络的拓扑结构及线路等模型参数和系统初始运行参数。

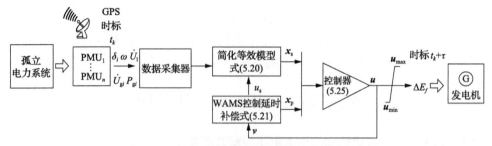

图 5.3　基于广域信息的动态电压控制方法结构

(2)当 $t = t_k$ 时，从 PMU 中实时获取广域信息 δ_i、P_{gi}、U_{gi}、U_{li} 等，求得系统状态变量 x_s，即 $\Delta E'_{qi}$。同时，建立基于广域信息的系统模型(式(5.20))。

(3)补偿 WAMS 的控制时延。结合式(5.20)和式(5.21)，形成含时延补偿的控制系统，即式(5.22)和式(5.23)。

(4)利用式(5.26)检验控制系统的能控性和能观性。然后，根据式(5.28)得到矩阵 $\boldsymbol{P}$ 和 ε，并利用式(5.27)得到反馈控制矩阵 $\boldsymbol{K}$ 和 $\boldsymbol{G}$。之后，利用式(5.25)得到动态电压控制方法。

(5)将电压控制方法作用于系统。如果系统电压稳定后，控制结束；否则，取 $k=k+1$，在下一时刻，跳转到步骤(2)。

5.3　仿 真 分 析

本节以第 3 章中提出的蒙东局域电网和 WSCC-9 节点系统为测试对象，验证本章所提动态电压控制方法的有效性。WSCC-9 节点系统的结构如图 5.4 所示，其负荷 5 和负荷 8 采用电解铝负荷模型，负荷 6 采用阻抗模型，系统详细参数见附录 D。测试系统在 RTDS 中搭建模型和进行仿真运算。两个系统中发电机励

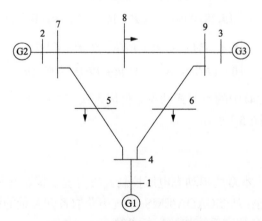

图 5.4　WSCC-9 节点系统的结构

磁电压变化范围分别见附录 D 和附录 E。WAMS 的时延值 $\tau=0.5$s。系统基准容量为 100MV·A。

将采用本地量测电压信息进行反馈控制方法记为方法 1，将本章所提动态电压控制方法记为方法 2。同时，通过对比分析以下 2 种方法，验证本章所提动态电压控制方法的有效性。

5.3.1　WSCC-9 节点系统

本节以 WSCC-9 节点系统为研究对象，分析和对比 4 种算例的仿真结果，电压偏差加权系数取为 5，控制代价加权系数取为 1。

算例 1：当 $t=2$s 时，节点 5 负荷功率持续增加，增加速度为 0.01+j0.006p.u./s；当 $t=12$s 时，节点 5 的负荷功率开始减少，降低速度为 0.01+j0.006p.u./s；当 t 大于 22s 后，节点 5 的负荷功率保持不变。

采用方法 1 和方法 2 的仿真结果如图 5.5 所示。由图 5.5（a）可见，实施方法 1 后，系统电压持续下降；当 $t=12$s 时，系统电压降到最低点，即节点 5、节点 6 和节点 8 的电压分别为 0.8978p.u.、0.9670p.u.和 0.9694p.u.。随后，系统电压逐渐恢复到正常水平。由图 5.5（b）可得，采用方法 2 后，节点 5、节点 6 和节点 8 的最低电压值分别为 0.9419p.u.、1.0074p.u.和 1.0050p.u.。对比图 5.5（c）～（f）可得，在负荷增加时，方法 2 的各发电机励磁电压及无功功率响应速度要高于方法 1。在负荷减少时，方法 2 的各发电机励磁电压及无功功率降低速度要略大于方法 1。这样，方法 2 的系统电压响应要好于方法 1，即本章所提动态电压控制方法能更有效地应对系统快速扰动，改善系统动态电压响应特性。

算例 2：当 $t=2$s 时，节点 5 负荷功率持续增加，增加速度为 0.01+j0.006p.u./s；当 t 大于 12s 后，节点 5 的负荷功率停止增加，并保持不变。

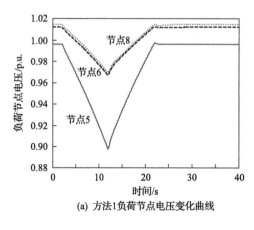

(a) 方法1负荷节点电压变化曲线

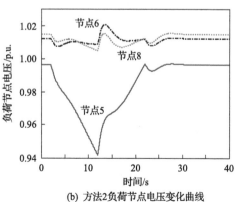

(b) 方法2负荷节点电压变化曲线

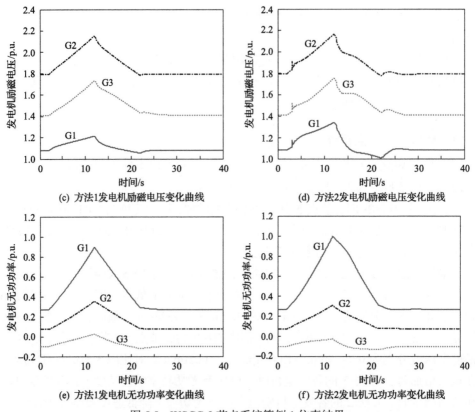

(c) 方法1发电机励磁电压变化曲线   (d) 方法2发电机励磁电压变化曲线

(e) 方法1发电机无功功率变化曲线   (f) 方法2发电机无功功率变化曲线

图 5.5   WSCC-9 节点系统算例 1 仿真结果

采用方法 1 和方法 2 的仿真结果如图 5.6 所示。由图 5.6(a)可见，方法 1 作用于系统后，系统电压持续下降，最后节点 5、节点 6 和节点 8 的电压分别保持为 0.8997p.u.、0.9684p.u.和 0.9703p.u.。由图 5.6(b)可得，采用方法 2 时，当 t 大于 17.1s 时，节点 5、节点 6 和节点 8 的电压分别保持为 0.9510p.u.、1.0153p.u.和 1.0096p.u.。两种方法下，系统稳定后各发电机励磁电压和无功功率如表 5.1 所

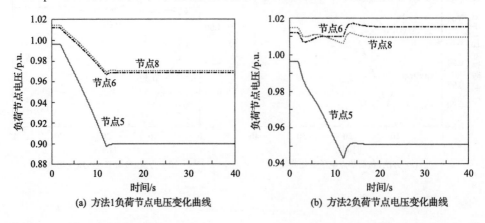

(a) 方法1负荷节点电压变化曲线   (b) 方法2负荷节点电压变化曲线

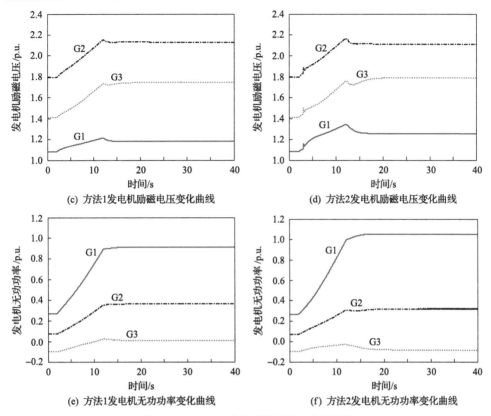

(c) 方法1发电机励磁电压变化曲线　　　　(d) 方法2发电机励磁电压变化曲线

(e) 方法1发电机无功功率变化曲线　　　　(f) 方法2发电机无功功率变化曲线

图 5.6　WSCC-9 节点系统算例 2 仿真结果

表 5.1　算例 2 中稳定后各发电机励磁电压和无功功率

发电机	G1	G2	G3
方法 1 励磁电压/p.u.	1.1796	2.1307	1.7432
方法 2 励磁电压/p.u.	1.2575	2.1097	1.7891
方法 1 无功功率/p.u.	0.9145	0.3623	0.0091
方法 2 无功功率/p.u.	1.0540	0.3208	−0.083

示。同时，对比图 5.6(c)~(f)可得，在方法 2 的作用下，发电机 G1 和 G3 的励磁电压要高于方法 1 的结果，发电机 G2 的励磁电压略低于方法 1 的结果；发电机 G1 的无功功率要大于方法 1 的结果，而发电机 G2 和 G3 的无功功率略微小于方法 1 的结果。这样，与方法 1 相比，方法 2 能更好地恢复系统电压，即在快速电压故障下，本章所提动态电压控制方法能有效地提高系统电压。

算例 3：当 $t=2s$ 时，节点 7、节点 8 所连线路断开。

分别采用方法 1 和方法 2 的仿真结果如图 5.7 所示。由图 5.7(a)可见，方法 1 作用于系统后，系统电压下降；经波动后，节点 5、节点 6 和节点 8 的电压升高并最终保持为 0.9755p.u.、0.9941p.u.和 0.9603p.u.。由图 5.7(b)可得，采用方法 2 时，负荷电压首先小幅波动；当 t 大于 12.4s 时，节点 5、节点 6 和节点 8 的电压分别保持为 0.9976p.u.、1.0169p.u.和 0.9767p.u.。两种方法下，系统稳定后的各发电机励磁电压和无功功率如表 5.2 所示。同时，对比图 5.7(c)～(f)可得，在方法

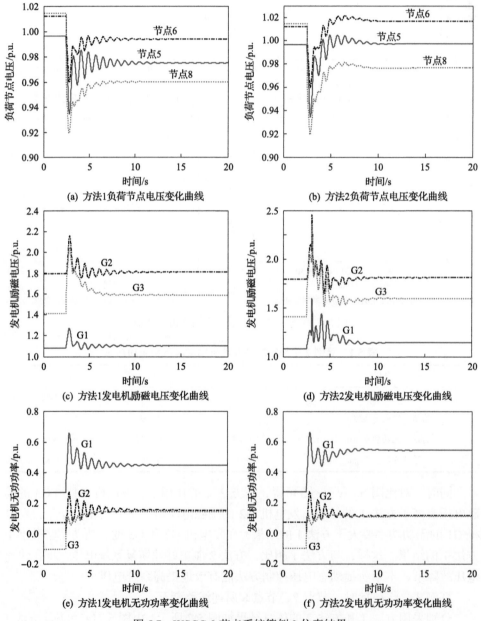

图 5.7　WSCC-9 节点系统算例 3 仿真结果

表 5.2　算例 3 中稳定后各发电机励磁电压和无功功率

发电机	G1	G2	G3
方法 1 励磁电压/p.u.	1.1026	1.8078	1.5908
方法 2 励磁电压/p.u.	1.1477	1.8104	1.5976
方法 1 无功功率/p.u.	0.4499	0.1556	0.1453
方法 2 无功功率/p.u.	0.5455	0.1153	0.1114

2 的作用下，发电机的励磁电压均高于策略 1 的结果；而发电机 G1 的无功功率大于方法 1 的结果，发电机 G2 和 G3 的无功功率略微小于方法 1 的结果。因此，方法 2 比方法 1 更能有效地恢复系统电压水平，改善系统动态电压响应特性。

算例 4：本算例为了表明即使 WAMS 的时延 τ 取最大值 1s 时，本章所提控制方法 2 仍然具有有效性。假设本算例所用扰动与算例 2 的扰动相同。

采用方法 2 的系统电压变化如图 5.8 所示。当 $t=12$s 时，节点 5 的电压降到最低点；当 $t=14.6$s 时，节点 5 的电压达到第一个高峰值点，即 0.9648p.u.；当 t 大于 20.5s 后，节点 5 的电压保持为 0.9580p.u.。这表明本章所提控制方法 2 仍然能有效地提高快速故障下的系统电压水平。

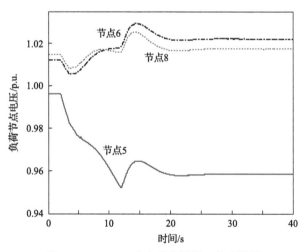

图 5.8　WSCC-9 节点系统算例 4 仿真结果

5.3.2　蒙东局域电网

算例 5：系统正常运行时，电解铝负荷 2 没有接入局域电网。当 $t=3.5$s 时，电解铝负荷 2 接入电网，功率为 $(420+j254.8)$MV·A。

控制方法设计中，电压偏差加权系数为 5，控制代价加权系数为 1.5。

采用方法 1 和方法 2 的仿真结果如图 5.9 所示。由图 5.9(a)可见，在方法 1 的作用下，系统电压随着电解铝负荷 2 的接入而快速下降，最后电解铝负荷 1、负荷 2 和负荷 3 的电压分别保持为 0.9430p.u.、0.9292p.u.和 0.9220p.u.。由图 5.9(b)可得，采用方法 2 后，在接入电解铝负荷时，系统电压降低，然后迅速恢复；当

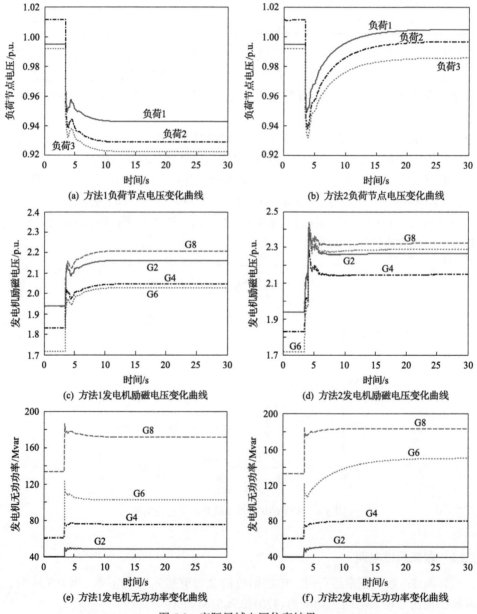

图 5.9　实际局域电网仿真结果

t 大于 20s 后，电解铝负荷 1、负荷 2 和负荷 3 的电压分别恢复到 1.0044p.u.、0.9960p.u.和 0.9852p.u.，并保持稳定。这样，在快速动态过程中，系统电压快速恢复到正常运行水平，而不会影响电解铝的实际生产和系统稳定运行。两种方法下，系统稳定后各发电机励磁电压和无功功率如表 5.3 所示。同时，对比图 5.9(c)～(f)可得，在方法 2 的作用下，各发电机的励磁电压均高于方法 1 的结果；发电机的无功功率均大于方法 1 的结果，特别是发电机 G6 和 G8 的无功功率远大于方法 1 的结果。因此，方法 2 比方法 1 能更好地保持系统电压水平，改善系统动态电压响应特性。

　　此外，由于局域电网快速电压调节手段较少，在电解铝负荷快速接入系统时，方法 2 使发电机无功功率快速增加，接近于发电机额定无功功率。因此，在快速动态电压控制结束后，需要进一步地设计局域电网静态电压控制方法，协调控制发电机电压调节手段和中长期电压调节手段，合理分配系统无功功率，提高发电机快速无功调节能力。

表 5.3　实际系统稳定后各发电机励磁电压和无功功率

发电机	G2	G4	G6	G8
方法 1 励磁电压/p.u.	2.162	2.028	2.027	2.208
方法 2 励磁电压/p.u.	2.266	2.148	2.288	2.322
方法 1 无功功率/Mvar	48.64	75.45	103.03	171.44
方法 2 无功功率/Mvar	51.40	80.15	150.59	183.67
额定无功功率/Mvar	61.97	93.02	185.92	216.90

5.4　本 章 小 结

　　本章研究了电解铝负荷参与局域电网动态电压控制方法，以实际带电解铝负荷的局域电网为例，提出了一种基于广域信息的动态电压控制方法，设计了一种动态电压控制方法，以提高局域电网快速扰动下的电压水平，改善局域电网快速动态电压响应特性。利用广域信息得到了一种反映发电机动态电压特性的等效简化模型，而后建立基于广域信息的电力系统模型。采用 Padé 近似法补偿 WAMS 的控制时延，进而提出了一种局域电网动态电压控制模型。将动态电压控制问题转化为线性二次型跟踪控制问题，设计动态电压控制方法。通过对 WSCC-9 节点系统和实际局域电网的仿真分析，得到如下结论。

　　(1)与传统采用本地量测信息的反馈控制方式相比，本章所提广域动态电压控制方法，更有效地提高快速电压故障下的系统电压水平，改善系统快速动态电压响应特性。

（2）本章所采用的 Padé 近似法能较好地补偿 WAMS 的控制时延，对不同的 WAMS 时延具有较好的适应性。

（3）在本章所提动态电压控制方法实施后，发电机无功功率有较大幅度的增加。对局域电网而言，这可能导致发电机无功功率接近其额定无功功率，增加局域电网稳定运行的风险性。

参 考 文 献

[1] Cong L, Wang Y, Hill D J. Coordinated control design of generator excitation and SVC for transient stability and voltage regulation enhancement of multi-machine power systems[J]. International Journal of Robust and Nonlinear Control, 2004, 9-10(14): 789-805.

[2] Zhu C, Zhou R, Wang Y. A new decentralized nonlinear voltage controller for multi-machine power systems[J]. IEEE Transactions on Power Systems, 1998, 13(1): 211-216.

[3] Guo Y, Hill D J, Wang Y. Global transient stability and voltage regulation for power systems[J]. IEEE Transactions on Power Systems, 2001, 16(4): 678-688.

[4] Liu H, Hu Z, Song Y. Lyapunov-based decentralized excitation control for global asymptotic stability and voltage regulation of multi-machine power systems[J]. IEEE Transactions on Power Systems, 2012, 27(4): 2262-2270.

[5] Dasgupta S, Paramasivam M, Vaidya U, et al. Real-time monitoring of short-term voltage stability using PMU data[J]. IEEE Transactions on Power Systems, 2013, 28(4): 3702-3711.

[6] Makaro Y V, Du P W, Lu S, et al. PMU-based wide-area security assessment: Concept, method, and implementation[J]. IEEE Transactions on Smart Grid, 2012, 3(3): 1325-1332.

[7] 倪以信, 陈寿孙, 张宝霖. 动态电力系统的理论和分析[M]. 北京: 清华大学出版社, 2002.

[8] Rakpenthai C, Premrudeepreechacharn S, Uatrongjit S, et al. An optimal PMU placement method against measurement loss and branch outage[J]. IEEE Transactions on Power Delivery, 2007, 22(1): 101-107.

[9] Peng J, Sun Y, Wang H. Optimal PMU placement for full network observability using Tabu search algorithm[J]. International Journal of Electrical Power and Energy Systems, 2006, 28(4): 223-231.

[10] Huang L, Sun Y, Xu J, et al. Optimal PMU placement considering controlled islanding of power system[J]. IEEE Transactions on Power Systems, 2014, 29(2): 742-755.

[11] Chaudhuri B, Majumder R, Pal B C. Wide-area measurement-based stabilizing control of power system considering signal transmission delay[J]. IEEE Transactions on Power Systems, 2004, 19(4): 1971-1979.

[12] Wang S B, Meng X Y, Chen T W. Wide-area control of power systems through delayed network communication[J]. IEEE Transactions on Control Systems Technology, 2012, 20(2): 495-503.

[13] Probst A, Magaña M E, Sawodny O. Using a Kalman filter and a Pade approximation to estimate random time delays in a networked feedback control system[J]. IET Control Theory and Applications, 2009, 4(11): 2263-2272.

[14] Wu H X, Ni H, Heydt G T. The impact of time delay on robust control design in power systems[C]. Proceedings of the IEEE Power Engineering Society Transmission and Distribution Conference, New York, 2002: 1511-1516.

[15] Larsson M, Hill D J, Olsson G. Emergency voltage control using search and predictive control[J]. International Journal of Electrical Power and Energy Systems, 2002, 24(2): 121-130.

[16] 姜永永. 线性系统最优跟踪与扰动抑制研究[D]. 天津: 天津大学, 2010.

[17] 张锋. 线性二次型最优控制问题的研究[D]. 天津: 天津大学, 2009.

第6章 电解铝负荷参与互联电网联络线
功率波动控制方法

传统互联电力系统中各个区域电网的有功调节特性差异不大。当出现不平衡功率扰动时，各自区域内具有自动发电控制(automatic generation control，AGC)系统的同步电机组可以调节其输出功率，进而共同平抑区域间联络线的功率波动[1]。相比之下，含高渗透率风电的高耗能工业电网在调节手段和调节容量等方面都与大电网存在数量级上的明显差异。由于大电网的频率支撑，风电功率的波动将通过联络线由并网侧大电网平抑，并网型高耗能工业电网频率稳定问题能够得到保证。然而此种模式存在两方面的弊端：对于高耗能工业企业，大容量的联络线容量将产生巨额的联络线备用容量费，不利于企业的经济运行；对于大电网侧，当大量含高渗透率可再生能源的高耗能工业电网接入时，对大电网侧的安全运行将产生巨大压力，需要建设额外的快速调节发电机组。

风电功率的波动性是造成并网型高耗能工业电网与大电网之间联络线功率波动的主要原因。在小时级、分钟级和秒级等不同时间尺度，风电功率呈现出不同程度的波动性[2,3]。其中，超短期秒级的风电功率波动对电力系统有功调节速率提出了更高的要求，是目前联络线功率波动平抑的技术难点之一。然而，传统电源侧的燃煤火电机组受到其汽轮机调节速率的限制，难以有效跟踪和平抑此类超短期秒级的风电功率波动[4]。

国内外相关学者提出结合储能及需求侧响应协调控制含高渗透率微电网与大电网联络线传输功率，实现了对分布式可再生能源的功率波动平抑。文献[5]研究了空调温控负荷参与微电网联络线功率波动平抑。文献[6]提出了基于模型预测控制的变温度控制方法，控制热泵群功率匹配可再生能源功率。文献[7]考虑协调混合储能与热泵群出力，以用户建筑物作为热虚拟储能，实现了联络线功率平抑。在此基础上，文献[8]使用不同时间常数的巴特沃思滤波器，实现了联络线功率中高频成分和低频成分的解耦，通过虚拟储能和电池储能的协调控制，保证了负荷需求侧响应用户的舒适性并减少了电池储能的充放电频次，延长了电池寿命。文献[9]考虑了电动汽车集群储能特性，研究了集群电动汽车平抑联络线功率波动的方法。文献[10]通过需求侧响应资源与储能系统的配合解决了数据中心电力系统联络线功率波动的问题。文献[11]基于任务时延机制，对数据中心微网服务器进行时序控制，通过动态调整服务器群和蓄电池组的荷电状态平抑数据中心园区联络线功率波动。

　　直接负荷控制具有快速的功率调节特性,因此进行工业电网负荷侧功率控制是平抑联络线功率波动的有效方法。由第 2 章及第 5 章可知,电解铝负荷具有优质的快速调控特性,如果能够挖掘电解铝负荷调控特性,与自备火电机组二次调频协同运行,共同平抑高耗能工业电网内部风电功率波动,减少与大电网联络线的容量及功率支撑,有利于提高工业企业的经济性并减小大电网侧调节压力。因此,研究基于负荷调控的并网型高耗能工业电网联络线功率波动控制方法具有重要意义。

6.1　并网型高耗能工业电网特性分析

6.1.1　并网型高耗能工业电网联络线功率波动特性分析

　　并网型高耗能工业电网与大电网的连接模式如图 6.1 所示。区域一为高耗能工业电网,包括自备火电机组、电解铝负荷、风电场及扰动。区域二为大电网。高耗能工业电网与区域二的大电网通过联络线进行连接。大电网的容量远大于高耗能工业电网的容量。区域一内自备火电机组与风电机组为电解铝负荷及其他负荷供电,当内部供电能力不足时,通过联络线从区域二购电。为了控制成本,区域一需要控制联络线最大功率及功率波动量。

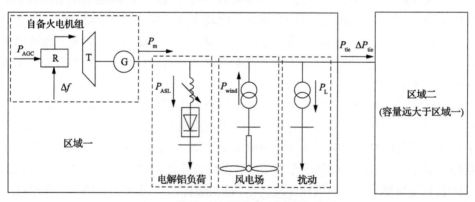

图 6.1　并网型高耗能工业电网等效模型

　　图 6.1 中,P_{AGC} 为区域一自备火电机组 AGC 有功出力,Δf 为区域一频率偏差,P_m 为调速器控制有功功率,P_{ASL}、P_L 分别为区域一电解铝负荷、其他负荷的有功功率,P_{wind} 为区域一自备风电场的有功出力,P_{tie} 为区域一和区域二联络线功率,ΔP_{tie} 为联络线功率变化量。

　　区域二的容量远大于区域一,通过联络线从区域二流向区域一的联络线功率变化量 ΔP_{tie} 可表述为

$$\Delta P_{\text{tie}} = \frac{\partial P_{\text{tie}}}{\partial \varphi_1} \Delta \varphi_1 + \frac{\partial P_{\text{tie}}}{\partial \varphi_2} \Delta \varphi_2 = \hat{P}_{\text{tie}}(\Delta \varphi_1 - \Delta \varphi_2) \tag{6.1}$$

式中，$\hat{P}_{\text{tie}} = \dfrac{U_1 U_2}{X} \cos(\varphi_1 - \varphi_2)$，$U_1$、$U_2$ 分别为区域一和区域二连接处的母线电压，φ_1、φ_2 分别为区域一和区域二功角，X 为区域一和区域二联络线阻抗。

由于高耗能工业电网连接的大电网容量远大于该高耗能工业电网，因此区域二系统频率可近似为常数：

$$\left(\frac{T_{\text{M}} S_{\text{B}}}{f_0}\right)_2 \left(\frac{T_{\text{M}} S_{\text{B}}}{f_0}\right)_1 \Rightarrow f_2 = \text{constant} \Rightarrow \Delta \varphi_2 = 0 \tag{6.2}$$

结合式(6.1)和式(6.2)可将联络线功率化简为

$$\Delta P_{\text{tie}} = \hat{P}_{\text{tie}} \Delta \varphi_1 = 2\pi \hat{P}_{\text{tie}} \int \Delta f_1 \mathrm{d}t \tag{6.3}$$

负荷扰动 $\Delta P_{\text{L}}(s)$ 以阶跃函数表示，通常设为阶跃函数，$\Delta P_{\text{L}}(s)$ 可表示为

$$\Delta P_{\text{L}}(s) = \frac{\Delta P_{\text{L}}}{s} \tag{6.4}$$

当系统出现功率扰动 $\Delta P_{\text{L}}(s)$ 时，工业园区内系统频率变化 $\Delta f(s)$ 为

$$\Delta f(s) = \frac{1}{Ms + D}\left[M(s)\left(\Delta P_{\text{c}} - \frac{1}{R}\Delta f(s) \right) - \Delta P_{\text{tie}}(s) - \frac{\Delta P_{\text{L}}}{s} \right] \tag{6.5}$$

结合式(6.3)与式(6.4)可得系统频率变化 Δf 为

$$\Delta f = \frac{s}{2\pi \hat{P}_{\text{tie}} + \left(D + \dfrac{M(s)}{R} \right)s + Ms^2}\left(M(s)\Delta P_{\text{c}} - \frac{\Delta P_{\text{L}}}{s} \right) \tag{6.6}$$

结合式(6.3)与式(6.4)可得联络线功率变化 ΔP_{tie} 为

$$\Delta P_{\text{tie}} = \frac{2\pi \hat{P}_{\text{tie}}}{2\pi \hat{P}_{\text{tie}} + \left(D + \dfrac{M(s)}{R} \right)s + Ms^2}\left(M(s)\Delta P_{\text{c}} - \frac{\Delta P_{\text{L}}}{s} \right) \tag{6.7}$$

根据终值定理可得，稳态频率变化量如下：

$$\Delta f_\infty = \lim_{s \to 0}(s \cdot \Delta f) = 0 \tag{6.8}$$

稳态联络线功率变化量如下：

$$\Delta P_{T\infty} = \lim_{s \to 0}(s \cdot \Delta P_T) = \Delta P_C - \Delta P_L \tag{6.9}$$

从式(6.9)可以看出，当该高耗能工业电网出现功率扰动后，系统频率由于大电网的支撑将维持恒定，系统出现的不平衡功率将由火电机组二次调频进行平抑，剩余的不平衡功率将造成联络线功率波动，由大电网侧进行平抑。

6.1.2 计及负荷控制的并网型高耗能工业电网频率响应模型

图 6.2 为考虑负荷控制的并网型高耗能工业电网调控模型。当火电机组自动发电控制及负荷调控能力投入该系统时，相同系统负荷扰动情况下，火电机组及负荷调节量分别为 ΔP_{AGC} 与 ΔP_{ASL}。

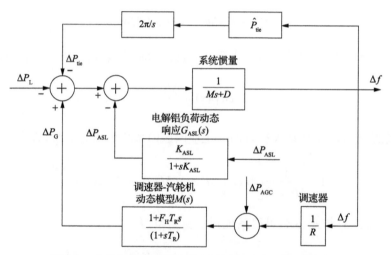

图 6.2 考虑负荷控制的并网型高耗能工业电网调控模型

图 6.2 中，M 为系统等效惯量系数，D 为系统等效阻尼系数，$M(s)$ 为调速器-汽轮机动态模型，T_R 及 F_H 为汽轮机时间常数，R 为一次调频下垂特性系数，$G_{ASL}(s)$ 为电解铝负荷动态响应，可用一阶惯性环节 $\dfrac{K_{ASL}}{1+sK_{ASL}}$ 描述。

当系统出现功率扰动时，工业园区内系统频率变化量为

$$\Delta f(s) = \frac{1}{Ms+D}\left[M(s)\left(\Delta P_{AGC} - \frac{1}{R}\Delta f(s) \right) - \Delta P_{tie}(s) - \frac{\Delta P_L}{s} - \frac{1}{1+sT_{ASL}}\Delta P_{ASL} \right] \tag{6.10}$$

系统频率变化 Δf 为

$$\Delta f = \frac{s}{2\pi \hat{P}_{\text{tie}} + \left[D + \dfrac{M(s)}{R} \right] s + Ms^2} \left(M(s)\Delta P_{\text{AGC}} - \frac{\Delta P_{\text{L}}}{s} - \frac{1}{1+sT_{\text{ASL}}} \Delta P_{\text{ASL}} \right) \quad (6.11)$$

联络线功率变化量 ΔP_{tie} 为

$$\Delta P_{\text{tie}} = \frac{2\pi \hat{P}_{\text{tie}}}{2\pi \hat{P}_{\text{tie}} + \left[D + \dfrac{M(s)}{R} \right] s + Ms^2} \left[M(s)\Delta P_{\text{AGC}} - \frac{\Delta P_{\text{L}}}{s} - \frac{1}{1+sT_{\text{ASL}}} \Delta P_{\text{ASL}} \right] \quad (6.12)$$

根据终值定理可得，稳态频率变化量为

$$\Delta f_{\infty} = \lim_{s \to 0}(s \cdot \Delta f) = 0 \quad (6.13)$$

稳态联络线功率变化量为

$$\Delta P_{\text{T}\infty} = \lim_{s \to 0}(s \cdot \Delta P_{\text{T}}) = \Delta P_{\text{AGC}} - \Delta P_{\text{L}} - \Delta P_{\text{ASL}} \quad (6.14)$$

从式(6.14)可以看出，当并网型高耗能工业电网出现功率扰动后，联络线功率变化与火电机组二次调频调节量及电解铝负荷调节量有关。通过协调火电机组二次调频与电解铝负荷调节，能够实现有效的联络线功率调节，减小联络线功率冲击。

6.2　并网型高耗能工业电网联络线功率波动控制方法

6.2.1　基于负荷控制的并网型高耗能工业电网联络线功率波动控制构架

由 6.1 节分析可知，协调火电机组二次调频与电解铝负荷调节能够有效地平抑并网型高耗能工业电网联络线功率波动。由于并网型高耗能工业电网无功功率充足，电解铝负荷高压侧交流电压难以调节，第 2 章提出的基于高压侧交流电压调节的方法无法实现。并网模式不影响高耗能稳流系统的控制作用，基于饱和电抗器的调节方法能够实现对电解铝负荷有功功率的调节。因此本节设计电解铝负荷与火电机组二次调频联合平抑联络线功率波动的协调控制系统，如图 6.3 所示。并网型工业电网系统状态 $x = \left[\Delta P_{\text{m}}, \Delta P_{\text{g}}, \Delta f, \Delta P_{\text{tie}}, \Delta P_{\text{ASL}} \right]$、风电功率扰动 ΔP_{wind} 及系统负荷扰动 $\Delta P_{\text{L},i}$ 通过广域量测系统上传至控制器，控制器将控制指令 $\Delta P_{\text{AGC}i}$、ΔP_{ASLref} 发送至电解铝负荷控制器及火电机组二次调频控制器，使得电解铝负荷及火电机组二次调频协调平抑联络线功率波动。

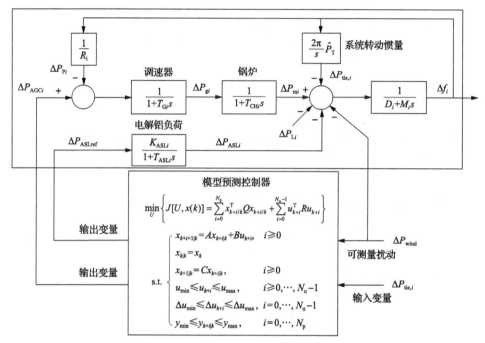

图 6.3　基于模型预测控制的高耗能工业电网联络线功率控制方法

采用模型预测控制器(model predictive control，MPC)解决高耗能工业电网联络线功率分配问题。模型预测控制具有显式处理约束能力，基于模型对系统未来动态行为的预测，将约束加到未来的输入、输出或状态变量上，将约束显式表示为一个在线求解的二次规划或者非线性规划问题[12]。模型预测控制的设计步骤如图 6.4 所示。首先，获取采样间隔为 k 的系统输出和状态的测量值，其次，在预测时域 N_P 内预测输出信号；将预测输出作为未知控制信号的函数，将已有输出、

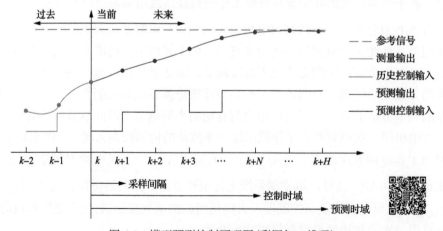

图 6.4　模型预测控制原理图(彩图扫二维码)

控制信号及量测输出作为已知量，根据系统模型在控制时域内进行计算；在给定约束条件下，对控制信号的目标函数进行在线优化；利用最优化过程获得第一个控制信号控制系统，直至获得新的量测值；在下一个采样时刻重复上述过程。

6.2.2　基于模型预测控制的联络线功率控制方法

基于模型预测控制，构建如图 6.3 所示的高耗能工业电网调频资源协调控制结构，并形成高耗能工业电网 MPC 优化问题：

$$\min_{U} \left\{ J[\boldsymbol{U}, \boldsymbol{x}(k)] = \sum_{i=0}^{N_p} \boldsymbol{x}_{k+i/k}^{\mathrm{T}} \boldsymbol{Q} x_{k+i/k} + \sum_{i=0}^{N_u-1} \boldsymbol{u}_{k+i}^{\mathrm{T}} \boldsymbol{R} u_{k+i} \right\}$$

$$\text{s.t.} \begin{cases} x_{k+i+1|k} = A x_{k+i|k} + B u_{k+i}, & i \geqslant 0 \\ x_{k|k} = x_k \\ y_{k+i|k} = C x_{k+i|k}, & i \geqslant 0 \\ u_{\min} \leqslant u_{k+i} \leqslant u_{\max}, & i = 0, \cdots, N_u - 1 \\ \Delta u_{\min} \leqslant \Delta u_{k+i} \leqslant \Delta u_{\max}, & i = 0, \cdots, N_u - 1 \\ y_{\min} \leqslant y_{k+i|k} \leqslant y_{\max}, & i = 0, \cdots, N_p \end{cases} \tag{6.15}$$

式中，$\boldsymbol{x} = \left[\Delta P_m, \Delta P_g, \Delta f, \Delta P_{\text{tie}}, \Delta P_{\text{ASL}} \right]$ 为系统状态变量；$\boldsymbol{u} = \left[\Delta P_{\text{AGC}}, \Delta P_{\text{ASLC}} \right]$ 为自备火电机组二次调频参考值及电解铝饱和电抗器参考值，作为系统控制变量；$\boldsymbol{y} = \left[\Delta P_{\text{tie}}, \Delta f \right]$ 为系统联络线功率变化及系统频率变化量，作为系统输出变量；$\boldsymbol{U} = [u_k^{\mathrm{T}}, \cdots, u_{k+N_u-1}^{\mathrm{T}}]$ 为最优化变量；$\boldsymbol{Q}$ 和 $\boldsymbol{R}$ 分别为代价函数的权重系数矩阵；N_p 和 N_u 分别为预测步长与控制步长。

风电功率波动作为负的扰动输入系统。约束条件包括自备火电机组二次调节能力上下限，电解铝负荷调节能力上下限，火电机组二次调频速率限制。风电功率变化作为可观测扰动输入至 MPC。

将式 (6.15) 改写为以下形式：

$$\min_{U \triangleq \{u_1, \cdots, u_{t+N_u-1}\}} \left\{ J[\boldsymbol{U}, \boldsymbol{x}(t)] = x_{t+N_y|t} \boldsymbol{P} x_{t+N_y|t} + \sum_{k=0}^{N_y-1} [x_{t+k|t} \boldsymbol{Q} x_{t+k|t} + u_{t+k} \boldsymbol{R} u_{t+k}] \right\}$$

$$\text{s.t.} \begin{cases} y_{\min} \leqslant y_{t+k|t} \leqslant y_{\max}, & k = 1, \cdots, N_c \\ u_{\min} \leqslant u_{t+k} \leqslant u_{\max}, & k = 1, \cdots, N_c \\ x_{t|t} = x(t) \\ x_{t+k+1|t} = A x_{t+k|t} + B u_{t+k}, & k \geqslant 0 \\ x_{t+k|t} = C x_{t+k|t}, & k \geqslant 0 \\ u_{t+k} = K x_{t+k|t}, & N_u \leqslant k < N_y \end{cases} \tag{6.16}$$

式中，$P \in \mathbf{R}^{n_x \times n_x}$，$Q \in \mathbf{R}^{n_x \times n_x}$ 为半正定矩阵；$R \in \mathbf{R}^{n_u \times n_u}$ 为正定矩阵；N_y、N_u、N_c 分别为输出时域长度、输入时域长度和约束时域长度。$x_{t+k|t}$ 为 $t+k$ 时刻的预测状态变量，由输入序列 $u_t, \cdots, u_{t+k-1}$ 代入式(6.16)求得，如下：

$$x_{t+k|t} = A^k x(t) + \sum_{j=0}^{k-1} A^j B u_{t+k-1-j} \tag{6.17}$$

将式(6.17)代入式(6.16)进行替换，可以得到以下形式：

$$U[x(t)] = \frac{1}{2} x'(t) Y x(t) + \min_U \left\{ \frac{1}{2} U' H U + x'(t) F U, \right. \tag{6.18}$$
$$\left. \text{s.t.} \ \ G U \leqslant W + E x(t) \right\}$$

式中，$U \triangleq [u_t', \cdots, u_{t+N_u-1}']' \in \mathbf{R}^s$，$s \triangleq m N_u$，为优化向量；$H$、$F$、$Y$、$G$、$E$ 为常数参数，可通过 Q、R 及式(6.18)计算得到。

上述问题是一个二次型规划问题，通过在线计算可求解。然而由于模型预测控制需要在线求解该二次型优化问题，涉及大量计算量和计算时间，因此模型预测控制只能用于采样周期较大的慢动态变化过程，如炼油、石化等领域，对于采样频率快，对实时性要求高的系统，常规模型预测控制难以满足要求，因此常规模型预测控制在快速动态系统中的实际应用受到了限制。为了提高模型预测控制的求解速度，本章采用显式模型预测控制器，将在下面进行阐述。

6.3 基于显式模型预测控制的快速求解方法

6.3.1 显式模型预测控制器离线计算过程

显式模型预测控制于 2002 年由 Bemporad 提出，在无人驾驶、机器人控制方面得到了广泛的应用[13-15]。显式模型预测控制的思路是将传统模型预测控制的在线优化计算转化为离线预计算。引入多参数规划理论，将参数空间划分为多个凸区域，离线计算得到每个状态分区的最优显式控制律。实时在线计算过程的工作只需要判断系统的当前状态所属的可行状态分区，获得对应于该可行状态分区的控制律，从而将传统模型预测控制在线优化的计算过程进行简化，大大提高计算效率。基于显式模型预测控制结构图如图 6.5 所示。

以下对显式模型预测控制的原理进行阐述。

定义 $z \triangleq U + H^{-1} F' x(t)$，$z \in \mathbf{R}^s$，可将式(6.11)转化为标准多参数二次规划问题：

$$U_z(x) = \min_z \frac{1}{2} z'Hz \tag{6.19}$$
$$\text{s.t.} \quad Gz \leqslant W + Sx(t)$$

式中，$S \triangleq E + GH^{-1}F'$，$U_z(x) = U(x) - \frac{1}{2}x'(Y - FH^{-1}F')x$，$F'$ 为常数参数。

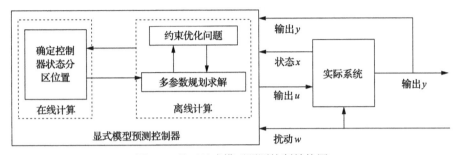

图 6.5　基于显式模型预测控制结构图

定义一个参数多面体集合：

$$X = \left\{ x \in \mathbf{R}^n : S_1 x \leqslant S_2 \right\} \subset \mathbf{R}^n \tag{6.20}$$

式中，$X^* \subseteq X$ 表示式(6.19)的可行参数域。对于任意 $\bar{x} \in X^*$，价值函数 U_z^* 表示式(6.19)对 $x = \bar{x}$ 的代价函数最小，对应的最优值函数为 $z^*(x)$。对于多参数二次规划问题，核心目的是得到参数的可行域 $X^* \subseteq X$，并找到价值函数 V_z^* 及最优值函数 $z^*(x)$。最优值函数 $z^*(x)$ 是关于 x 的分段仿射函数。

求解多参数二次规划问题的第一步需要得到初始向量 $x = x_0$，使得多参数二次规划问题对于该初始向量可行。选取定义域 X 里切比雪夫球的中心作为初始状态，可以证明该初始向量可求解上述多参数二次规划问题，并能够得到唯一确定的最优解 z_0。

定义有效约束。若 $G_i z(x) - W_i - S_i x = 0$，则称该约束为有效约束(active constraints)，使用 $\tilde{G}$、$\tilde{W}$、$\tilde{S}$ 表示；若 $G_i z(x) - W_i - S_i x < 0$，则称该约束为非有效约束(inactive constraints)，使用 $\breve{G}$、$\breve{W}$、$\breve{S}$ 表示。

定义临界域 CR_0。对于给定的 $x^* \in X$，满足

$$\text{GR}_0 = \{ G_i z^*(x) - S_i x = W_i \} \tag{6.21}$$

则称 CR_0 为有效约束集合构成的临界域。

给出以下定理，令 $H \succ 0$，假设有效约束集合，其中 $\tilde{G}$ 的每一行都是线性无关的，则该有效约束组合构成的临界域 CR_0 上，最优值函数及拉格朗日乘子向量

可以唯一定义为临界域 CR_0 内参数 x 的分段仿射函数。

式(6.21)的 KKT(Karush-Kuhn-Tucker)可表示为

$$Hz + G'\lambda = 0, \quad \lambda \in \mathbf{R}^q \tag{6.22a}$$

$$\lambda_i(G^i z - W^i - S^i x) = 0, \quad i = 1, \cdots, q \tag{6.22b}$$

$$\lambda \geqslant 0 \tag{6.22c}$$

$$Gz \leqslant W + Sx \tag{6.22d}$$

通过求解式(6.22a)得到

$$z = -H^{-1}G'\lambda \tag{6.23}$$

将式(6.22a)代入式(6.22b)可得互补松弛条件：

$$\hat{\lambda}(-GH^{-1}G'\tilde{\lambda} - W - Sx) = 0 \tag{6.24}$$

式中，$\hat{\lambda}$、$\tilde{\lambda}$ 分别为拉格朗日乘数对应的无效约束和有效约束。对于无效约束，$\hat{\lambda} = 0$；对于有效约束，$\tilde{\lambda} \neq 0$，则

$$\tilde{\lambda} = -(\tilde{G}H^{-1}\tilde{G}')^{-1}(\tilde{W} + \tilde{S}x) \tag{6.25}$$

式中，$\tilde{G}$、$\tilde{W}$、$\tilde{S}$ 分别为有效约束组合，并且由于 $\tilde{G}$ 是线性独立的，因此 $(\tilde{G}H^{-1}\tilde{G}')^{-1}$ 存在。

λ 是关于状态 x 的显式仿射函数。将 $\tilde{\lambda}$ 代入式(6.22)可以得到

$$z = H^{-1}\tilde{G}'(\tilde{G}H^{-1}\tilde{G}')^{-1}(\tilde{W} + \tilde{S}x) \tag{6.26}$$

因此控制律是关于状态 x 的显式仿射函数。通过上述表达式得到初始状态对应的临界区域。通过式(6.26)及式(6.22b)，可得

$$CH^{-1}\tilde{G}'(\tilde{G}H^{-1}\tilde{G}')^{-1}(\tilde{W} + \tilde{S}x) \leqslant W + Sx \tag{6.27}$$

$$-(\tilde{G}H^{-1}\tilde{G}')^{-1}(\tilde{W} + \tilde{S}x) \geqslant 0 \tag{6.28}$$

通过消除上述不等式的冗余不等式，可以得到初始状态 x_0 对应的临界区域 CR_0。

将所得到的控制律 z 代入式(6.20)，可得控制序列 U 关于状态 x 的显式表达式：

$$U = H^{-1}\tilde{G}'(\tilde{G}H^{-1}\tilde{G}')^{-1}(\tilde{W} + \tilde{S}x) - H^{-1}F'x(0) \tag{6.29}$$

根据滚动优化原理，取控制序列 U 的第一项作用于被控对象。一旦定义了临界区域 CR_0，可以得到状态空间 X 的剩余部分 CR_{rest}。对于每一个分区 CR_i，$i \in \{1, \cdots, n\}$，n 为状态分区个数，采用上述同样的方法可以得到对应的状态分区及相应的控制律。

通过以上方法可以离线求解多参数规划问题，从而得到式(6.20)的最优解：

$$U_t^* = U^*[x(t)] \tag{6.30}$$

模型控制器的最优输出：

$$u(t) = [I \quad 0 \quad \cdots \quad 0]U^*[x(t)] \tag{6.31}$$

6.3.2　显式模型预测控制器在线计算过程

检测系统当前状态，确定该状态所属的控制器分区，根据与该分区对应的子控制律进行计算从而得到当前时刻系统的输入。在线计算准备工作包括：形成常规的模型预测控制优化问题；确定模型预测控制器固定参数，包括预测模型、比例因子、权重系数，以及约束边界。明确模型预测控制器参数及控制律上下限约束。

在操作期间，对于给定的 $x(k)$，显式 MPC 控制器执行以下步骤。

步骤 1：验证 $x(k)$ 是否满足约束 $x_l \leqslant x(k) \leqslant x_u$。如果不满足，控制器将返回错误状态并设置 $u(k)=u(k-1)$；如果满足该约束，执行步骤 2。

步骤 2：从区域 $i=1$ 开始，依次监测 $x(k)$ 是否属于区域 i，如果 $H_i x(k) \leqslant K_i$，则 $x(k)$ 属于区域 i；如果 $x(k)$ 属于区域 i，执行步骤 3；否则执行步骤 4。

步骤 3：根据 F_i 和 G_i 计算控制律 $u(k)=F_i x(k)+G_i$，返回状态代码及索引 i 表示成功完成。返回时不测试其他区域。

步骤 4：如果 $x(k)$ 不属于区域 i，计算违反项 v_i，该违反项为$[H_i x(k)-K_i]$中的最大值。如果违反项 v_i 是 $x(k)$ 的最小违反项，则控制器设置 $j=i$ 及 $v_{min}=v_i$。执行步骤 5。

步骤 5：控制器递增 i 并测试下一个区域。

步骤 6：如果所有区域都已经通过测试并且 $x(k)$ 不属于任何区域，则控制器从存储器中获得 F_j 和 G_j，并计算 $u(k)=F_j x(k)+G_j$。

根据显式模型预测控制算法，得到控制器：

$$u^*[x(k)] = \begin{cases} F_1 x(k) + G_1, & x(k) \in P_1 \\ \quad\vdots \\ F_M x(k) + G_M, & x(k) \in P_M \end{cases} \tag{6.32}$$

式中，M 为控制器分区数，根据 6.2.1 节模型预测控制的设计步骤离线计算。由于控制器中状态与输入是显式关系，因此根据在线计算过程，可以得到系统的输入。

6.4　仿　真　分　析

6.4.1　算例系统

本节研究显式模型预测控制在并网型高耗能工业电网上的应用。在第 4 章研究的蒙东局域电网的基础上，增加与大电网连接的联络线，如图 6.6 所示。火电机组总装机容量为 1800MW，风力发电总装机容量为 800MW，电解铝负荷总装机容量为 1390MW。假定与大电网连接的联络线容量为 100MW。

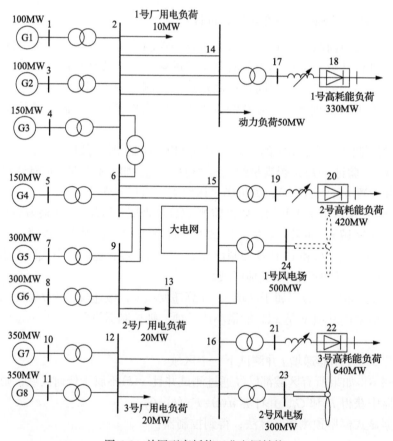

图 6.6　并网型高耗能工业电网结构

首先根据式 (6.30) 设计基于该局域电网的模型预测控制器。约束条件主要考虑火电机组出力上下限及调节速率限制和电解铝负荷出力上下限。预测步长 N_p=5，

控制步长 N_c=3，状态权重 Q=1000，输入权重为 R=100，使用显式模型预测控制方法求解上述问题，离线计算得到被控系统的状态分区及控制律，共有 1732 个分区，分区图如图 6.7 所示。

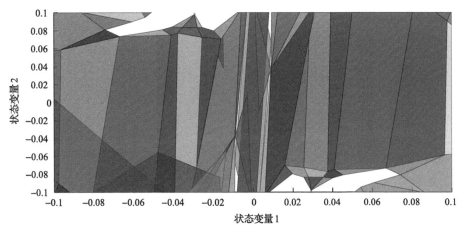

图 6.7　显式模型预测控制多面体分区图

6.4.2　风电功率波动场景下联络线功率波动抑制效果验证

本节主要分析风电功率波动场景下，电解铝负荷参与平抑联络线功率的效果。风电功率变化序列总时长为 1h，采样间隔为 1s，风电功率 1h 内最大功率变化量为 80MW。风电功率波动场景下，对比火电机组自动发电控制器、PID 控制器及模型预测控制器作用下联络线功率的波动情况。

1. 不同控制器控制效果对比

三种控制器下联络线功率变化及电解铝负荷功率变化如图 6.8 和图 6.9 所示。仅采用火电机组自动发电控制器时，火电机组调节速率受限，难以跟随风电功率的快速波动，导致联络线功率波动剧烈，最大联络线功率波动量达到 20MW。PID 控制器可以协调火电机组与电解铝负荷共同平抑风电功率波动，该控制器利用负的 ACE 信号分别作为火电机组和电解铝负荷的控制量信号，导致电解铝负荷功率频繁波动，不利于电解铝负荷的正常生产。与前两种控制器相比，模型预测控制器具有良好的控制效果。如图 6.8 所示，联络线功率波动严格限制在 ±10MW 范围内。同时，与前两种控制器相比，模型预测控制器作用下电解铝负荷功率的波动也明显减少。由于火电机组调节速率较慢但可调容量较大，电解铝负荷调节速率快，但为了保证正常生产可调容量一般较小。因此通过设置模型预测控制权重系数，优先利用火电机组的调节能力平抑联络线功率波动，在火电机组调节能力不足的情况下，电解铝负荷参与调节，如图6.9所示。此外，一旦火电机组恢复调节能力，电解铝负荷将迅速恢复至正常运行状态，保证电解铝负荷的正常生产。

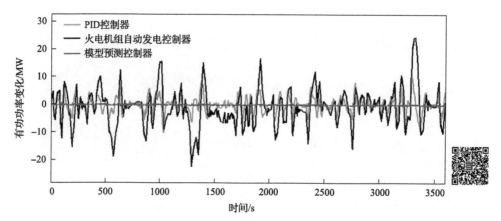

图 6.8　不同控制器作用下联络线功率变化(彩图扫二维码)

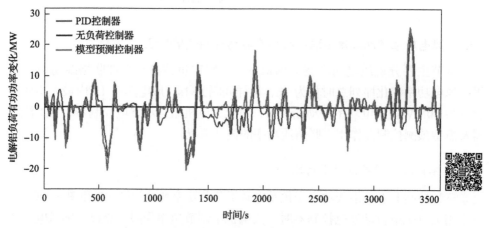

图 6.9　不同控制器作用下电解铝负荷功率变化(彩图扫二维码)

2. 不同负荷权重系数下控制效果对比

模型控制器中负荷权重系数决定了平抑联络线功率的效果。采用不同负荷权重系数下调节效果的对比如图6.10及图6.11所示。图6.10中红色曲线、蓝色曲线和黑色曲线分别代表负荷权重系数为100、负荷权重系数为500及负荷权重系数为1000时联络线功率的变化情况。图6.11中红色曲线、蓝色曲线和黑色曲线分别代表负荷权重系数为100、负荷权重系数为500及负荷权重系数为1000时电解铝负荷功率的变化情况。

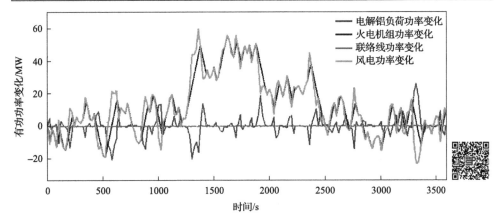

图 6.10　风电功率波动场景下，模型预测控制的联络线功率平抑效果(彩图扫二维码)

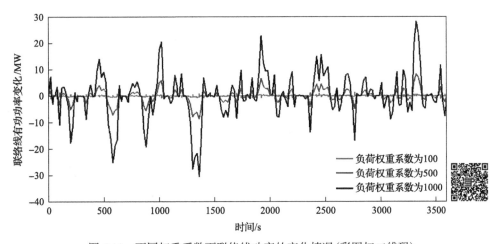

图 6.11　不同权重系数下联络线功率的变化情况(彩图扫二维码)

从图 6.10 和图 6.11 可以看出负荷权重系数越大，负荷调节的代价越大，因此负荷功率的波动越小，联络线功率的调节效果也将变差。负荷权重系数越小，负荷调节的代价减小，负荷功率波动更频繁，使得联络线功率的调节效果更佳。因此通过选择合适的负荷权重系数，可以在实现平抑联络线功率波动的前提下尽量地减小对电解铝负荷功率的影响。综上所述，在风电功率波动场景下，模型预测控制器具有以下优点。

(1)基于高精度超短期风电功率预测的基础上，模型预测控制器可以利用预测模型预测系统未来的动态，同时在控制过程中考虑系统的约束条件，因此与传统的仅基于当前和历史信息的 PID 控制器相比较，具有更加明显的平抑效果。在不同风电功率波动场景下，均能够使联络线功率波动控制在合理的范围之内。

(2)模型预测控制器充分地利用火电机组二次调频调节容量充足与电解铝负

荷调节速度快的优势，优先使用火电机组进行调节，并充分地发挥电解铝负荷快速调节的能力。通过两者协调配合，能够平抑风电功率的大幅度快速波动，并减少对电解铝负荷正常生产的影响，更有利于电解铝负荷的正常生产。

6.4.3　风电场跳闸场景下联络线功率波动抑制效果验证

本节考虑紧急情况下联络线功率控制的方法。考虑风电场在运行过程中部分风电机组突然脱网。总仿真时长为300s，其中模型预测控制器的控制周期为50s。

首先考虑30台风电机组突然脱网，将造成60MW的功率扰动。利用三种控制器对联络线功率进行控制，该系统联络线功率及电解铝负荷功率动态变化情况分别如图6.12和图6.13所示。

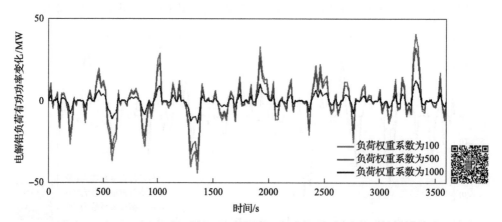

图 6.12　不同负荷权重系数下电解铝负荷功率变化情况（彩图扫二维码）

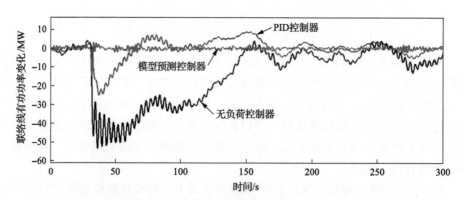

图 6.13　极端功率波动性在不同控制器作用下联络线功率平抑效果

风电机组跳闸造成的快速扰动将迅速体现在联络线功率。火电机组二次调频响应速度慢，在扰动发生的时刻，火电机组来不及调节，联络线功率波动剧烈，随着火电机组二次调频逐渐爬坡，联络线功率逐渐恢复正常，整个时间约为

150s。风电功率的瞬间扰动对联络线的功率造成了巨大的影响。传统的 PI 控制器利用联络线的比例信号和积分信号之和作为反馈信号，因此在扰动发生的时刻，电解铝负荷的功率几乎没有变化，电解铝负荷无法及时地参与联络线功率平抑，导致联络线功率波动较大。随后，风电机组跳闸造成的不平衡功率由电解铝负荷与火电机组共同平抑。

与前两种控制器比较，模型预测控制器在风电机组跳闸后迅速减小电解铝负荷的功率以填补系统产生的功率缺额，如图 6.14 所示，电解铝负荷在 5s 内下降40MW，使得联络线功率在该瞬间仍维持在较小的波动范围内。此后，随着火电机组通过二次调频逐渐增加出力，电解铝负荷逐渐恢复至其正常运行功率。从图 6.15 可以看出，整个过程中，电解铝负荷仅在最初阶段提供主要功率支撑，随后逐渐恢复至正常运行水平。

在不同负荷权重系数作用下，联络线及电解铝负荷功率变化曲线如图 6.16 和图 6.17 所示。

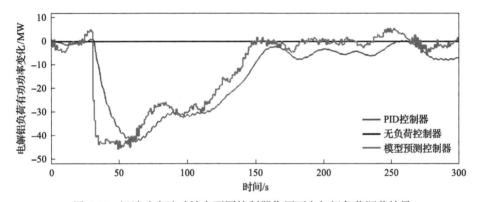

图 6.14　极端功率波动性在不同控制器作用下电解铝负荷调节效果

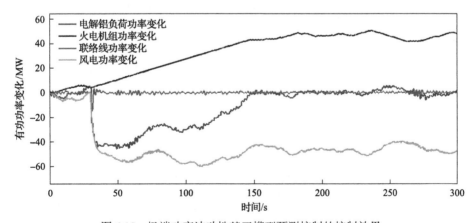

图 6.15　极端功率波动性基于模型预测控制的控制效果

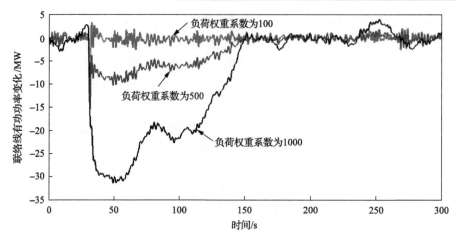

图 6.16　不同负荷权重系数下联络线功率变化曲线

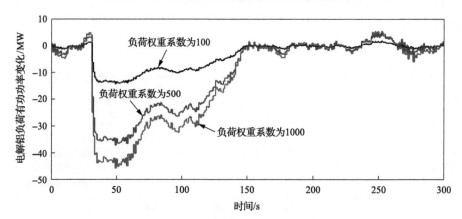

图 6.17　不同负荷权重系数下电解铝负荷功率变化曲线

考虑更大幅度的风电机组脱网故障，50 台风电机组同时脱网，造成 100MW 风电功率扰动。在模型预测控制作用下，联络线功率波动、火电机组功率变化、电解铝负荷功率变化如图 6.18 所示。

虽然该风电功率扰动更大，电解铝负荷仍然能够快速响应系统出现的不平衡功率，迅速降低其功率跟随风电功率的扰动。由于系统出现的扰动大，火电机组在 300s 内一直处于爬坡状态。随着火电机组出力的调整，电解铝负荷功率逐渐恢复，整个过程中，联络线最大功率波动仅为 20MW。

综上所述，在火电机组切除场景下，模型预测控制器具有以下优点。

(1)由于模型预测控制器可以利用预测模型预测系统未来动态信息，因此，与只利用系统当前及过去信息的 PID 控制器相比，模型预测控制器能够有效地改善联络线最大功率波动。同时，与 PID 控制器相比，模型预测控制器对应的联络线功率波动时间明显缩短。因此，模型预测控制器具有更好的控制效果，更有利于系统的安全稳定运行。

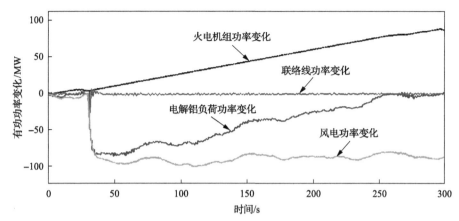

图 6.18　极端风电功率扰动下模型预测控制平抑效果

(2)模型预测控制器可以更合理地利用电解铝负荷参与系统调频。当风电场大量脱网造成瞬间不平衡功率时，该控制器可以快速调整电解铝负荷功率以减小系统功率的不平衡量；同时该控制器通过调整火电机组的出力以减小电解铝负荷功率调整量，从而将电解铝负荷功率恢复至额定值。因此，模型预测控制器能够更合理地利用电解铝负荷参与联络线功率平抑，降低对电解铝负荷生产的影响。

6.5　本 章 小 结

本章研究了电解铝负荷参与互联电网联络线功率波动控制的方法，通过电解铝负荷与火电机组联合控制，平抑了风电功率波动造成的联络线功率波动，保证了并网型高耗能工业电网的安全经济运行。

(1)本章发掘了电解铝负荷在二次调频时间尺度的调节潜力，提出了电解铝负荷与火电机组二次调频平抑并网型高耗能工业电网联络线功率波动的方法。

(2)本章建立了并网型高耗能工业电网联络线调控模型，提出了模型预测控制器，以平抑联络线功率波动为目标，协调电解铝负荷与火电机组二次调频，实现了在不同风电功率波动场景下的联络线功率平抑。

(3)本章提出了基于显式模型预测控制的方法，使用离线优化代替传统模型预测控制的在线优化，提高了模型预测控制的计算速率，在实际系统中更具有实用性。

参 考 文 献

[1] Bevrani H. Robust Power System Frequency Control[M]. Berlin: Springer, 2009.

[2] Sorensen P, Cutululis N A, Vigueras-Rodríguez A, et al. Power fluctuations from large wind farms[J]. IEEE Transactions on Power Systems, 2007, 22(3): 958-965.

[3] Soman S S, Zareipour H, Malik O, et al. A review of wind power and wind speed forecasting methods with different time horizons[C]. North American Power Symposium, Piscataway, 2010: 1-8.

[4] Pourbeik P. Dynamic Models for Turbine-Governors in Power System Studies[S]. IEEE Task Force on Turbine-Governor Modeling, Piscataway, 2013.

[5] 潘浩, 彭潇, 潘舒扬, 等. 考虑空调负荷的微网联络线功率波动平抑方法[J]. 南方电网技术, 2016, 10(8): 56-60.

[6] 施金晓, 黄文焘, 邰能灵, 等. 计及群控电热泵的微网联络线功率平滑策略[J]. 电力自动化设备, 2017, 37(6): 201-208.

[7] 王冉. 平抑微网联络线功率波动的电池与虚拟储能协调控制策略[D]. 天津: 天津大学, 2016.

[8] 王冉, 王丹, 贾宏杰, 等. 一种平抑微网联络线功率波动的电池及虚拟储能协调控制策略[J]. 中国电机工程学报, 2015, 35(20): 5124-5134.

[9] 王明深, 穆云飞, 贾宏杰, 等. 考虑电动汽车集群储能能力和风电接入的平抑控制策略[J]. 电力自动化设备, 2018, 38(5): 218-226.

[10] Hao W, Ye Z. Renewable energy-aware demand response for distributed data centers in smart grid[C]. Green Energy and Systems Conference, Long Beach, 2016.

[11] 杨挺, 李洋, 盆海波, 等. 基于需求侧响应的数据中心联络线功率控制方法[J]. 中国电机工程学报, 2017, 37(19): 13-24.

[12] Omara H, Bouffard F. A methodology to study the impact of an increasingly nonconventional load mix on primary frequency control[C]. IEEE Power and Energy Society General Meeting, Piscataway, 2009: 1-7.

[13] Huang H, Li F. Sensitivity analysis of load-damping characteristic in power system frequency regulation[J]. IEEE Transactions on Power Systems, 2013, 28(2): 1324-1335.

[14] 陈慈轩. 电气工程基础[M]. 北京: 中国电力出版社, 2004.

[15] Sewell G. Computational Methods of Linear Algebra[M]. New York: John Wiley and Sons, 2005.

第7章　电解铝负荷参与互联电网低频振荡控制方法

直接负荷控制(direct load control, DLC)的发展使得电解铝负荷具备进行快速功率调节的能力, 能够及时地响应电力系统中的区间模态振荡[1]。然而, 目前的直接负荷控制研究集中于电力系统调频控制方法, 尚未在电力系统阻尼控制方法方面形成系统性的研究。因此, 为填补负荷阻尼控制研究的空白, 本章以电解铝负荷为典型的控制对象, 提出面向电解铝负荷的广域阻尼控制结构。

在风电接入的背景下, 风电输出功率的随机性会造成电力系统的运行平衡点概率化[2]。传统的阻尼控制器设计方法[3-7]依赖于线性化模型, 对系统平衡点变化较为敏感。若电力系统运行方式偏离所设计的平衡点时, 广域阻尼控制器的控制效果不能得到保证。同时, 广域信号在反馈过程中会引入不同大小的时延, 也将影响广域阻尼控制器的控制效果[8]。因此, 控制效果的鲁棒性是进行负荷侧广域阻尼控制的技术要点, 以减小风电随机性和广域时延对阻尼控制器性能的影响。

基于上述电解铝负荷阻尼控制的背景, 本章首先基于单机带负荷无穷大系统推导出电解铝负荷所提供的阻尼转矩表达式, 并揭示电解铝负荷的接入对电力系统低频振荡的影响机理。然后, 以典型的电解铝负荷为例, 提出一种面向电解铝负荷的广域阻尼控制架构。其中, 所设计的负荷阻尼控制器(load damping controller, LDC)可以连续地动态控制电解铝负荷吸收的有功功率, 在同步电机转子上提供正相位的阻尼转矩。最后, 在考虑广域阻尼控制的鲁棒性和广域准分散式控制结构的约束条件下, 提出一种负荷侧广域阻尼控制器的序列鲁棒设计方法, 使得不同整定序列下控制器的阻尼任务更为均匀。研究结果表明, 针对目前广泛接入的电解铝负荷, 本章提出的LDC能够有效地提升电力系统抑制区间模态振荡的能力; 针对风电接入后电力系统的概率化运行方式和广域时延的影响, 本章设计的LDC表现出良好的鲁棒性。

7.1　电解铝负荷对电网低频振荡的影响机理

电解铝负荷对电力系统低频振荡的影响机理目前尚不明确。早期的研究工作[9,10]依赖于数值仿真方法, 无法获得机理层面的影响结论, 不能为实际的电解铝负荷接入提供指导性意见。探究电解铝负荷对电力系统低频振荡的影响机理是后续对其进行阻尼控制的基础性问题。

7.1.1　单机电力系统的分析

　　实际多机电力系统低频振荡往往会涉及多台同步电机组，难以获得其显示表达式，造成了多机系统中低频振荡机理分析的困难[11-13]。目前，大多数研究则采用"先对单机系统进行机理分析，再利用多机系统进行仿真验证"的方式来分析不同因素对电力系统低频振荡的影响[14-16]。因此，本节为研究电解铝负荷对电力系统低频振荡的影响机理，先以单机带负荷无穷大系统作为分析模型，如图 7.1 所示。其中，同步电机 G 采用经典的三阶模型并安装了高增益快速励磁系统；同步电机的机端母线接入电解铝负荷 VL；同步电机通过联络线 X_t 与无穷大母线相连。此时，同步电机的输出功率 P_G 可以分为两部分：本地电解铝负荷所消耗的功率 P_L 和馈入无穷大系统的功率 P_T。图 7.1 中，E_q' 为同步电机 q 轴的暂态电势，δ 为同步电机的转子角。

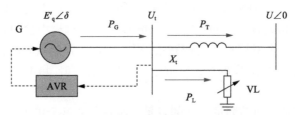

图 7.1　单机带负荷无穷大系统模型

　　典型的电解铝负荷的电压-功率特性可以通过幂函数形式表示[11,17]：

$$P_L(U_t) = P_0 \left(\frac{U_t}{U_0} \right)^{\alpha} \tag{7.1}$$

式中，P_0 和 U_0 为额定条件下电解铝负荷的吸收功率和端电压；U_t 为实际电解铝负荷的端电压；α 为幂指数。当幂指数 α 分别为 0、1 和 2 时，电解铝负荷 VL 对应的负荷类型分别为恒功率(constant power，CP)负荷、恒电流(constant current，CC) 负荷和恒阻抗(constant impedance，CI)负荷。

　　假设图 7.1 所示的单机带负荷无穷大系统运行在某一平衡点，对其进行平衡点线性化可以得到相关电气量的增量值：电磁转矩增量 ΔM_e，同步电机 q 轴暂态电势增量 $\Delta E_q'$，电解铝负荷 VL 的端电压增量 ΔU_t 及其吸收的有功功率增量 ΔP_L，具体表达式为

$$\begin{cases} \Delta M_e = K_1 \Delta \delta + K_2 \Delta E_q' \\ \Delta E_q' = G_3 (\Delta E_{fd} - K_4 \Delta \delta) \\ \Delta U_t = K_5 \Delta \delta + K_6 \Delta E_q' \\ \Delta P_L = K_L \Delta U_t \end{cases} \tag{7.2}$$

$$G_3 = \frac{K_3}{HK_3 T'_{d0} s}, \quad \Delta E_{fd} = -G_e \Delta U_t = \frac{K_A}{HT_e s} \Delta U_t, \quad K_L = \alpha \frac{P_0}{U_0}$$

式中，$K_1 \sim K_6$ 为该系统线性化后简化表示的系数，其具体表达式如式(7.3)所示；ΔE_{fd} 为励磁系统输出电压的增量值；K_A 和 T_e 分别为励磁系统的增益和时间常数；T'_{d0} 为同步电机 d 轴的开路时间常数；K_L 为电解铝负荷吸收功率对端电压变化的灵敏系数；H 为同步电机惯性时间常数。

$$
\begin{aligned}
K_1 &= \frac{X_q - X'_d}{X'_d + X_t} i_{q0} U \sin \delta_0 + \frac{U \cos \delta_0}{X_q + X_t} E_{q0} \\
K_2 &= \frac{X_q + X_t}{X'_d + X_t} i_{q0}, \quad K_3 = \frac{X'_d + X_t}{X_d + X_t} \\
K_4 &= \frac{X_d - X'_d}{X'_d + X_t} U \sin \delta_0 \\
K_5 &= \frac{U}{U_{t0}} \left(\frac{X_q}{X_q + X_t} U_{td0} \cos \delta_0 - \frac{X'_d + X_t}{X_d + X_t} U_{tq0} \sin \delta_0 \right) \\
K_6 &= \frac{U_{tq0}}{U_{t0}} \frac{X_t}{X'_d + X_t}
\end{aligned}
\tag{7.3}
$$

式中，X_d 与 X_q 分别为同步电机 d 轴和 q 轴的电抗值；X'_d 为同步电机 d 轴的暂态电抗值；X_t 为外部联络线的电抗值；δ 为同步电机的转子角；i_q 为同步电机定子电流的 q 轴分量；U_{td} 与 U_{tq} 分别为端电压 U_t 的 d 轴和 q 轴分量；下标"0"表示该变量数值为平衡点处的稳态值。需要注意的是，随着系统运行方式的改变，式(7.3)中系数 K_5 可能逐渐从正值变为负值。例如，当同步电机在重载运行情况下，转子角 δ 的增大使得 K_5 中余弦分量 $\cos\delta_0$ 小于正弦分量 $\sin\delta_0$，造成系数 K_5 出现负值的情况。后续分析会证明，系数 K_5 正值与否是电解铝负荷影响电力系统低频振荡的关键参数。

化简式(7.2)中的变量，得到端电压 ΔU_t 与转子角 $\Delta \delta$ 的传递函数 $G_U(s)$：

$$G_U(s) = \frac{\Delta U_t}{\Delta \delta} = \frac{K_5 - K_4 K_6 G_3}{1 + K_6 G_e G_3} \tag{7.4}$$

式(7.4)中，相对而言，励磁系统的传递函数 $G_e(s)$ 具有较大的增益 K_A 和较小的响应时间常数 T_e[14]。则式(7.4)可以近似化简为

$$G_U(s) \approx K_5 - \frac{K_6(K_4 + K_5 K_A)}{K_6 K_A + T'_{d0} s} \tag{7.5}$$

证明：在式(7.2)中端电压 ΔU_t 的表达式可以化简为

$$
\begin{aligned}
\Delta U_t &= K_5\Delta\delta + K_6\Delta E_q' = K_5\Delta\delta + K_6(G_3\Delta E_{fd} - G_3K_4\Delta\delta) \\
&= K_5\Delta\delta - K_6(G_3G_e\Delta U_t - G_3K_4\Delta\delta) \\
&= (K_5 - G_3K_4K_6)\Delta\delta - K_6G_3G_e\Delta U_t
\end{aligned}
\tag{7.6}
$$

式(7.6)即为式(7.4)的表达式。

根据快速励磁系统的调节特性，其一阶惯性环节 $G_e(s)$ 表达式可以近似为纯增益环节 K_A。将励磁系统环节 G_e 和 G_3 环节代入式(7.4)可得

$$
G_U(s) = \frac{K_5 - K_4K_6\dfrac{K_3}{1+K_3T_{d0}'s}}{1 + K_6K_A\dfrac{K_3}{1+K_3T_{d0}'s}} = \frac{K_5(1+K_3T_{d0}'s) - K_3K_4K_6}{1 + K_3T_{d0}'s + K_3K_4K_A}
\tag{7.7}
$$

由于励磁系统具有较大的增益系数，则 $K_3K_6K_A \gg 1$。因此，式(7.7)可以进一步化简为

$$
\begin{aligned}
G_U(s) &\approx \frac{K_5(1+K_3T_{d0}'s) - K_3K_4K_6}{K_3K_6K_A + K_3T_{d0}'s} \\
&= \frac{K_5(K_3K_6K_A + K_3T_{d0}'s) - K_3K_5K_6K_A + K_5 - K_3K_4K_6}{K_3K_6K_A + K_3T_{d0}'s} \\
&= K_5 - \frac{K_5(K_3K_6K_A - 1) + K_3K_4K_6}{K_3K_6K_A + K_3T_{d0}'s}
\end{aligned}
\tag{7.8}
$$

根据 $K_3K_6K_A \gg 1$，式(7.8)可写为

$$
G_U(s) \approx K_5 - \frac{K_3K_5K_6K_A + K_3K_4K_6}{K_3K_6K_A + K_3T_{d0}'s} = K_5 - \frac{K_6(K_4 + K_5K_A)}{K_6K_A + T_{d0}'s}
\tag{7.9}
$$

证明完毕。

类似地，将式(7.2)代入式(7.5)，可以得到电解铝负荷功率 ΔP_L 与转子角 $\Delta\delta$ 的传递函数：

$$
G_L(s) = \frac{\Delta P_L}{\Delta\delta} = \frac{\Delta M_L}{\Delta\delta} = K_L\left[K_5 - \frac{K_6(K_4 + K_5K_A)}{K_6K_A + T_{d0}'s} \right]
\tag{7.10}
$$

式中，在小干扰稳定分析中可认为同步电机转子转速 $\omega=1$ 变化不大，因此在标幺值下 ΔP_L 等同于电解铝负荷所产生的电磁转矩 ΔM_L。

利用复转矩分析方法，文献[11]详细说明了励磁系统对同步电机电磁转矩的

影响。同理，根据式(7.10)，本章利用复转矩分析方法得到电解铝负荷 VL 作用在同步电机转子上的电磁转矩 ΔM_L，其传递函数框图如图 7.2 所示。可见，电解铝负荷的灵敏系数 K_L 和传递函数 $G_\mathrm{U}(s)$ 是影响电解铝负荷电磁转矩 ΔM_L 的两个因素。进一步，对电解铝负荷的电磁转矩 ΔM_L 进行复数正交分解，可以得到其两个正交分量：同步转矩 ΔM_LS 和阻尼转矩 ΔM_LD 的表达式(式(7.11))。其中，作用在转子角 $\Delta\delta$ 上的同步转矩 ΔM_LS 主要影响同步电机间保持同步运行的能力；而作用在转速 $\Delta\omega$ 上的阻尼转矩 ΔM_LD 主要影响同步电机转子间的功角振荡特性。电力系统结构参数的不同和运行方式的变化，造成了图 7.2 中传递函数 $G_\mathrm{U}(s)$ 所引入的滞后相位也存在差异，其直接影响了阻尼转矩 ΔM_LD 的正负特性。

$$\begin{cases} \Delta M_\mathrm{L} = \Delta M_\mathrm{LS}\Delta\delta + \Delta M_\mathrm{LD}\Delta\omega \\[2mm] \Delta M_\mathrm{LS} = \dfrac{K_\mathrm{L}(K_5 T'_\mathrm{d0}\omega^2 - K_4 K_6^2 K_\mathrm{A})}{K_6^2 K_\mathrm{A}^2 + T'^2_\mathrm{d0}\omega^2} \\[4mm] \Delta M_\mathrm{LD} = \dfrac{K_\mathrm{L} K_6 T'_\mathrm{d0}(K_4 + K_5 K_\mathrm{A})}{K_6^2 K_\mathrm{A}^2 + T'^2_\mathrm{d0}\omega^2} \end{cases} \tag{7.11}$$

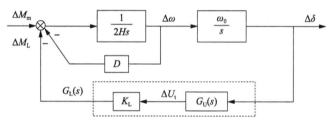

图 7.2　电解铝负荷 VL 所引入的电磁转矩的传递框图

7.1.2　电解铝负荷的复转矩分析

随着励磁系统的接入和发展，现代电力系统中缺乏同步转矩而引起的非周期失稳现象已经得到了有效抑制。励磁系统可以在同步电机上产生很大的同步转矩分量，因此电解铝负荷所产生的同步转矩对同步电机的同步稳定性影响很小。文献[11]指出，当前电力系统的小干扰稳定问题是由同步电机缺乏足够的阻尼转矩而产生的低频振荡问题。

由式(7.3)和式(7.11)可见，绝大部分情况下系数 $K_1 \sim K_4$ 和 K_6 皆为正值，因此电解铝负荷所引入的阻尼转矩 ΔM_LD 正负与否主要与系数 K_5 有关。同时，系数 K_5 的正负主要与电力系统的结构参数和运行方式有关。当系数 K_5 为正时，阻尼转矩 ΔM_LD 也是正值，其复转矩相量如图 7.3 中的蓝色箭头所示。此时电解铝负荷的接入有益于提高电力系统低频振荡的阻尼水平；但当系数 K_5 为负时，较大的励磁系统增益往往会使式(7.11)中 $K_4 + K_5 K_\mathrm{A} < 0$ 成立，此时阻尼转矩 ΔM_LD 为负值，

其复转矩相量如图 7.3 中的红色箭头所示。更为严重的是，电解铝负荷吸收功率对端电压变化的灵敏系数 K_L 和励磁系统的增益 K_A 会进一步地放大负阻尼转矩 ΔM_{LD} 的幅值，从而导致这类场景下电解铝负荷的接入会使得电力系统振荡模态的阻尼水平严重下降。图 7.4 展示了振荡过程中负阻尼转矩对各电气量动态特性的影响。由于端电压 ΔU_t 与转子角 $\Delta \delta$ 存在大于 90°的相位差 ϕ_U，同步电机转速的曲线和阻尼转矩 ΔM_{LD} 之间存在负相位的特性(阴影部分所示)。其物理过程为：在同步电机转速 $\Delta \omega$ 反向减小的同时，而负责制动的电磁转矩 ΔM_{LD} 却在不断正向增大，以至于转子摇摆的幅值不断增大，最终造成周期振荡性失稳的现象。

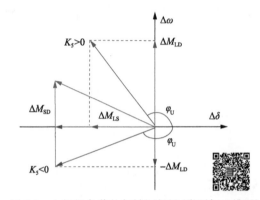

图 7.3　电解铝负荷的复转矩相量(彩图扫二维码)

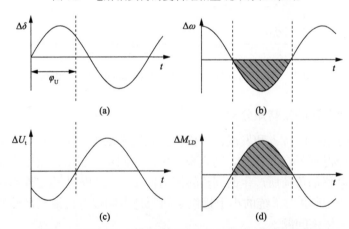

图 7.4　振荡过程中负阻尼转矩各电气量动态特性的影响

　　一般而言，系统重载、长距离输电线供电和励磁系统时间常数过大等情况会导致系数 K_5 变为负值。在上述运行方式下，接入的电解铝负荷可能会引入负阻尼转矩，恶化电力系统中振荡模态的阻尼水平。因此，在实际电力系统运行中，应尽量地避免用长距离输电线为电解铝负荷供电。在此基础上，配备快速励磁系统有利于改善电解铝负荷对电力系统中振荡模态的影响。

值得注意的是，虽然系数 K_5 为负的情况下电解铝负荷会恶化电力系统中振荡模态的阻尼水平，但若进行合理的负荷控制以改变负荷端电压 ΔU_{t} 的相位特性，即可将引入的阻尼转矩 ΔM_{LD} 由负变正。如图 7.3 中绿色箭头所示，对电解铝负荷进行附加阻尼控制会引入附加阻尼转矩 ΔM_{SD}。在相量和叠加后，此时电解铝负荷能够为电力系统提供正阻尼转矩（图 7.3 中棕色箭头所示），有利于改善电力系统中区间振荡模态的阻尼水平。上述的转矩分析为 7.2 节中电解铝负荷进行广域阻尼控制提供了理论依据。

7.1.3　多机电力系统的算例验证

本章所测试的多机系统为 IEEE 标准 16 机 68 节点系统，并在标准系统基础上进行了一定的修改，如图 7.5 所示。三个新接入的 DFIG 等值风电机组 W1、W2 和 W3 分别接入母线 68、母线 39 和母线 18，其容量分别为 800MW、800MW 和 1200MW。根据文献[18]提出的风电机组等值方法，三个风电机组的运行参数由同一型号 2MW 的 DFIG 风电机组等值而来，其具体参数见附录 E。为了平衡风电机组接入后的电源侧供电量增加，测试系统在母线 68、母线 39 和母线 18 处也分别接入了对应容量的负荷。通过特征值分析可得，在无任何阻尼控制的情况下该系统存在四个弱阻尼的区间振荡模态：M1 主要是区域 A1-A2 与区域 A3-A5 中同步电机组的区间振荡模态；M2 主要是区域 A4 与区域 A5 中同步电机组的区间振荡模态；M3 主要是区域 A1 与区域 A2 中同步电机组的区间振荡模态；M4 主要是区域 A4 与区域 A5 中同步电机组的区间振荡模态。

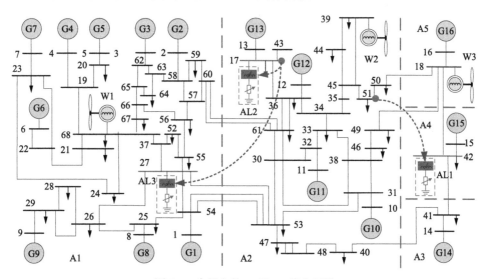

图 7.5　含风电的 16 机 68 节点系统

为了验证 7.1.2 节中对电解铝负荷阻尼特性的机理分析，选择测试系统中两种典型的运行场景。

算例 1：重载运行场景。同步电机中励磁系统所采用的标准参数为 K_A=200 和 T_e=0.36。同时，切断测试系统中母线 53 和母线 54 联络线中的一条，以及母线 60 和母线 61 联络线中的一条。

算例 2：轻载运行场景。同步电机中励磁系统所采用的标准参数为 IEEE-DC1A，即 K_A=20 和 T_e=0.05。同时，测试系统中所有节点负荷均减少 10%的有功功率。

由式(7.1)和式(7.2)可见，当测试系统中负荷类型为 CP 负荷时，其负荷功率 P_L 不会随端电压 U_t 改变；反之，当测试系统中负荷类型为 CI 负荷时，其负荷功率 P_L 对端电压 U_t 变化的灵敏度很大。因此，通过改变测试系统中 CP 负荷和 CI 负荷的占比，可以验证 7.1.2 节中电解铝负荷对电力系统振荡模态的影响机理。假设 CI 负荷占比为 β，CP 负荷占比为 $(1-\beta)$。当 CI 负荷占比从 β 从 0 逐渐增大到 100%时，意味着对电压变化敏感的电解铝负荷占比也逐渐增大。对每种比例条件下的测试系统进行特征值分析，四个区间振荡模态的根轨迹图如图 7.6 所示。图 7.6 中，箭头方向代表 CI 负荷占比 β 不断增大时四个振荡模态的运动方向。在算例 1 中，电解铝负荷的逐渐接入使得四个振荡模态皆向右半平面移动。尤其是当 β 增大到 100%附近时，即 CI 负荷占比很大时，振荡模态 M1 和 M2 已具有正实部。上述算例分析验证了 7.1.2 节中的结论，即在电力系统重载情况下，电解铝负荷的接入会恶化振荡模态的阻尼特性。而在算例 2 中，当 β 不断增大时，四个振荡模态皆向左半平面移动，即系统振荡模态的阻尼水平得到了提升。这说明在电力系统轻载情况下，电解铝负荷的接入有益于抑制该系统的低频振荡现象。值得注意的是，由于两个算例中励磁系统中增益 K_A 存在差异，四个振荡模态在算例 1 中的单位移动步长明显大于算例 2 中的移动步长，表明电力系统中励磁系统会放大电解铝负荷对振荡模态的影响。

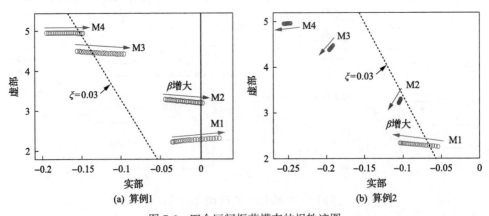

(a) 算例1　　　　　　　　　(b) 算例2

图 7.6　四个区间振荡模态的根轨迹图

通过数值时域仿真可以进一步验证上述特征值分析的正确性。假设系统中负荷全部为 CI 负荷，并在仿真时间 $t=1$s 时在母线 60 上设置三相金属性接地短路故障，0.1s 后切除故障。图 7.7 描述了在算例 1 中同步电机 G13 转速 ω_{13}、母线 17 处的端电压 U_{17} 和节点负荷功率 P_{17} 的振荡曲线。可见，转速 ω_{13} 的振荡曲线同节点负荷功率 P_{17} 的振荡曲线存在约 180°的反相位，且振荡未有衰减的趋势。根据 7.1.2 节的复转矩分析，可以判断母线 17 处的电解铝负荷引入了负阻尼转矩。而图 7.8 则描述了在算例 2 中相同变量的振荡曲线。可见，此时转速 ω_{13} 的振荡曲线与节点负荷功率 P_{17} 的振荡曲线的相位差已经小于 90°，振荡曲线已有衰减的趋势，因此可以判断电解铝负荷此时引入了正阻尼转矩。上述时域仿真进一步说明，电解铝负荷引入的阻尼转矩正负是其影响电力系统低频振荡的根本原因。

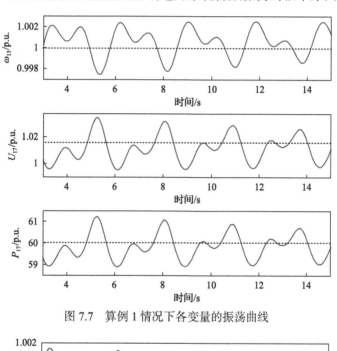

图 7.7　算例 1 情况下各变量的振荡曲线

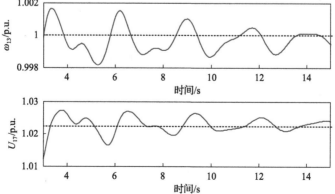

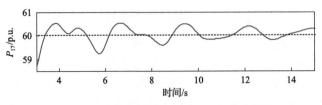

图 7.8　算例 2 情况下各变量的振荡曲线

7.2　电解铝负荷的广域阻尼控制

早期的负荷阻尼控制研究并未涉及被控负荷的具体建模，造成其阻尼控制效果往往不佳[19-21]。为此，本节以电力系统中典型的电解铝负荷为例，首先建立电解铝负荷的具体电气模型，然后设计相应的广域阻尼控制结构，最后分析被控电解铝负荷的功率调节特性，从而系统性地介绍面向电解铝负荷如何设计具体的广域阻尼控制结构。

7.2.1　电解铝负荷的电气模型

根据第 2 章建立的电解铝负荷有功-电压外特性模型，在互联电网中，可以通过改变饱和电抗器的压降来实现电解铝负荷的连续快速调节。本章以串联饱和磁控电抗器(magnetically controlled reactor，MCR)为例进行分析，其具体的电气模型如图 7.9 所示。图 7.9 中，多个电解铝槽串联得到等值的电解铝电气模型，其主要参数为感应电动势 E_A 和等值电阻 R_A。

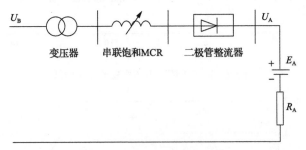

图 7.9　电解铝负荷的电气模型

稳态运行条件下，电解铝负荷的吸收有功功率 P_A 的表达式为

$$P_A = \frac{U_A(U_A - E_A)}{R_A} = aU_A^2 + bU_A \tag{7.12}$$

式中，U_A 为电解铝负荷的端电压；a 和 b 分别为表示其"功率-电压"特性的系数。

电解铝负荷的暂态功率模型可通过现场试验实测而得[27]，其可以近似为一阶传递函数形式：

$$G_{AEL}(s) = \frac{\Delta P_A(s)}{\Delta U_A(s)} = \frac{K_{AEL}}{T_{AEL}s+1} \tag{7.13}$$

式中，K_{AEL} 为电解铝负荷的增益系数；T_{AEL} 为电解铝负荷的时间响应特性，其一般为 2s 左右。

同时，串联饱和 MCR 的控制环节可简化为一阶传递函数形式，如图 7.10 所示。其中，MCR 控制的时间常数为 T_{MCR}。正常运行状态下，MCR 的运行电抗值为设定值 X_{ref}，其调节电抗的上下界分别为 X_{Mmax} 和 X_{Mmin}。

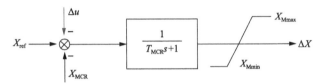

图 7.10　串联饱和 MCR 的电抗控制框图

7.2.2　广域阻尼控制架构

本节提出一种面向电解铝负荷的广域阻尼控制方法，其基本架构如图 7.11 所示。图 7.11 中，虚线箭头表示控制信号的信息流；实线箭头表示功率流。当电力系统中区间振荡模态受到激发时，电网中布点的 PMU 可以实时且同步地测量系统中各变量的动态信息，并送至 WAMS 主站。在 WAMS 主站处理后，其将广域

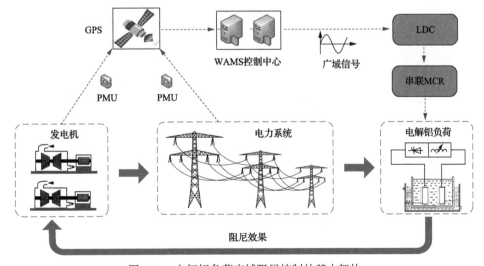

图 7.11　电解铝负荷广域阻尼控制的基本架构

反馈信号再传递给 LDC。随后，LDC 输出阻尼调制信号至串联 MCR 的控制回路。MCR 的控制元件是全控型电力电子器件，具有快速的响应能力，可以根据控制信号动态调节电解铝负荷的端电压和吸收功率。最后，被控电解铝负荷将产生正的阻尼转矩，实现抑制区间振荡的控制目标。

　　图 7.12 进一步展示了广域阻尼控制对电解铝负荷进行功率控制的原理。LDC 在接受广域反馈信号后，随之输出阻尼控制信号 Δu。同时，为防止过量的阻尼控制，所串联的限幅环节会限制控制信号 Δu 的幅值。当串联 MCR 的控制单元接收信号后，交流母线 U 和电解铝负荷母线 U_A 间的串联电抗将会发生动态改变 ΔX。随后，电抗 ΔX 会导致端电压 ΔU_D 的动态变化，从而实现电解铝负荷端电压和吸收功率动态控制的目的，并产生正的阻尼转矩 ΔM_{SD}。在电力系统中低频振荡现象消失后，LDC 将不会被激发，被控电解铝负荷将返回到稳定运行的状态。

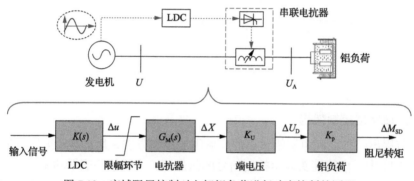

图 7.12　广域阻尼控制对电解铝负荷进行功率控制的原理

　　如图 7.12 所示，出于实际工程的安全运行考虑，LDC 的输出幅值应该限定在一定的范围内。限幅环节可以防止过量的阻尼控制施加在被控对象上，保证了电解铝负荷的基本生产和稳定运行。根据运行经验，电解铝负荷生产主要受到其电解槽温度的影响，其运行温度不能低于电解铝溶液的凝结温度。同时，作为典型的热蓄能负荷，电解铝负荷的热惯性较大。在完全切除电源供电的情况下，电解铝负荷仍可以在 3h 内保持足够的温度且不发生凝结。因此，有限且合理的功率调制对电解铝负荷的基本生产和稳定运行影响较小。本章从兼顾调节功率和稳定运行的角度出发，设定电解铝负荷端电压的调节范围为 ±0.1p.u.。

　　根据电解铝负荷的稳态功率表达式(7.12)，实测系数值为 a=4.96 和 b=−1.66。当端电压 U_A 为额定电压时，该电解铝负荷的稳定运行功率 $P_L = 330\text{MW}$。若端电压的调节范围为 90%～110%额定电压时，电解铝负荷的最大运行功率和最小运行功率分别为 252MW 和 417MW。可见，在阻尼控制过程中电解铝负荷的有功调节容量可达到其稳态功率值的 ±20%。同时，电解铝负荷的阻尼控制属于有功功率控制，其可以直接在同步电机转子上产生阻尼转矩，对抑制电力系统低频振荡具有更好的控制效果。综上所述，在安全稳定约束下电解铝负荷仍具有可观的可调制功率，合理设计 LDC 可以有效地提高电力系统中区间振荡模态的阻尼水平。

需要说明的是，本章是以电解铝负荷为典型控制对象来进行电解铝负荷的广域阻尼控制，提出的广域阻尼控制架构及负荷功率控制原理具有一定的通用性和适应性。若对实际电力系统中其他类型的高耗能负荷进行准确的电气结构建模，图 7.11 和图 7.12 中的广域控制架构与功率控制环节完全可以应用于其他类型的电解铝负荷控制。

7.3　考虑风电接入的负荷侧广域阻尼控制器鲁棒设计

7.3.1　负荷侧广域阻尼控制器的序列鲁棒设计

在电力系统广域阻尼控制中，应用鲁棒控制理论可以提高所设计阻尼控制器的鲁棒性，进而减小风电功率随机性和运行方式变化(如潮流变化、联络线断线)对阻尼控制效果的影响[27-29]。为此，本章基于 H_2/H_∞ 混合灵敏度的鲁棒控制理论[27]，设计具有多目标性能的输出反馈阻尼控制器。其中，H_∞ 性能指标的定义为[13]

$$\|T(s)\|_\infty = \sup_\omega \sigma_{\max}[T(j\omega)] \tag{7.14}$$

式中，$T(s)$ 为待优化的传递函数；sup 为最小上界符号；$\sigma_{\max}$ 为传递函数 $T(s)$ 在频域上的最大奇异值。可见，H_∞ 性能指标的物理意义即为 $T(s)$ 在频率响应上其最大奇异值 $\sigma_{\max}$ 的峰值。根据小增益定理[17]，在外部扰动有界的情况下，通过减小 H_∞ 性能指标值直至小于其临界值，即可保证系统的鲁棒稳定。因此，H_∞ 控制目标是在外部扰动情况下保证广域闭环电力系统的稳定性，但仅减小 H_∞ 控制指标不能保证闭环系统具有良好的动态响应特性。因此，需要再引入 H_2 性能指标，其定义为[30]

$$\|T(s)\|_2 = \text{Trace}\left(\frac{1}{2\pi}\int_{-\infty}^{\infty} T^H(j\omega)T(j\omega)d\omega\right)^{\frac{1}{2}} \tag{7.15}$$

式中，H 为共轭转置符号；Trace 为矩阵的迹。H_2 性能指标的物理意义有两方面：一是衡量 $T(s)$ 在脉冲响应下的输出能量大小；二是衡量 $T(s)$ 在白噪声输入下的稳态输出方差。因此，H_2 控制目标则是优化广域闭环电力系统的动态响应特性，如被控设备的控制代价等。

同时，为保证广域闭环电力系统中区间振荡模态具有足够的阻尼特性，基于线性矩阵不等式(linear matrix inequality，LMI)的区域极点配置方法可以将优化后的振荡模态迁移至所设计的复平面区域中。

本章中基于 H_2/H_∞ 混合灵敏度的鲁棒控制框图如图 7.13 所示。

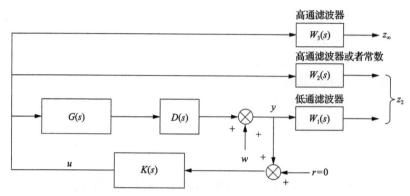

图 7.13　基于 H_2/H_∞ 混合灵敏度的鲁棒控制框图

图 7.13 中，$G(s)$ 表示开环电力系统的平衡点线性化模型，$K(s)$ 则表示待设计 LDC。根据 7.2.2 节所提出的广域阻尼控制结构，广域信号在反馈过程会引入时延 τ，需要在 LDC 设计过程中予以考虑。利用第 5 章介绍的 Padé 近似方法，来近似逼近无理函数 $\mathrm{e}^{-\tau s}$ 并得到传递函数 $D(s)$。在 H_2 控制通道中，为减小高频扰动信号 w 对输出变量 y 的影响，滤波器 $W_1(s)$ 选择为低通滤波器；滤波器 $W_2(s)$ 则选择为高通滤波器或者常数，防止输出信号 u 的过量控制，优化被控设备的动态响应特性。在 H_∞ 控制通道中，为减小模型不确定性对控制效果的影响，滤波器 $W_3(s)$ 一般选择为高通滤波器。需要说明的是，上述三个滤波器的低频或高频概念主要是相对于系统中振荡模态的频带而言，其参数整定的主要依据也与其频带特性有关。

为了衡量扰动信号 w 对系统的影响，定义扰动信号 w 与输出变量 y 之间的灵敏度函数为

$$S(s) = [I - G(s)D(s)K(s)]^{-1} \tag{7.16}$$

式中，I 为单位矩阵。

因此，在 H_2 控制通道中，扰动信号 w 与输出变量 z_2 之间的传递函数为

$$T_{wz2}(s) = \begin{bmatrix} W_1(s)S(s) \\ W_2(s)K(s)S(s) \end{bmatrix} \tag{7.17}$$

通过优化式 (7.17) 的 H_2 性能指标 $\|T_{wz2}(s)\|_2$，不仅可以抑制随机扰动信号 w 对输出变量 y 的影响，同时也可以优化 LDC 的控制。

同理，在 H_2 控制通道中，扰动信号 w 与输出变量 z_∞ 之间的传递函数为

$$T_{wz\infty}(s) = W_3(s)K(s)S(s) \tag{7.18}$$

通过优化式 (7.18) 的 H_2 性能指标 $\|T_{wz\infty}(s)\|_\infty$，可以提高闭环系统对运行方式等变化的鲁棒性。

考虑到实际电力系统中多个电解铝负荷分布在不同的位置，造成了广域 LDC 的控制结构为广域准分散式，即本地控制器输入信号为广域反馈信号，输出对象为本地的电源侧和负荷侧被控设备。而针对该结构的多阻尼控制器设计，以文献[29]为代表的早期研究采用了固定 LMI 极点配置区域的方法，并未结合控制器的设计序列来动态调节目标的极点配置区域。该方法主要存在两个缺点：①阻尼任务分配不均。LMI 区域在设计过程中不变，导致越靠前设计的阻尼控制器的控制代价越大，造成对应被控设备将承担更多的阻尼任务，而其他被控设备所承担的阻尼任务却较少。②控制结构的可靠性下降。由于阻尼任务分配的不均匀，若靠前设计的阻尼控制器发生信号断线故障，闭环电力系统中区间振荡模态的阻尼水平将会显著下降，严重削弱电力系统抑制区间模态振荡的能力。为此，本章提出一种广域阻尼控制器的序列鲁棒设计方法，其主要特点是根据阻尼控制器整定次序动态调节目标 LMI 区域的大小，使前后设计的阻尼控制器所分配阻尼任务更为均匀。图 7.14 描绘了多段 LMI 区域的变化情况。其中，为了使优化后阻尼控制器可以有效地抑制区间模态振荡，最终闭环电力系统中区间振荡模态将全部迁移至目标 LMI 区域，即图 7.14 中阴影处。本章提出的序列极点配置区域 (multi-stage region pole placement，MSRPP) 的原则可归纳为：根据阻尼控制器的设计次序，不断压缩目标区域直至到达最终目标 LMI 区域。其中，第 k 个阻尼控制器的 LMI 区域表达式为

$$D_k = \left\{ z \in C : f_{D_k}(z) = L_k + zM_k + \overline{z}\overline{M}_k < 0 \right\}$$

$$L_k = \begin{bmatrix} -2\alpha_k & 0 & 0 \\ 0 & 0 & 0 \\ 0 & 0 & 0 \end{bmatrix}, \ M_k = \begin{bmatrix} -2\alpha_k & 0 & 0 \\ 0 & \sin\theta_k & -\cos\theta_k \\ 0 & \cos\theta_k & \sin\theta_k \end{bmatrix} \quad (7.19)$$

对于第 k 个阻尼控制器的设计，其 H_2/H_∞ 混合灵敏度的鲁棒控制模型如下：

$$\begin{aligned} \min_{K_k(s)} \quad & \omega_{k\infty} \left\| T_{k.wz_\infty}(s) \right\|_\infty^2 + \omega_{k2} \left\| T_{k.wz_2}(s) \right\|_2^2 \\ \text{s.t.} \quad & \lambda_k \in D_k \end{aligned} \quad (7.20)$$

式中，λ_k 为在设计第 k 个阻尼控制器时闭环电力系统中区间振荡模态的集合；$\omega_{k\infty}$ 和 ω_{k2} 分别为 H_∞ 性能指标与 H_2 性能指标的权重大小。其中，不同权重组合对最终阻尼控制器的控制效果将会产生直接的影响。例如，越大的权重 $\omega_{k\infty}$ 将会导致 H_∞ 性能指标的减小，这意味着本章设计的 LDC 具有更好的抗扰鲁棒性，但是这

将导致被控设备的控制代价增加，甚至是恶化被控电解铝负荷的动态特性；同理，越大的权重 ω_{k2} 将会导致 H_2 性能指标的减小，此时闭环电力系统将会拥有更佳的动态响应特性。因此，通过合理选择 $\omega_{k\infty}$ 和 ω_{k2} 的组合，可以兼顾阻尼控制器的抗扰鲁棒性和闭环电力系统的动态响应特性。

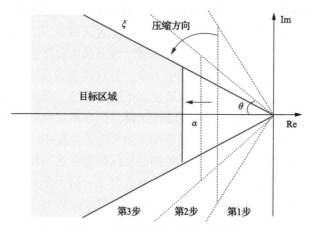

图 7.14　动态压缩的多段 LMI 区域

7.3.2　负荷侧广域阻尼控制器的设计步骤

根据 7.3.1 节提出的负荷阻尼控制器设计方法，第 k 个准分散式负荷阻尼控制器的设计步骤如下所示。

步骤 1：开环电力系统的特征值分析。确定待分析电力系统的运行平衡点，并得到线性化模型，通过特征值分析得到该系统中弱阻尼的区间振荡模态；同时，确定被控的电解铝负荷及其有功调节容量；根据留数法，挑选出系统中较好的广域反馈信号。

步骤 2：构建图 7.13 中的广域闭环系统。为了降低所设计 LDC 的阶数，采用 Schur 降阶法得到低阶的开环电力系统模型；确定广域信号的反馈时延 τ，得到其二阶 Padé 近似传递函数；确定图 7.13 中滤波器参数，构建对应的广域闭环系统；确定第 k 个控制器的目标 LMI 区域。

步骤 3：求解优化模型。根据步骤 2 所得到的广域闭环系统，构建 H_2/H_∞ 混合灵敏度的鲁棒控制模型(7.20)；确定 $\omega_{k\infty}$ 和 ω_{k2} 权重组合，兼顾控制器的鲁棒性和系统的动态响应特性；采用 MATLAB 的鲁棒优化工具箱(robust control toolbox)中的 hinfmix 函数对其进行求解。

步骤 4：数值时域仿真检验控制效果。为了防止电解铝负荷承担过量的阻尼控制任务，利用数值时域仿真检验所设计的 LDC 的控制代价是否过大。若控制代价过大，则返回步骤 3，调整 $\omega_{k\infty}$ 和 ω_{k2} 权重组合并重新求解模型，直至获得满意的控制效果。同时，数值时域仿真可以获得区间振荡模态的阻尼水平并验证 LDC 的抗扰鲁棒性。

需要说明的是，本章中准分散式 LDC 采用序列整定方法。因此，若第 k 个阻尼控制器设计完成，则步骤 1 中的开环电力系统和步骤 2 中的 LMI 区域将会更新，如图 7.14 所示。再重复步骤 1～4，设计第 $k+1$ 个阻尼控制器。

7.4　仿真分析

7.4.1　算例系统

如 IEEE 电力系统动态稳定委员会的报告所述[31]，在 IEEE 标准 16 机 68 节点系统中即便所有同步电机 G1～G12 都安装本地 PSS，但仍存在多个弱阻尼的区间振荡模态得不到有效控制。因此，该系统已成为验证其他电气设备进行附加阻尼控制有效性的标准算例之一，例如，柔性交流输电系统（flexible AC transmission system，FACTS）设备、高压直流（high voltage direct current，HVDC）和双馈异步风机（doubly-fed induction generator，DFIG）。本章提出的电解铝负荷广域阻尼控制也将应用到该系统中，测试其对区间振荡模态的阻尼控制效果。

如图 7.5 所示，假设三个电解铝负荷 AL1、AL2 和 AL3 分别接入测试系统中母线 42、母线 17 和母线 27 处。在区域 A4 中母线 42 处，原节点接入的有功负荷为 1850MW，将其中 970MW 的有功负荷替换为电解铝负荷 AL1；同理，区域 A2 中母线 17 处的有功负荷为 6000MW，将其中 730MW 的有功负荷替换为电解铝负荷 AL2；区域 A1 中母线 27 处的有功负荷 640MW 将全部被电解铝负荷 AL3 所替换。根据实测参数，三个电解铝负荷的电气参数如表 7.1 所示。每个电解铝负荷的串联 MCR 控制参数 $T_{MCR}=0.2s$。在标准运行方式下，三个电解铝负荷的运行有功功率均为额定功率，功率因数为 0.95（滞后）；三台接入的风电机组 W1、W2 和 W3 运行功率为其期望的额定功率，即为 400MW、400MW 和 600MW。

表 7.1　三个电解铝负荷的电气参数

铝厂	参数			
	a/p.u.	b/p.u.	K_{AEL}	T_{AEL}/s
AL1	14.57	−4.87	0.360	2.782
AL2	10.97	−3.67	0.360	2.782
AL3	9.61	−3.21	0.360	2.782

相应地，LDC1、LDC2 和 LDC3 分别安装在三个电解铝负荷处。根据标准运行方式下的留数分析，母线 51 处的电压相位 δ_{51} 选择为 LDC1 的广域反馈信号；母线 17 处的电压相位 δ_{17} 选择为 LDC2 和 LDC3 的广域反馈信号。可见，此时待

设计的 LDC 为广域准分散式结构,即利用远端反馈信息作为本地阻尼控制器的输入信号。三个广域反馈回路的时延均设定为 150ms。

针对图 7.13 的控制结构,本节所设计的三个滤波器参数为

$$W_1(s) = \frac{30}{s+30}, \quad W_2(s) = 0.5, \quad W_3(s) = \frac{10s}{s+90} \tag{7.21}$$

式中,滤器参数是根据所要求的截止频率而得到的。电力系统中区间振荡模态的振荡频率一般不大于 1Hz,例如,测试系统中最高模态 M4 的振荡频率约为 0.80Hz。因此,在考虑一定裕度情况下,滤波器的截止频率为 0.15Hz。图 7.15 描绘了式(7.21)中滤波器 $W_1(s)$ 和 $W_3(s)$ 的幅频特性。可见,低通滤波器 $W_1(s)$ 和高通滤波器 $W_3(s)$ 均大于 1.5Hz,因而具有相应的滤波功能。此外,本节所设计的滤波器皆为一阶传递函数形式或常数,这也避免了高阶滤波器所带来的计算复杂问题。

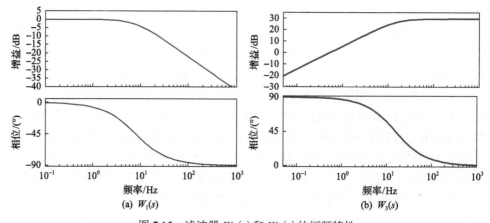

图 7.15　滤波器 $W_1(s)$ 和 $W_3(s)$ 的幅频特性

式(7.20)中 $\omega_{k\infty}$ 和 ω_{k2} 分别设定为 0.55 和 0.45,即更倾向于提高 LDC 的鲁棒性。LDC1、LDC2 和 LDC3 依次设计,对应的 LMI 区域阻尼比为 0.1、0.125 和 0.15。利用 MATLAB 求解所得到的 LDC 与开环电力系统同阶。为减小控制复杂度,再对控制器传递函数进行降阶处理,最终所得到的 LDC 传递函数为

$$\begin{cases} H_{\text{LDC1}}(s) = 0.76 \times \dfrac{0.095s^4 + 10.12s^3 - 69.68s^2 + 25.87s + 0.004}{s^4 + 1.701s^3 + 22.79s^2 + 20.82s + 0.0005} \\[3mm] H_{\text{LDC2}}(s) = 0.56 \times \dfrac{0.039s^4 + 5.659s^3 + 64.82s^2 + 14.57s + 0.005}{s^4 + 3.084s^3 + 6.574s^2 + 0.032s} \\[3mm] H_{\text{LDC3}}(s) = 0.52 \times \dfrac{3.726s^4 + 354.5s^3 - 1826s^2 + 4189s - 795.8}{s^4 + 3.294s^3 + 75.81s^2 + 5.981s + 2.402} \end{cases} \tag{7.22}$$

7.4.2 负荷侧广域阻尼控制的有效性验证

本节主要内容为验证电解铝负荷广域阻尼控制的有效性。为此，本节选择了文献[4]中提出的模态解耦式 PSS 作为对比算例，如图 7.16 所示。其中，测试系统中同步电机 G1～G12 都安装了模态解耦 PSS，其反馈信号选择为本地同步电机的转速，具体设计方法参见文献[4]。这里仅给出同步电机 G9 和 G12 的 PSS 参数，如下：

$$F_9(s) = \frac{2s}{s^2 + 2s + 16}, \quad H_{\text{pss.9}}(s) = 2 \times \frac{10s}{10s+1}\left(\frac{0.1452s+1}{0.1081s+1}\right)^2 \tag{7.23}$$

$$F_{12}(s) = \frac{s}{s^2 + s + 4}, \quad H_{\text{pss.12}}(s) = 1.5 \times \frac{10s}{10s+1}\left(\frac{0.1631s+1}{0.0746s+1}\right)^2 \tag{7.24}$$

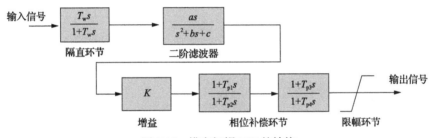

图 7.16　模态解耦 PSS 的结构

在标准运行方式下（即表 7.2 中运行场景 S1），不同阻尼控制策略下广域闭环电力系统的特征值如表 7.3 所示。在同步电机安装模态解耦式 PSS 后，区间振荡模态 M1～M4 的阻尼特性均变化不大。特别地，M4 模态的阻尼比仅为 0.077，远小于所要求的阻尼比 0.15，因此仍属于弱阻尼的区间振荡模态。而当广域负荷阻尼控制器 LDC 闭环时，四个区间振荡模态的阻尼比均大于 0.15，明显地改善了该系统振荡模态的阻尼水平，证明了本章所提出的电解铝负荷广域阻尼控制的有效性。

进一步，对测试系统进行数值时域仿真来观察各区间振荡模态的动态特性。当 t =1s 时在母线 60 上设置三相金属性接地短路故障，并于 0.1s 后切除故障。图 7.17 给出了故障激发后四个区间振荡模态的动态曲线。其中，同步电机 G15 和 G13 的功角差 $\delta_{15}-\delta_{13}$ 用来表征区间振荡模态 M1；同步电机 G16 和 G14 的功角差 $\delta_{16}-\delta_{14}$ 用来表征区间振荡模态 M2；同步电机 G9 和 G13 的功角差 $\delta_9-\delta_{13}$ 用来表征区间振荡模态 M3；同步电机 G14 和 G15 的功角差 $\delta_{14}-\delta_{15}$ 用来表征区间振荡模态 M4。

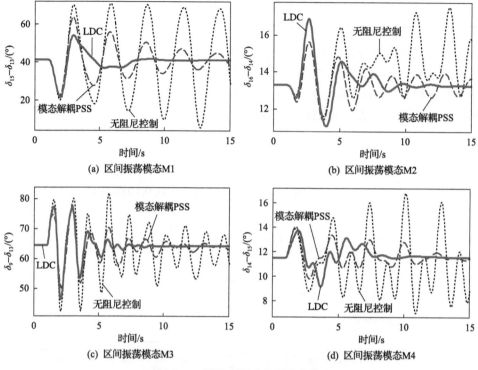

图 7.17　同步电机功角振荡曲线

由图 7.17 可见，相比于无阻尼控制的情况，测试系统在采用模态解耦 PSS 进行闭环控制时，四个区间振荡模态弱阻尼的情况得到了一定程度的缓解。特别是，原本发散失稳的区间振荡模态 M1 获得了有效的控制。然而，受激发的区间振荡模态却不能在 15s 内平息，达不到实际电力系统动态稳定的要求。而在 LDC 进行闭环控制的情况下，四个区间振荡模态的阻尼水平都得到了明显的提升，满足了实际电力系统的阻尼要求。观测振荡曲线可见，受激发的区间振荡模态可以在 10s 内平息，并且在三个振荡摇摆周期内即可衰减到稳定值附近。

正如 7.3 节所述，为了防止过量阻尼控制对电解铝负荷的稳定运行产生影响，LDC 的控制代价也需要考虑。三个被控的电解铝负荷的功率动态曲线如图 7.18 所示。图 7.18 中虚线为对应电解铝负荷的有功功率调节上下界。在标准运行场景下，应对瞬时故障扰动所引起的区间模态振荡，被控电解铝负荷调制的有功功率可以保持在约束范围内。仅在短路故障存在的 0.1s 内，电解铝负荷 AL3 的吸收功率跌落出有功调节的下界。同时，相比于无阻尼控制的情况，进行阻尼控制时电解铝负荷功率曲线的波动程度更大。因此，在进行广域 LDC 时，被控的电解铝负荷不得不牺牲一定的动态响应性能来换取区间振荡模态阻尼水平的提升。然而，从长期稳定运行角度出发，当系统中区间振荡模态得不到有效抑制而导致发散失稳后(图 7.17(a)中点线所描述的区间振荡模态 M1)，并网运行的电解铝负荷也将会被断电或者切除。显然，这将更不利于电解铝负荷及整个电力系统的稳定运行。因此，通过合理地设计 LDC，可以平衡区间振荡模态的阻尼水平和被控电解铝负荷的动态特性。

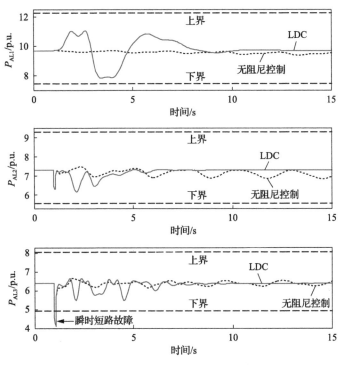

图 7.18　电解铝负荷的有功功率动态曲线

7.4.3　风电接入下负荷侧广域阻尼控制的鲁棒性验证

为了验证 7.3 节考虑风电接入背景下 LDC 的鲁棒性，本节选择该测试系统的五个典型运行场景，包括不同的风电输出功率、切除联络线及断线故障等情况，具体场景描述见表 7.2。

在五个典型运行场景下，闭环电力系统的特征值分析如表 7.3 所示。表 7.3 列出了四个区间振荡模态在两种阻尼控制方法下的阻尼比大小。可见，在所有运行场景下，相比于本地模态解耦 PSS，安装本章所提出的 LDC 可以更为有效地提高闭环系统振荡模态的阻尼水平，进一步验证负荷广域阻尼控制具有较强的区间振荡模态抑制能力。同时，相比于本章所设计的标准运行场景，在其他四个运行场景 S2～S5 下区间振荡模态的阻尼水平有着不同程度的下降。但在测试系统安装 LDC 的情况下，四个区间振荡模态的阻尼比仍大于 0.10。

表 7.2　五个典型运行场景的描述

运行场景	具体描述
S1	标准运行方式
S2	切断母线 53 与母线 54 间其中一条联络线；区域 A1 中的有功负荷增加 5%；风电机组 W1 的输出功率为 800MW，W2 和 W3 的输出功率分别为 400MW 和 600MW
S3	切断母线 18 与母线 49 间其中一条联络线；风电机组 W1 的输出功率为 400MW，W2 和 W3 的输出功率分别为 400MW 和 1200MW；联络线 18-50 的传输功率由 1200MW 增长为 1800MW
S4	风电机组 W1 的输出功率为 800MW，W2 和 W3 的输出功率分别为 800MW 和 100MW
S5	切断母线 60 与母线 61 间其中一条联络线；风电机组 W1、W2 和 W3 的输出功率皆为 100MW；当仿真时间 $t=1s$ 时，在联络线 40-41 上发生三相接地短路故障，1.1s 后，切除故障并永久切除该条联络线

表 7.3　五种典型运行场景下的阻尼特性

运行场景		M1	M2	M3	M4
S1	LDC	0.205	0.153	0.156	0.208
	PSS	0.064	0.034	0.060	0.077
S2	LDC	0.209	0.154	0.108	0.199
	PSS	0.073	0.034	0.032	0.072
S3	LDC	0.147	0.150	0.161	0.168
	PSS	0.012	0.132	0.116	0.148
S4	LDC	0.178	0.129	0.186	0.205
	PSS	0.052	0.005	0.052	0.076
S5	LDC	0.100	0.143	0.122	0.198
	PSS	0.013	0.044	0.034	0.114

　　进一步，对测试系统不同运行场景进行数值时域仿真，观察振荡模态动态特性的情况，如图 7.19 所示。图 7.19 仅展示了每种运行场景下阻尼特性最差的区间振荡模态，即运行场景 S2 下的区间振荡模态 M3；运行场景 S3 下的区间振荡模态 M1；运行场景 S4 下的区间振荡模态 M2；运行场景 S5 下的区间振荡模态 M1。可见，在运行方式变化的情况下，LDC 比 PSS 更具阻尼控制的鲁棒性，所激发的振荡模态皆可在 20s 内平息。尤其是对于运行场景 S5，严格意义上来说永久切除联络线故障属于大干扰稳定的范围，故障所造成的扰动能量也远大于其他运行方式下的瞬时短路故障。因此，这类较大的扰动能量也将会造成电解铝负荷控制代价的增大，如图 7.20 所示。电解铝负荷 AL1 处，其负荷阻尼控制器 LDC1 的输出信号已经饱和。相应地，其有功功率调制也存在饱和，保护了电解铝负荷不受到过量阻尼控制而诱发的运行风险。综上所述，本章所设计的负荷阻尼控制器具有应对不同运行场景的抗扰鲁棒性；限幅环节的加入使电解铝负荷在面对大扰动情况下有功功率控制发生饱和，防止过量控制对电解铝负荷稳定运行的影响。

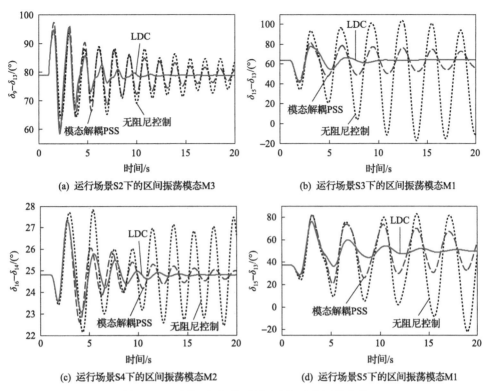

(a) 运行场景S2下的区间振荡模态M3　　　　　　(b) 运行场景S3下的区间振荡模态M1

(c) 运行场景S4下的区间振荡模态M2　　　　　　(d) 运行场景S5下的区间振荡模态M1

图 7.19　不同运行场景下同步电机功角振荡曲线

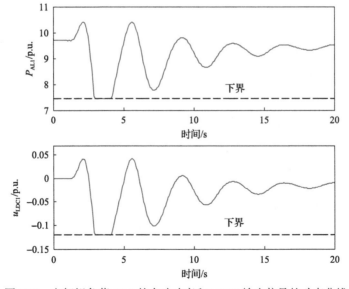

图 7.20　电解铝负荷 AL1 的有功功率和 LDC1 输出信号的动态曲线

7.4.4　广域时延的影响

广域阻尼控制中所存在的时延会影响 LDC 的控制性能，为此，本章主要研究不同时延大小下 LDC 对区间振荡模态的抑制能力。文献[32]指出实际电力系统中广域量测系统 WAMS 中所存在的时延一般不大于 300ms，若时延超过 300ms，则判定为断线故障并退出控制器的运行。例如，中国南方电网公司所测得的实际广域时延则集中分布在 80ms 附近[33]。相应地，在标准运行方式下，选择 5 种不同的广域时延情况，其闭环系统的特征值分析如表 7.4 所示。可见，本章所设计的 LDC 对广域时延变化表现出较强的鲁棒性，不同时延情况下区间振荡模态均具有较好的阻尼水平。由于 7.4.1 节中设计过程所采用的标准时延为 150ms，因此该时延情况下区间振荡模态的阻尼水平总体好于其他时延情况下的阻尼水平。

表 7.4　5 种广域时延下的阻尼特性

广域时延大小/ms	区间振荡模态的阻尼比			
	M1	M2	M3	M4
0	0.203	0.154	0.141	0.182
75	0.208	0.155	0.150	0.193
150	0.205	0.153	0.156	0.208
225	0.197	0.150	0.127	0.187
300	0.186	0.145	0.098	0.158

需要说明的是，广域时延对区间振荡模态的影响还与振荡模态自身的振荡频率有关。若振荡频率越低，广域时延所造成的等效相位滞后越小，因此其对控制器的阻尼性能影响越小。例如，在测试系统中，区间振荡模态 M1 的振荡频率最低，广域时延对其阻尼特性的影响较小；反之，区间振荡模态 M3 的振荡频率较高，那么广域时延对其阻尼特性的影响则较大。上述分析可以通过数值时域仿真进行验证，如图 7.21 所示。当广域时延 τ 不断增大时，区间振荡模态 M1 所主导的功角差 $\delta_{15}-\delta_{13}$ 振荡曲线间差异不大；而区间振荡模态 M3 所主导的功角差 $\delta_9-\delta_{13}$ 振荡曲线间则差异明显，并在广域时延 τ=300ms 时，其振荡曲线的波动程度明显增大。

进一步，本节还研究了时变时延对 LDC 的影响。选择联络线 53-54 上的有功功率作为观测变量，如图 7.22 所示。可见，当广域时延从 225ms 增加到 300ms 时，其功率振荡的衰减速率相对变缓；而当广域时延再从 300ms 减小到 150ms 时，相应的功率振荡则可以快速衰减到稳定值。因此，本章所设计的 LDC 也可以应对一定的广域时变时延。

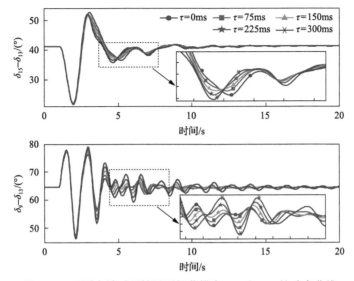

图 7.21　不同广域时延情况下振荡模态 M1 和 M2 的动态曲线

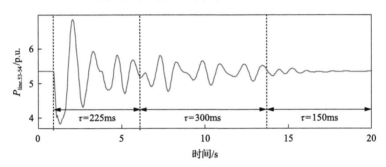

图 7.22　广域时变时延情况下功率振荡的动态曲线

7.5　本 章 小 结

本章推导了以电解铝为代表的高耗能工业负荷所引入的阻尼转矩表达式，揭示了其对电力系统低频振荡的影响机理，并以此为基础提出了电压型负荷的广域阻尼控制结构，有效地提升了电力系统多模态区间振荡的抑制能力。主要结论如下：

(1)研究了电解铝负荷对电力系统低频振荡的影响机理。基于单机系统模型，推导出电压型负荷所引入的阻尼转矩表达式。该表达式说明，若电力系统运行在轻载场景下，所接入的电压型负荷有益于提高电力系统低频振荡模态的阻尼水平；若电力系统运行在重载场景下，接入的电压型负荷可能会引入负的阻尼转矩并恶化振荡模态的阻尼特性。上述结论也在多机电力系统上得到了验证。

（2）提出了面向电解铝负荷的广域阻尼控制结构。首先，建立了电解铝负荷的负荷控制模型；其次，基于广域量测系统设计了针对电解铝负荷的广域阻尼控制结构，并详细分析了其有功功率控制的阻尼原理；最后，分析了电解铝负荷有功功率的可调节容量。同时，本章提出的负荷侧广域阻尼控制结构具有一定的通用性，可应用于其他类型的电压型负荷。

（3）针对负荷阻尼控制器的广域准分散式结构特点，本章提出了广域阻尼控制器的序列鲁棒设计方法。利用 H_2/H_∞ 混合灵敏度的鲁棒控制理论设计负荷阻尼控制器，可以提高多模态区间振荡抑制的鲁棒性。因此，本章提出了一种基于动态压缩 LMI 区域的序列鲁棒设计方法，使不同设计序列下阻尼控制器所分配的阻尼任务更为均匀。

参 考 文 献

[1] Lee C K, Hui S Y R. Reduction of energy storage requirements in future smart grid using electric springs[J]. IEEE Transactions on Smart Grid, 2013, 4(3): 1282-1288.

[2] 薛禹胜, 雷兴, 薛峰, 等. 关于风电不确定性对电力系统影响的评述[J]. 中国电机工程学报, 2014, 34(29): 5029-5040.

[3] 刘志雄, 孙元章, 黎雄, 等. 广域电力系统稳定器阻尼控制系统综述及工程应用展望[J]. 电力系统自动化, 2014, 38(9): 152-159.

[4] Zhang J, Chung C Y, Han Y. A novel modal decomposition control and its application to PSS design for damping interarea oscillations in power systems[J]. IEEE Transactions on Power Systems, 2012, 27(4): 2015-2025.

[5] Domínguez-García J L, Gomis-Bellmunt O, Bianchi F D, et al. Power oscillation damping supported by wind power: A review[J]. Renewable and Sustainable Energy Reviews, 2012, 16(7): 4994-5006.

[6] Hughes F M, Anaya-Lara O, Jenkins N, et al. A power system stabilizer for DFIG-based wind generation[J]. IEEE Transactions on Power Systems, 2006, 21(2): 763-772.

[7] 王立新, 程林, 孙元章, 等. 双馈风电机组有功-无功混合调制阻尼控制[J]. 电网技术, 2015, 39(2): 406-413.

[8] Milano F. Small-signal stability analysis of large power systems with inclusion of multiple delays[J]. IEEE Transactions on Power Systems, 2015, 31(4): 3257-3266.

[9] Klein M, Rogers G J, Kundur P. A fundamental study of inter-area oscillations in power systems[J]. IEEE Transactions on Power Systems, 1991, 6(3): 914-921.

[10] Milanovic J V, Hiskens I A. Oscillatory interaction between synchronous generator and local voltage-dependent load[J]. IEE Proceedings-Generation, Transmission and Distribution, 1995, 142(5): 473-480.

[11] Kundur P. Power System Stability and Control[M]. New York: McGraw-Hill, 1994.

[12] 陆超, 张俊勃, 韩英铎. 电力系统广域动态稳定辨识与控制[M]. 北京: 科学出版社, 2015.

[13] Pal B, Chaudhuri B. Robust Control in Power Systems[M]. Berlin: Springer, 2006.

[14] 刘取. 电力系统稳定性及发电机励磁控制[M]. 北京: 中国电力出版社, 2007.

[15] 倪以信, 陈寿孙, 张宝霖. 动态电力系统的理论和分析[M]. 北京: 清华大学出版社, 2002.

[16] Kumar A. Power system stabilizers design for multimachine power systems using local measurements[J]. IEEE Transactions on Power Systems, 2016, 31(3): 2163-2171.

[17] 王锡凡, 方万良, 杜正春. 现代电力系统分析[M]. 北京: 科学出版社, 2003.

[18] Muljadi E, Butterfield C P, Ellis A, et al. Equivalencing the collector system of a large wind power plant[C]. 2006 IEEE Power Engineering Society General Meeting, Piscataway, 2006: 1-9.

[19] Samuelsson O, Eliasson B. Damping of electro-mechanical oscillations in a multimachine system by direct load control[J]. IEEE Transactions on Power Systems, 1997, 12 (4): 1604-1609.

[20] Kamwa I, Grondin R, Asber D, et al. Active-power stabilizers for multimachine power systems: Challenges and prospects[J]. IEEE Transactions on Power Systems, 1998, 13 (4): 1352-1358.

[21] Kamwa I, Grondin R, Asber D, et al. Large-scale active-load modulation for angle stability improvement[J]. IEEE Transactions on Power Systems 1999, 14 (2): 582-590.

[22] 孙元章, 鲍益, 徐箭, 等. 含高比重可再生能源电力系统功率波动性平抑策略的探讨[J]. 科学通报, 2017, 62 (10): 1071-1081.

[23] 王玉, 许和平, 王怀明, 等. 电解铝重载孤网紧急控制优化方法[J]. 电力系统自动化, 2014 (21): 121-126.

[24] Yuan J, Zhou J, Chen B, et al. A novel compact high-voltage test system based on a magnetically controlled resonant transformer[J]. IEEE Transactions on Magnetics, 2015, 51 (11): 1-4.

[25] Tian M. Design and simulation of a voltage-control system with a controllable reactor of transformer type[C]. 2005 IEEE International Conference on Industrial Technology, Piscataway, 2005: 419-423.

[26] Jiang H, Lin J, Song Y, et al. Demand side frequency control scheme in an isolated wind power system for industrial aluminum smelting production[J]. IEEE Transactions on Power Systems, 2014, 29 (2): 844-853.

[27] Bao Y, Xu J, Liao S, et al. Field verification of frequency control by energy-intensive loads for isolated power systems with high penetration of wind power[J]. IEEE Transactions on Power Systems, 2018, 33 (6): 6098-6108.

[28] Scherer C, Gahinet P, Chilali M. Multiobjective output-feedback control via LMI optimization[J]. IEEE Transactions on Power Systems, 2008, 23(3): 1136-1143.

[29] Chaudhuri B, Pal B C, Zolotas A C, et al. Mixed-sensitivity approach to H control of power system oscillations employing multiple FACTS devices[J]. IEEE Transactions on Power Systems, 2003, 18 (3): 1149-1156.

[30] 俞立. 鲁棒控制: 线性矩阵不等式处理方法[M]. 北京: 清华大学出版社, 2002.

[31] Canizares C, Fernandes T, Geraldi E, et al. Benchmark models for the analysis and control of small-signal oscillatory dynamics in power systems[J]. IEEE Transactions on Power Systems, 2016, 32 (1): 715-722.

[32] Zhu K, Chenine M, Nordstrom L, et al. Design requirements of wide-area damping systems—using empirical data from a utility IP network[J]. IEEE Transactions on Smart Grid, 2014, 5 (2): 829-838.

[33] Lu C, Zhang X, Wang X, et al. Mathematical expectation modeling of wide-area controlled power systems with stochastic time delay[J]. IEEE Transactions on Smart Grid, 2015, 6 (3): 1511-1519.

第8章 电解铝负荷参与互联电网调频辅助服务方法

并网型高耗能工业电网运行经济性问题十分重要。传统模式下，高耗能工业电网内部的自备火电机组及高耗能电解铝负荷等具备调节能力的调频资源不响应大电网调节信号激励，造成了调频资源的浪费。如果能够深入挖掘高耗能工业电网调频资源的调节潜力，使高耗能工业电网主动参与电力市场调频辅助服务，通过调频辅助服务获得调频奖励能够提高工业企业经济性。因此研究高耗能负荷参与电力市场调频辅助服务的方法具有重要意义。

然而高耗能负荷参与电力市场调频辅助服务也面临着诸多挑战：①目前国内尚无完善的需求侧响应资源参与调频辅助服务市场，市场机制有待完善。②国外调频辅助服务市场要求调频资源具备向上和向下对称的调节能力，而一般高耗能电解铝负荷处于接近满负荷运行状态而难以获得较充足的向上调节能力。如何满足调频市场的这一要求亟待解决。③调频辅助服务要求调频资源在一段时间内连续参与调节，该调节将对调频资源的正常运行产生影响，特别是对生产要求较高的高耗能电解铝负荷。如何在高质量保证调频服务效果的同时减小高耗能电解铝负荷在调频过程中产生的损失也存在挑战。

针对上述挑战，本章将研究高耗能电解铝负荷参与电力市场调频辅助服务的研究，基于高耗能电解铝负荷优质调控特性，设计一套两阶段分级控制框架，通过高耗能工业电网中自备火电机组和高耗能电解铝负荷在不同时间尺度的协调运行，保证并网型高耗能电网参与电力市场调频辅助服务的经济性最优。

围绕高耗能工业电网参与电力市场调频辅助服务的问题，本章提出一套两阶段分级控制框架，该框架结构在 8.1 节进行阐述；基于美国调频辅助服务市场，提出考虑调频信号不确定性的日前调频备用优化方法，即 8.2 节的内容；考虑高耗能负荷调频过程中的经济性，提出基于经济型模型预测控制的实时调频控制方法，即 8.3 节的内容；基于典型高耗能工业电网和实际调频信号，验证本章提出的两阶段分级控制的有效性，即 8.4 节的内容；8.5 节对本章的研究内容进行总结。

8.1 高耗能工业电网参与调频辅助服务的总体框架设计

8.1.1 典型调频辅助服务市场运行流程

2011 年 10 月美国联邦能源监管委员会提出鼓励需求侧快速调频资源参与调频辅助服务的法案，要求美国电力市场的区域输电组织在调频市场中引入基于调频效果的补偿机制，旨在鼓励具有快速响应特性的资源参与调频市场。755 指令颁布后，美国宾夕法尼亚州-新泽西州-马里兰州互联网络（Pennsylvania-New Jersey-Maryland interconnection，PJM）电力市场在新的调频市场中引入并实施了新的补偿方案[1]，其核心内容是考虑调频性能指标的两部制补偿。PJM 电力市场将调频服务信号分为两类：常规调频信号（RegA）和动态调频信号（RegD）。受调节速率影响的调频资源将跟随 RegA 信号，主要通过容量调节获得补偿；具备快速调节能力的调频资源跟随 RegD 信号，主要通过调节性能获得补偿。两种方式补偿方法表述如下[2]：

$$\begin{cases} I^{\mathrm{cap}} = \pi^{\mathrm{cap}} \cdot S^{\mathrm{cap}} \cdot r^{\mathrm{cap}} \\ I^{\mathrm{perf}} = (\pi^{\mathrm{perf}} \cdot R) \cdot S^{\mathrm{perf}} \cdot r^{\mathrm{perf}} \end{cases} \tag{8.1}$$

式中，I^{cap} 和 I^{perf} 分别为基于容量的补偿收益与基于调节性能的补偿收益；R 为动态调频信号 RegD 与常规调节信号 RegA 的调节比例；π^{cap} 和 π^{perf} 分别为容量价格与调频里程价格；S^{cap} 和 S^{perf} 为基于容量和基于调节性能的调频性能指标；r^{cap} 和 r^{perf} 为基于容量和基于调节性能的调节容量。调频里程表示调频信号上下调节量绝对值之和，调频性能指标表示调频资源跟踪调频信号的紧密程度。调频资源获得的调频收益与调频里程及调频性能呈强相关关系。调频里程越大且调频性能越高，则调频资源可获得的收益也越大。

调频里程指供应商实际提供调频信号的上下调节量。调频里程直接取为两个调频信号差的绝对值。

$$\begin{cases} M_{\mathrm{RegA}} = \sum_{i=0}^{n} |\mathrm{RegA}_i - \mathrm{RegA}_{i-1}| \\ M_{\mathrm{RegD}} = \sum_{i=0}^{n} |\mathrm{RegD}_i - \mathrm{RegD}_{i-1}| \end{cases} \tag{8.2}$$

调频性能指标表示其跟踪 AGC 信号的紧密程度，PJM 从三个方面进行评估，包括相关性分数、延时分数和精确度分数。

（1）相关性分数：采用相关性函数计算调频信号和响应值之间的相关程度。

$$S^{\mathrm{cor}} = \max_{\delta=0\sim5\min} r_{\mathrm{PJM\,Signal,\,Resource\,signal}\,(\delta,\delta+5\min)} \tag{8.3}$$

式中，r 为 PJM 调频信号和调频资源跟踪信号的相关性函数；δ 为延时。

（2）延时分数：延时分数用于量化调频信号与响应之间的时间差。

$$S^{\mathrm{delay}} = \left| \frac{5\min - \delta}{5\min} \right| \tag{8.4}$$

(3)精确度分数：关于调频需求量与调频里程之间的差值的函数，精确度为 0 时表示没有响应，精确度为 1 时表示调频里程与指令一致。

$$S^{\mathrm{pre}} = 1 - \frac{1}{n}\sum \mathrm{Abs}\left(\mathrm{Abs}\left(\frac{调频资源的出力 - 调频资源跟踪信号}{1\mathrm{h}内调频信号绝对值的平均值}\right)\right) \qquad (8.5)$$

PJM 每 10s 计算一次调频性能指标，然后以 5min 为一个周期取平均值，调频性能指标为以上分数的加权平均值：

$$S^{\mathrm{perf}} = k_1 S^{\mathrm{cor}} + k_2 S^{\mathrm{delay}} + k_3 S^{\mathrm{pre}} \qquad (8.6)$$

式中，k_1、k_2、k_3 为权重因子，三者之和等于 1。通常情况下，$k_1 = k_2 = k_3 = 1/3$。

调频资源参与调频辅助服务市场需要满足以下条件。

(1)调频服务供应商调节容量必须大于 0.1MW。

(2)调频服务供应商必须通过 PJM 调频性能测试，调频性能指标不低于 0.75。

(3)具备 AGC 装置。

(4)统计时间段内平均历时调频性能指标不低于 0.25。

PJM 调频辅助服务市场运行流程图如图 8.1 所示。PJM 市场运营机构在运行日前提前发布调频市场需求，并接受调频辅助供应商的申报。各个调频服务供应商将愿意提供的调频容量、容量报价及里程报价提供给市场运营机构进行日前报价。市场申报截止后，电力调度机组根据调频服务供应商的报价数据及其历史调

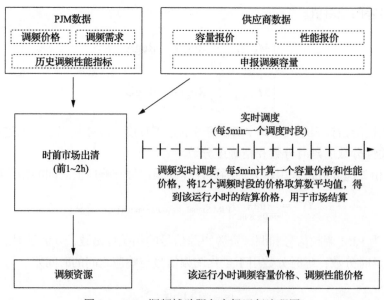

图 8.1　PJM 调频辅助服务市场运行流程图

频性能指标，调整形成各调频服务供应商的排序价格，由低到高一次排序，在满足调频需求的基础上形成市场出清的统一边际价格。一旦调频服务供应商申报的容量中标，该调频服务供应商将根据该中标的调频容量进行实时调频服务。PJM将分配调频信号至每一个调频服务供应商。调频服务供应商将调频能力以 2s 的周期发送至 PJM。PJM 将实时调频信号（RegA 或者 RegD）发送至调频服务供应商。调频服务完成后，电力调度结构根据各调频服务供应商的实际调频性能与贡献，确定其调频收益和费用分摊[2]。

8.1.2　高耗能电解铝负荷参与调频辅助服务框架

基于 8.1.1 节描述的 PJM 调频辅助服务市场运行流程图，本节提出高耗能工业电网参与电力市场调频辅助服务的总体框架，如图 8.2 所示。该框架由日前调频备用容量优化和实时调频控制两个部分组成。日前调频备用容量优化部分在日前时间尺度确定参与电力市场调频服务的容量，解决考虑日前调频信号的不确定性情况下调频资源参与调频服务经济性最优的问题，并将优化的调频容量提交至电力市场运营商进行竞标。实时调频控制部分执行实时时间尺度的调频服务运行控制，通过协调调频资源出力，跟踪实时调频信号，以提供优质的调频服务，并通过优化控制器保证在调节过程中，高耗能工业电网整体经济性最优。通过日前

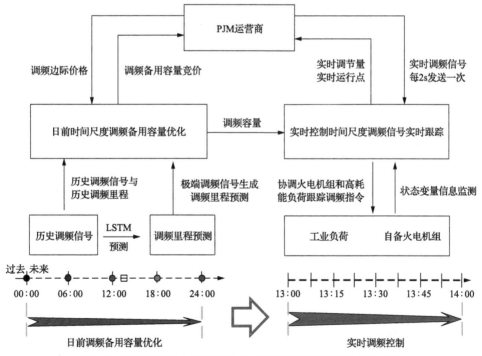

图 8.2　高耗能工业电网参与电力市场调频辅助服务的总体框架

备用容量优化，可以解决调频信号不确定性的问题。通过考虑经济性的实时调频控制，可以弥补实时调频过程给负荷生产带来的损失。通过火电机组和高耗能电解铝负荷协调优化控制，可以提供优质的调频服务。通过两阶段协调控制，可以解决预测误差带来的难题。分级控制器各部分的介绍将在 8.2 节和 8.3 节进行详细阐述。

8.2 日前调频备用容量优化方法设计

8.2.1 考虑负荷调节惩罚代价的目标函数

日前调频备用容量优化的目的是通过确定调频备用实现高耗能工业电网在调频过程中的经济性最优。高耗能工业电网一天内总收入主要包括高耗能电解铝负荷生产收入、火电机组运行成本、调频辅助服务收入、高耗能电解铝负荷的调节代价惩罚成本，可由式(8.7)表示：

$$\text{Income}^{\text{day}} = \sum_{h \in H} \left(\text{Income}_h^{\text{product}} + \text{Income}_h^{\text{regulation}} - \text{Cost}_h^{\text{generator}} - \text{Penalty}_h^{\text{regulation}} \right)$$

$$(8.7)$$

式中，$\text{Income}_h^{\text{product}}$ 为第 h 个小时内高耗能电解铝负荷生产收入；$\text{Income}_h^{\text{regulation}}$ 为第 h 个小时内调频辅助服务收入；$\text{Cost}_h^{\text{generator}}$ 为第 h 个小时内发电机组运行成本；$\text{Penalty}_h^{\text{regulation}}$ 为第 h 个小时内高耗能电解铝负荷的调节代价惩罚成本；H 为一天。

高耗能电解铝负荷生产收入计算方法如下：

$$\text{Income}_h^{\text{product}} = \sum_{j \in J} \left(\pi_h^{\text{product}} \cdot \eta_h^{\text{product}} \cdot \sum_{t \in T} P_{h,j,t}^{\text{load}} \Delta t \right), \quad \forall h,j,t \qquad (8.8)$$

式中，π_h^{product} 为高耗能电解铝负荷产品的市场价格；η_h^{product} 为每生产 1t 高耗能电解铝负荷产品的耗电量；$P_{h,j,t}^{\text{load}}$ 为第 j 个高耗能电解铝负荷在 t 时刻的功率出力；J 为该工业电网内高耗能电解铝负荷生产线的数量；T 为调度周期数量。

调频辅助服务收入 $\text{Income}_h^{\text{regulation}}$ 按照 PJM 调频辅助服务市场针对需求侧响应资源补偿机制进行补偿[3]，如下：

$$\text{Income}_h^{\text{regulation}} = (\pi_h^{\text{cap}} + \pi_h^{\text{perf}} \cdot R) \cdot K^{\text{perf}} \cdot r_t^{\text{reg}}, \quad \forall h,t \qquad (8.9)$$

式中，π_h^{cap} 为第 h 个小时基于容量的调频价格；π_h^{perf} 为第 h 个小时基于调频性能的调频价格；R 为需求侧响应资源调频里程与常规调频资源调频里程的比例系数；

K^{perf} 为调频性能分数，PJM 根据最近三个月历史调频记录计算调频性能分数。r_t^{reg} 表示 t 时刻调频备用容量。

自备火电机组运行成本如下：

$$\text{Cost}_h^{\text{generator}} = \sum_{i \in I} \sum_{t \in T} \left[c_h^{\text{generator}} \cdot \left(a_i P_{h,i,t}^{\text{generator}} + b_i P_{h,i,t}^{\text{generator}} + c_i \right) \Delta t \right], \quad \forall h, i, t \qquad (8.10)$$

式中，$c_h^{\text{generator}}$ 为自备火电机组燃料成本；$P_{h,j,t}^{\text{generator}}$ 表示第 i 台自备火电机组在第 h 个小时 t 时刻的出力；I 为该系统内自备火电机组的数目；T 为火电机组投入运行的总时间；a_i、b_i、c_i 表示第 i 台自备火电机组的燃料成本系数。

高耗能电解铝负荷参与调频辅助服务的代价成本主要包括两部分：一部分是调节过程能量的损耗造成的产品产量利润的损失，该部分在式(8.8)中可以体现；另一部分是高耗能电解铝负荷过载调节造成对设备使用寿命的影响。通常情况下，高耗能电解铝负荷以 95% 额定功率运行，在参与调频辅助服务过程中某些时间段其运行功率将高于 95% 额定功率。长期的高功率运行将对设备的使用寿命造成影响并增大设备出现故障的风险。因此，本章基于设备全寿命周期模型，对高耗能过载运行的惩罚函数进行建模。定义 ξ 为设备维修成本，τ 为高耗能电解铝负荷设备寿命周期。同时定义 τ_{eco} 为设备运行在经济运行点的设备寿命周期，ξ_{eco} 为高耗能电解铝负荷运行在经济运行点处的设备维修成本。在第 h 个小时 t 时刻，当高耗能电解铝负荷运行功率高于该运行点时，其维修成本 $\xi_{h,j,t}$ 将高于 $\xi_{\text{eco},j}$，两者之间的差价 $\eta_{h,j,t}^{\text{regulation}}$ 为

$$\eta_{h,j,t}^{\text{regulation}} = \frac{\xi_{h,j,i} - \xi_{\text{eco},j}}{\tau_{\text{eco},j}} = \frac{\xi_{\text{eco},j}(\tau_{h,j,t} - \tau_{\text{eco},j})}{\tau_{\text{eco},j}\tau_{h,j,t}} \qquad (8.11)$$

因此，当高耗能电解铝负荷超过其经济运行点运行时，将会受到惩罚 $\text{Penalty}_h^{\text{regulation}}$：

$$\text{Penalty}_h^{\text{regulation}} = \sum_{j \in J} \sum_{t \in T} \left[\eta_{h,j,t}^{\text{regulation}} \cdot \max\left(\frac{P_{h,j,t}^{\text{load}} - P_{\text{eco},j}^{\text{load}}}{P_{\text{eco},j}^{\text{load}}}, 0 \right) \Delta t \right], \quad \forall h, j, t \qquad (8.12)$$

8.2.2　日前调频备用容量优化约束条件

高耗能工业电网功率平衡约束：

$$\sum_{i \in I} P_{h,i,t}^{\text{generator}} + K_t^{\text{perf}} \omega_{h,t} r_{h,t}^{\text{reg}} = \sum_{j \in J} p_{h,j,t}^{\text{load}}, \quad \forall h, i, j, t \qquad (8.13)$$

式中，$\omega_{h,t}$ 为第 h 个小时 t 时刻的调频信号，该调频信号由 PJM 发送至调频资源。该调频信号幅值在 $[-1,1]$ 区间波动，如下：

$$-1 \leqslant \omega_{h,t} \leqslant 1, \quad \forall h,t \tag{8.14}$$

调频备用容量约束：

$$0 \leqslant r_{\text{up},t}^{\text{reg}} \leqslant \sum_{i \in I}(P_{\text{eco},i}^{\text{generator}} - P_{\text{min},i}^{\text{generator}}) + \sum_{k \in K}(P_{\text{max},k}^{\text{load}} - P_{\text{eco},k}^{\text{load}}), \quad \forall i,t,k \tag{8.15a}$$

$$0 \leqslant r_{\text{up},t}^{\text{reg}} \leqslant \sum_{i \in I}(P_{\text{eco},i}^{\text{generator}} - P_{\text{min},i}^{\text{generator}}) + \sum_{k \in K}(P_{\text{max},k}^{\text{load}} - P_{\text{eco},k}^{\text{load}}), \quad \forall i,t,k \tag{8.15b}$$

$$r_h^{\text{reg}} = r_h^{\text{up}} = r_h^{\text{down}}, \quad \forall h,t \tag{8.15c}$$

式中，r_h^{up}、r_h^{down} 分别为向上调频备用容量和向下调频备用容量；$P_{\text{eco},i}^{\text{generator}}$ 与 $P_{\text{eco},k}^{\text{load}}$ 分别为自备火电机组和高耗能电解铝负荷正常运行工作点；$P_{\text{min},i}^{\text{generator}}$、$P_{\text{max},k}^{\text{generator}}$ 分别为自备火电机组最小出力和最大出力；$P_{\text{min}}^{\text{load}}$、$P_{\text{max}}^{\text{load}}$ 分别为高耗能电解铝负荷最小出力和最大出力；K 为可调节的高耗能电解铝数量。高耗能工业电网的总调频备用容量不能超过自备火电机组最大调频备用容量与高耗能电解铝负荷最大调频容量之和。

自备火电机组出力约束：

$$P_{\text{min},i}^{\text{generator}} \leqslant P_{h,i,t}^{\text{generator}} \leqslant P_{\text{max},i}^{\text{generator}}, \quad \forall h,t,i \tag{8.16}$$

式中，i 为第 i 台自备火电机组。

高耗能电解铝负荷出力约束：

$$P_{\text{min},j}^{\text{load}} \leqslant P_{h,j,t}^{\text{load}} \leqslant P_{\text{max},j}^{\text{load}}, \quad \forall h,t,j \tag{8.17}$$

式中，j 为第 j 个高耗能电解铝。

自备火电机组调节速率约束

$$\beta_{\text{down},i}^{\text{generator}} P_{\text{rate},i}^{\text{generator}} \leqslant P_{h,i,t}^{\text{generator}} - P_{h,i,t-1}^{\text{generator}} \leqslant \beta_{\text{up},i}^{\text{generator}} P_{\text{rate},i}^{\text{generator}}, \quad \forall h,t,i \tag{8.18}$$

式中，$\beta_{\text{down},i}^{\text{generator}}$、$\beta_{\text{up},i}^{\text{generator}}$ 分别为自备火电机组向下调节速率与向上调节速率限制。

高耗能电解铝负荷调节速率约束：

$$\beta_{\text{down},j}^{\text{load}} P_{\text{rate},j}^{\text{load}} \leqslant P_{h,j,t}^{\text{load}} - P_{h,j,t-1}^{\text{load}} \leqslant \beta_{\text{up},j}^{\text{load}} P_{\text{rate},j}^{\text{load}}, \quad \forall h,t,j \tag{8.19}$$

式中，$\beta_{\text{down},j}^{\text{load}}$、$\beta_{\text{up},j}^{\text{load}}$ 分别为高耗能电解铝负荷向下调节速率与向上调节速率限制。

8.2.3　日前调频备用容量优化问题求解

式 (8.6)～式 (8.19) 构成高耗能工业电网日前调频备用容量优化问题。然而由于式 (8.14) 中 $\omega_{h,t}$ 具有很强的随机波动性，不同调度时段的调频信号波形差异较大，图 8.3 分别是 PJM 市场不同时间段的调频信号波形。从图 8.3 可以看出，两种波形波动幅度、波动剧烈程度均存在明显差异。因此在日前时间尺度难以准确预测实时控制时间段内具体调频信号的波动。调频信号的随机不确定性将造成该调频备用优化问题难以求解。此外，不同类型的调频信号对实时调频的性能影响较大。以图 8.3 中两种类型调频信号为例，图 8.3(a) 调频信号波动较平缓，调频资源易于跟踪该类型调频信号。而图 8.3(b) 调频信号波动剧烈，调频资源跟踪该类型调频信号难度较大。调频信号对于调频备用容量的确定起到关键性作用，因此必须解决调频信号不确定性的问题。

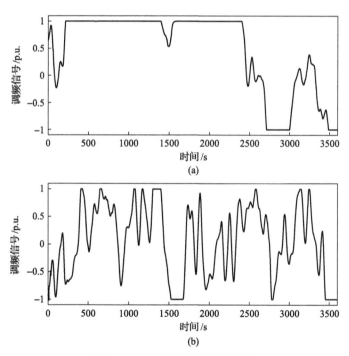

图 8.3　PJM 实际调频信号波形

针对调频信号不确定性的问题，文献[4]提出使用调频信号极端波动轨迹代替实际调频信号的方法。极端波动轨迹即调频信号由 1.0p.u. 短时间内迅速下降至 −1.0p.u. 或者从 −1.0p.u. 迅速上升至 1.0p.u.，如图 8.4 所示。该方法认为如果调频资源能够跟随极端调频信号的波动，就能够跟随任意实际的调频信号的波动。

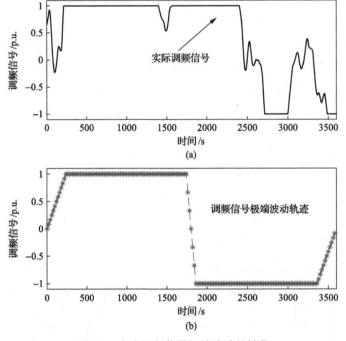

图 8.4　考虑调频信号极端波动的转化

　　该方法对于储能及暖通空调等具有较好的效果。但该方法忽略了调频资源在跟随极端波动信号过程中产生的损失。对于高耗能调频资源，每跟随一次极端调频信号都会对高耗能的生产产生影响。因此极端波动信号的数量也会对调频整体经济性产生较大的影响。基于此，本章提出以不同数目极端功率波动轨迹描述调频信号波动性，并以极端波动信号作为日前优化问题输入的方法，通过该方法可以解决常规调频信号不确定性的问题。

　　另外需要解决的问题是如何确定未来每个实时运行时段内极端功率波动的数目。本章使用 PJM 提出的里程数来解决该问题。从调频里程的定义可知，调频里程可以代表调频信号的波动性。调频里程越大，对应的调频信号波动性也越大，该特性从图 8.4(a) 也可以看出。因此可以将每个实时调频时段调频信号波动性通过每小时对应的调频里程进行刻画。此外，由于 PJM 储存大量调频信号历史数据，因此可以得到 PJM 市场丰富的历史调频里程数据，如图 8.5 所示。

　　采用具有长短时记忆(long short term memory，LSTM)的神经网络预测方法对调频里程进行预测。LSTM 是一种特殊的卷积神经网络，充分地利用历史信息，在时序数据分析中具有更强的适应性[5,6]。为了预测序列未来时间步长的值，首先

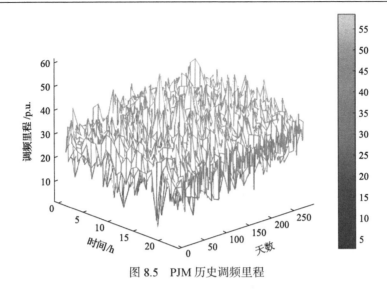

图 8.5　PJM 历史调频里程

使用 PJM 的历史调节信号数据和相应的小时/日/周值数据集。其次初始化 LSTM
网络的参数，包括时间步长、隐藏层数、优化器和训练的时间。然后是使用数据
集训练 LSTM 网络。提前一步对调节里程进行预测，并根据最后一步的预测里程
更新输入变量。最后一步是预测第二天的规定里程。LSTM 预测采用 Keras 和
TensorFlow 实现[7]。Keras 是一个基于 Python 的高级深度学习库，它运行在
TensorFlow 之上。TensorFlow 是谷歌公司于 2016 年发布的一款开源深度学习软件。

　　通过具有 LSTM 神经网络预测方法可以在日前时间尺度预测调频里程中刻画
不同实时控制时段调频信号的波动程度。在此基础上，基于大量数据仿真，拟合
得到不同调频里程数与极端波动信号数目的关系。根据调频里程大小将调频里程
进行分箱，从小到大依次记为 $[\text{bin}1, \text{bin}2, \text{bin}3, \text{bin}4, \text{bin}5]$。同时，将不同数目的极
端调频信号波动轨迹也分别记为 $[\omega_1, \omega_2, \omega_3, \omega_4, \omega_5]$。调频里程与不同数目的极端
调频信号的对应关系通过大量的仿真数据拟合得到，具体关系将在算例部分进行
详细分析。

　　图 8.6 为考虑调频信号极端波动的转化。

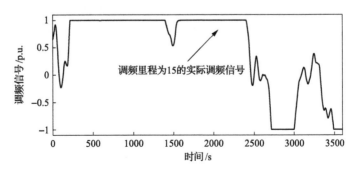

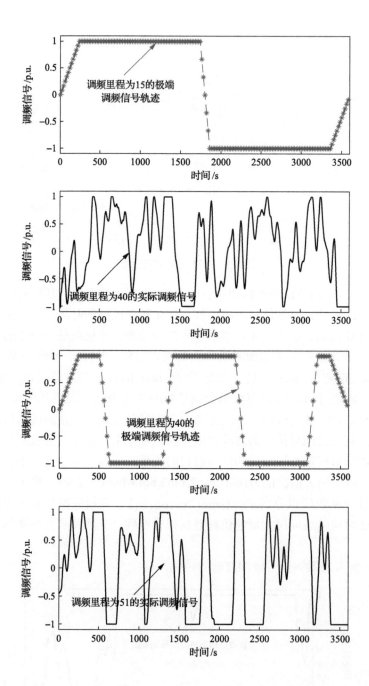

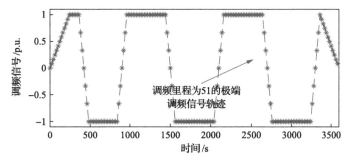

图 8.6　考虑调频信号极端波动的转化

　　通过上述方法，实现了将随机波动的调频信号转化为确定性的极端功率波动信号，将确定性信号作为优化问题输入，易于求解。

　　高耗能工业电网日前调频备用容量优化求解流程图如图 8.7 所示。将历史调频信号转换为历史调频里程。使用 LSTM 预测未来一天 24h 内调频里程数。根据调频里程数选择每一小时对应的极端调频轨迹。将该轨迹作为调频信号形成调频备用容量优化问题，使用 YALMIP 软件进行求解。

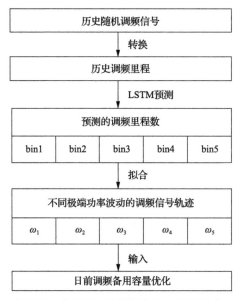

图 8.7　高耗能工业电网日前调频备用容量优化求解流程图

8.3　实时调频控制方法设计

8.3.1　经济型模型预测控制

　　日前时间尺度的优化结果将作为实时运行控制的基准调频容量。PJM 对实时调节的性能进行评分，并根据分数进行结算，因此实时调频对于调频经济性至关重要。对于协调调频资源跟踪调频信号的问题，模型预测控制可以实现较好的效果。然而对于高耗能工业电网参与实时调频问题，由于高耗能调频资源参与调频对高耗能电解铝负荷的生产及设备的安全也会产生一定影响，较好的调频分数不能代表最终整体经济性最优。因此传统的模型预测控制难以满足经济性要求。在模型预测控制的基础上，本节研究经济型模型预测控制（economic model predictive control，EMPC）。经济型模型预测控制不仅关注过程控制的控制效果或跟踪效果，也越来越重视过程控制的经济效益及经济代价[134]。EMPC 采用与 MPC 相类似的结构框架，具有 MPC 可有效处理时滞、约束和多变量的优点。此外 EMPC 采用结构形式更加灵活的经济代价函数代替传统的 MPC 二次型代价函数，使得 EMPC 在调节过程中具有较好的经济性。经济模型预测控制结构图如图 8.8 所示。

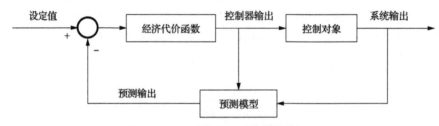

图 8.8　经济模型预测控制结构图

传统模型预测控制下，目标函数是为了减小输出值与参考值误差。使用二次型函数表示如下：

$$\phi_{\text{reg}}(u,y) = \sum_{k=0}^{N-1} \left\| y_k - \overline{y}_k \right\|_Q^2 + \left\| u_k - \overline{u}_k \right\|_R^2 \tag{8.20}$$

式中，Q 和 R 分别为权重系数；y 与 u 分别为系统输出和输入；$\overline{y}_k$、$\overline{u}_k$ 为输出输入稳态设定值。传统模型预测控制动作对目标函数进行惩罚时需通过权重系数 R 作为正则项。

经济模型预测控制下，其目标函数增加经济项 $\phi_{\text{eco}}(u,s)$：

$$\phi_{\text{eco}}(u,s) = \sum_{k=0}^{N-1} c_k^{\text{T}} u_k + \rho_k^{\text{T}} s_k \tag{8.21}$$

该经济项包括系统运行成本 c_k 及违规成本 ρ_k。通过合并式(8.20)与式(8.21)，可以得到一个基于均值方差的目标函数：

$$\phi = \alpha \phi_{\text{eco}} + (1-\alpha) \phi_{\text{reg}}, \qquad \alpha \in [0,1] \tag{8.22}$$

该目标函数的经济项是近似于成本函数的均值，正则项近似于方差，参数 α 作用是调整经济项和正则项的权衡，即预期成本和风险规避。使用确定性公式(目标函数中只有不确定性的期望值)的主要优点是与基于蒙特卡罗模拟的均值方差方法相比较，计算负载显著减少。

解决式(8.20)的一种方法是通过将状态空间模型压缩为有限脉冲响应模型，输出变量 $\boldsymbol{Z} = \boldsymbol{\Gamma}_{\mathrm{u}}\boldsymbol{U} + \boldsymbol{\Phi}x_0 + \boldsymbol{\Gamma}_{\mathrm{d}}\boldsymbol{D}$，则式(8.20)转化为线性规划问题：

$$
\begin{aligned}
\min_{\boldsymbol{U},\boldsymbol{S}} \quad & \boldsymbol{c}^{\mathrm{T}}\boldsymbol{U} + \boldsymbol{\rho}^{\mathrm{T}}\boldsymbol{S} \\
\text{s.t.} \quad & \boldsymbol{U}_{\min} \leqslant \boldsymbol{U} \leqslant \boldsymbol{U}_{\max} \\
& \Delta\boldsymbol{U}_{\min} \leqslant \Delta\boldsymbol{U} \leqslant \Delta\boldsymbol{U}_{\max} \\
& \boldsymbol{Y}_{\min} \leqslant \boldsymbol{Y} \leqslant \boldsymbol{Y}_{\max} \\
& \boldsymbol{R}_{\min} \leqslant \boldsymbol{Z} + \boldsymbol{S} \\
& \boldsymbol{R}_{\max} \geqslant \boldsymbol{Z} - \boldsymbol{S} \\
& \boldsymbol{S} \geqslant 0
\end{aligned}
\tag{8.23}
$$

式中

$$
\boldsymbol{S} = \begin{bmatrix} s_i \\ s_{i+1} \\ \vdots \\ s_{i+N} \end{bmatrix}, \quad
\boldsymbol{R}_{\min} = \begin{bmatrix} r_i^{\min} \\ r_{i+1}^{\min} \\ \vdots \\ r_{i+N}^{\min} \end{bmatrix}, \quad
\boldsymbol{R}_{\max} = \begin{bmatrix} r_i^{\max} \\ r_{i+1}^{\max} \\ \vdots \\ r_{i+N}^{\max} \end{bmatrix}
\tag{8.24}
$$

$$
\Delta\boldsymbol{U} = \begin{bmatrix} \Delta u_i \\ \Delta u_{i+1} \\ \vdots \\ \Delta u_{i+N-1} \end{bmatrix}, \quad
\Delta\boldsymbol{U}_{\min} = \begin{bmatrix} \Delta u_i^{\min} \\ \Delta u_{i+1}^{\min} \\ \vdots \\ \Delta u_{i+N-1}^{\min} \end{bmatrix}, \quad
\Delta\boldsymbol{U}_{\max} = \begin{bmatrix} \Delta u_i^{\max} \\ \Delta u_{i+1}^{\max} \\ \vdots \\ \Delta u_{i+N-1}^{\max} \end{bmatrix}
\tag{8.25}
$$

由于 $\Delta u_i = u_i - u_{i-1}$，所以有

$$
\Delta\boldsymbol{U} = \boldsymbol{\Lambda}\boldsymbol{U} - \boldsymbol{I}_0 u_{-1}
$$

式中，$\boldsymbol{\Lambda} = \begin{bmatrix} \boldsymbol{I}_0^{\mathrm{T}} \\ \boldsymbol{\Lambda}_{\mathrm{d}} \end{bmatrix}$，$\boldsymbol{I}_0 = \begin{bmatrix} \boldsymbol{I} \\ 0 \\ \vdots \\ 0 \end{bmatrix}$，$\boldsymbol{\Lambda}_{\mathrm{d}} = \mathrm{diag}([\boldsymbol{I}_{\mathrm{d}} \quad \boldsymbol{I}_{\mathrm{d}} \quad \cdots \quad \boldsymbol{I}_{\mathrm{d}}])$，$\boldsymbol{I}_{\mathrm{d}} = [-\boldsymbol{I} \quad \boldsymbol{I}]$。

因此可将式(8.23)写成常规线性规划问题：

$$\min \quad \boldsymbol{g}^{\mathrm{T}} \boldsymbol{x}$$
$$\text{s.t.} \quad \boldsymbol{A} \boldsymbol{x} \geqslant \boldsymbol{b} \tag{8.26}$$

式中，$\boldsymbol{x} = \begin{bmatrix} \boldsymbol{U} \\ \boldsymbol{S} \end{bmatrix}$，$\boldsymbol{g} = \begin{bmatrix} \boldsymbol{c} \\ \rho \end{bmatrix}$，$\boldsymbol{A} = \begin{bmatrix} \boldsymbol{I} & \boldsymbol{0} \\ -\boldsymbol{I} & \boldsymbol{0} \\ \boldsymbol{\Lambda} & \boldsymbol{0} \\ -\boldsymbol{\Lambda} & \boldsymbol{0} \\ \boldsymbol{\Gamma}_{\mathrm{yu}} & \boldsymbol{0} \\ -\boldsymbol{\Gamma}_{\mathrm{yu}} & \boldsymbol{0} \\ \boldsymbol{\Gamma}_{\mathrm{zu}} & \boldsymbol{I} \\ -\boldsymbol{\Gamma}_{\mathrm{zu}} & \boldsymbol{I} \\ \boldsymbol{0} & \boldsymbol{I} \end{bmatrix}$，$\boldsymbol{b} = \begin{bmatrix} \boldsymbol{U}_{\min} \\ -\boldsymbol{U}_{\max} \\ \Delta \bar{\boldsymbol{U}}_{\min} \\ -\Delta \bar{\boldsymbol{U}}_{\max} \\ \boldsymbol{Y}_{\min} \\ -\boldsymbol{Y}_{\max} \\ \bar{\boldsymbol{R}}_{\min} \\ -\bar{\boldsymbol{R}}_{\max} \\ \boldsymbol{0} \end{bmatrix}$。

$$\Delta \bar{\boldsymbol{U}}_{\max} = \Delta \boldsymbol{U}_{\max} + \boldsymbol{I}_0 u_{-1}, \quad \bar{\boldsymbol{R}}_{\max} = \boldsymbol{R}_{\max} - \boldsymbol{\Phi} x_0 - \boldsymbol{\Gamma}_{\mathrm{d}} \boldsymbol{D}$$

$$\Delta \bar{\boldsymbol{U}}_{\min} = \Delta \boldsymbol{U}_{\min} + \boldsymbol{I}_0 u_{-1}, \quad \bar{\boldsymbol{R}}_{\min} = \boldsymbol{R}_{\min} - \boldsymbol{\Phi} x_0 - \boldsymbol{\Gamma}_{\mathrm{d}} \boldsymbol{D}$$

$\boldsymbol{\Phi} = \dfrac{1}{2} \|\boldsymbol{Z} - \boldsymbol{R}\|_Q^2$ 是二次跟踪问题，可以形成二次型规划问题：

$$\min \quad \frac{1}{2} \boldsymbol{x}^{\mathrm{T}} \boldsymbol{H} \boldsymbol{x} + \boldsymbol{g}^{\mathrm{T}} \boldsymbol{x}$$
$$\text{s.t.} \quad \boldsymbol{A} \boldsymbol{x} \geqslant \boldsymbol{b} \tag{8.27}$$

令 $\boldsymbol{\Gamma} = \boldsymbol{\Gamma}_{\mathrm{zu}}$，$\boldsymbol{\Gamma}_{\mathrm{d}} = \boldsymbol{\Gamma}_{\mathrm{zd}}$ 及 $\bar{\boldsymbol{R}} = \boldsymbol{R} - \boldsymbol{\Gamma}_{\mathrm{d}} \boldsymbol{D} - \boldsymbol{\Phi} x_0$，则

$$\begin{aligned} \frac{1}{2} \|\boldsymbol{\Gamma} \boldsymbol{U} - \bar{\boldsymbol{R}}\|_Q^2 &= \frac{1}{2} (\boldsymbol{\Gamma} \boldsymbol{U} - \bar{\boldsymbol{R}})^{\mathrm{T}} \bar{\boldsymbol{Q}} (\boldsymbol{\Gamma} \boldsymbol{U} - \bar{\boldsymbol{R}}) \\ &= \frac{1}{2} \boldsymbol{U}^{\mathrm{T}} \boldsymbol{\Gamma}^{\mathrm{T}} \bar{\boldsymbol{Q}} \boldsymbol{\Gamma} \boldsymbol{U} - (\boldsymbol{\Gamma}^{\mathrm{T}} \bar{\boldsymbol{Q}} \bar{\boldsymbol{R}})^{\mathrm{T}} \boldsymbol{U} + \frac{1}{2} \bar{\boldsymbol{R}}^{\mathrm{T}} \bar{\boldsymbol{Q}} \bar{\boldsymbol{R}} \\ &= \frac{1}{2} \boldsymbol{U}^{\mathrm{T}} \boldsymbol{H} \boldsymbol{U} + \boldsymbol{g}^{\mathrm{T}} \boldsymbol{U} + h \end{aligned} \tag{8.28}$$

式中，$\bar{\boldsymbol{Q}} = \mathrm{diag}([\begin{matrix} \boldsymbol{Q} & \boldsymbol{Q} & \cdots & \boldsymbol{Q} \end{matrix}])$，$\boldsymbol{\Gamma}_Q = \boldsymbol{\Gamma}^{\mathrm{T}} \bar{\boldsymbol{Q}}$，$\boldsymbol{H} = \boldsymbol{\Gamma}_Q \boldsymbol{\Gamma}^{\mathrm{T}}$，$\boldsymbol{g} = -\boldsymbol{\Gamma}_Q \bar{\boldsymbol{R}}$，$h = \dfrac{1}{2} \bar{\boldsymbol{R}}^{\mathrm{T}} \bar{\boldsymbol{Q}} \boldsymbol{b}$。

使用 MATLAB 求解器求解上述线性及二次型规划问题。

8.3.2　基于经济型模型预测控制的实时调频控制方法

EMPC 在实际应用中能否兼顾控制性能和经济效益的关键在于经济代价函数的设计。因此在调频过程中，联络线功率对调频信号的跟踪效果反映了过程的控制性能，负荷的产量损失及负荷过载收到的惩罚反映调节过程中的经济代价。因

此，经济代价函数设计如下：

$$\min \quad J = \sum_{n=0}^{N_2-1} [x_G^T(n+1)Q_{reg}x_G(n+1) + u_G^T(n)Q_G u_G(n)$$
$$+ Q_{ASL}u_{ASL}(n) + \Delta u_{ASL}^T(n)Q_{varypenalty}\Delta u_{ASL}(n) \quad (8.29)$$
$$+ Q_{overpenalty}\max(u_{ASL}(n),0)]$$

经济代价函数 J 的第一项驱使高耗能工业电网联络线跟踪调频信号保证调频信号的效果，经济代价函数 J 的第二项为火电机组的运行成本，经济代价函数 J 的第三项为高耗能电解铝负荷生产损失函数，经济代价函数 J 的第四项为高耗能电解铝负荷过载运行惩罚函数。

约束条件与常规模型预测控制一致，主要包括高耗能工业电网状态方程，火电机组与高耗能电解铝负荷出力限制，以及调节速率限制。

$$x(n+1) = A_d x(n) + B_d u(n) \quad (8.30a)$$

$$u_{Gmin} \leqslant u_G(n) \leqslant u_{Gmax} \quad (8.30b)$$

$$u_{ASLmin} \leqslant u_G(n) \leqslant u_{ASLmax} \quad (8.30c)$$

$$x_{Gmin} \leqslant x_G(n) \leqslant x_{Gmax} \quad (8.30d)$$

$$x_{ASLmin} \leqslant x_{ASL}(n) \leqslant x_{ASLmax} \quad (8.30e)$$

$$\Delta x_{Gmin} \leqslant \Delta x_G(n) \leqslant \Delta x_{Gmax} \quad (8.30f)$$

通过 8.3.1 节可以对式(8.30)进行求解。

8.4　仿　真　分　析

8.4.1　参数设置

下面对本章提出的两阶段分级控制方法进行仿真验证。测试系统为典型高耗能工业电网，通过联络线与大电网进行连接。该工业系统主要收益为销售电解铝产品获得的收入。每吨电解铝销售价格为 14300 元。每吨电解铝产品耗电量为 14000kW·h。通过现场调研发现，电解铝负荷通常以 95%额定功率运行。该工业系统的成本主要包括火电机组运行成本及人工成本。为简化问题，本算例仅考虑火电机组运行成本。因此该工业电网的净收益等于高耗能电解铝负荷产品获得的收益减去火电机组运行成本。当该工业电网参与调频辅助服务后，可以获得调频辅助服务收益。然而由于调频过程中会造成负荷的损失，因此当工业电网参与调频辅助服务后，该工业电网净收益等于高耗能电解铝负荷产品获得的收益加上调频辅助服务收益减去火电机组运行成本及调频惩罚成本。

参与 PJM 调频辅助市场规则对该工业电网进行测试。PJM 实际系统中调频容量价格和调频性能价格由市场竞价产生。本算例仅考虑调频信号不确定性造成的影响，因此认为调频容量价格和调频性能价格均为定值。使用 PJM 调频市场 2017 年 10 月日调频容量价格和调频性能价格。使用 2017 年 10 月 8 日实际调频信号作为输入。调频信号的采样时间间隔为 2s。调频里程比取平均调频里程比 2.92。仿真算例包括日前调频备用容量优化算例、实时调频控制优化算例及考虑日前调频信号预测误差下的实时调频效果算例。通过 YALMIP 来解决日前调频备用容量优化问题，仿真步长为 5min。使用 MATLAB EMPC 工具箱解决考虑经济的实时优化控制问题，仿真步长为 2s。

8.4.2　日前调频备用容量优化效果验证

1. 调频里程预测

本节使用 LSTM 神经网络工具箱对调频里程进行预测。基于 LSTM 的调频里程预测结果如图 8.9 所示，可以看出预测调频里程与实际调频里程趋势较为一致，其预测均方差误差为 5.2953MW，如图 8.9(b) 所示。

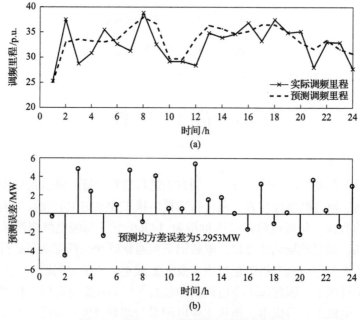

图 8.9　基于 LSTM 的调频里程预测结果

2. 调频里程与极限调频轨迹拟合关系

为了量化调频里程与极限调频信号波动数目的联系，将 PJM 一年内历史调频里程按照大小进行分箱，并将各个箱内调频里程及极限调频信号作为输入对日前备用容量优化问题进行大量仿真，得到历史调频信号与备用容量关系，以及极端调频信号与日前备用容量的关系，仿真结果如图 8.10 所示。图 8.10 中不同颜色离散点图分别代表不同里程箱内调频里程与调频容量的关系，调频里程与调频备用容量呈负相关关系，调频里程数越大，最优调频备用容量越小。图 8.10 中矩形代表极限调频信号波动数目，极限调频信号波动的数目越多，调频备用容量也越小。在每个里程箱中，由实际调节信号计算最优调频备用容量期望值与基于不同数目极限调节信号波动的最优调频备用容量基本吻合，因此可以得到调频里程与极限调频信号的关系，如表 8.1 所示。

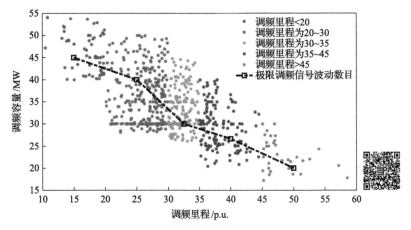

图 8.10　调频里程与极限调频轨迹拟合的关系(彩图扫二维码)

表 8.1　调频里程与极限调频信号的关系

调频里程/p.u.	调频容量/MW	极端波动次数
< 20	45	1
20~30	40	2
30~35	30	3
35~45	26.7	4
>45	20	5

基于表 8.1 中调频里程与极限调频信号的关系，得到日内每个运行小时对应的极端调频信号。将该极端调频信号作为日前调频备用容量优化问题的输入进行求解。优化结果如图 8.11 所示。图 8.11 中黑色实线与黑色虚线分别表示预测调频

里程和实际调频里程，蓝色柱状图表示基于预测里程得到的调频备用容量，灰色虚线表示基于实际调频信号计算得到的调频备用容量。从图 8.11 可以看出，该工业电网日内最大调频容量为 40MW，最小调频容量为 25MW。此外，从图 8.11 中可以看出，基于预测里程的调频备用容量与基于实际调频信号的调频备用容量存在一定的误差。当该误差较小时，对实时运行的影响较小。但当该预测误差较大时，对实时运行的结果影响较大。8.4.3 节中将考虑该预测误差下不同控制方法的效果。

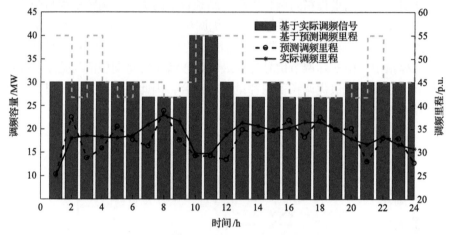

图 8.11　基于预测调频里程的日前调频备用容量优化结果

8.4.3　实时调频控制效果验证

本节对提出的考虑经济性的实时调频优化控制器进行仿真验证。采用 PJM 实际实时调频信号，采样时间为 2s。仿真时间长度为 1h，分别采用经济模型预测控制器及传统模型预测控制器，对比分析高耗能工业电网参与调频辅助服务的调节效果及最终整体经济性。实时仿真结果如图 8.12～图 8.14 所示。图 8.12 为高耗能工业电网跟随调频信号的动态曲线，红色曲线为 PJM 发出的实时调频信号曲线。黑色曲线和蓝色曲线分别为经济模型预测控制器和传统模型预测控制器作用下的联络线功率跟踪曲线。该调频时段内高耗能电解铝负荷的动态响应曲线如图 8.13 所示，火电机组有功功率动态响应曲线如图 8.14 所示。图 8.13 和图 8.14 中黑色曲线和蓝色曲线分别代表基于经济模型预测控制器和传统模型预测控制器的控制效果。从图 8.12 可以看出两种控制器均能够有效地跟踪 PJM 发出的调频信号曲线。两种控制器通过协调火电机组与高耗能电解铝负荷出力，对 PJM 发出的调频信号进行跟踪。由于火电机组调节代价低，火电机组调节容量较高耗能电解铝负荷大，因此火电机组承担主要调节作用。当调频信号正常波动时，火电机组负责跟随调频信号的波动，高耗能电解铝负荷处于正常生产状态。然而受火电机组调节速率

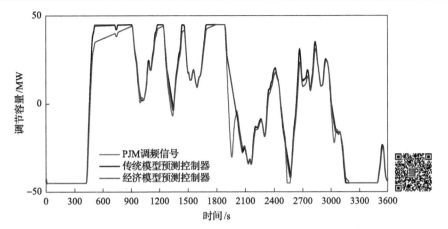

图 8.12　不同控制器作用下跟踪调频信号效果(彩图扫二维码)

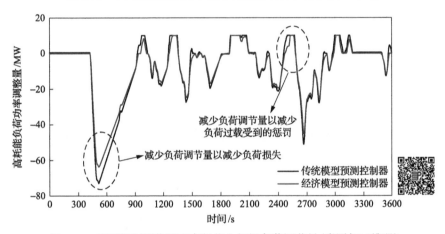

图 8.13　不同控制器作用下高耗能电解铝负荷调节量(彩图扫二维码)

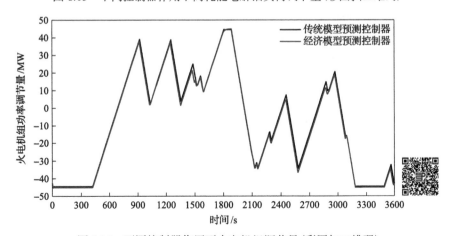

图 8.14　不同控制器作用下火电机组调节量(彩图扫二维码)

限制，当调频信号出现极端波动时，为了保证跟踪效果，高耗能电解铝负荷依靠其快速变负荷能力优先调节高耗能电解铝负荷功率以跟随调频信号的变化，随后火电机组跟随调频信号，高耗能电解铝负荷变化量减小，恢复正常生产。此外，从图8.12可以看出，模型预测控制器的跟踪效果优于经济性模型预测控制器的控制效果。由于模型预测控制器以跟踪调频信号为目标函数，因此在该控制器作用下，高耗能工业电网能够实现高精度的跟踪调频信号。然而从图8.13可以看出，为了实现高精度的跟踪调频信号，高耗能电解铝负荷的功率变化量也相应增大。作为对比，考虑经济性的模型预测控制器调节过程中对跟踪效果与相应带来的调频代价进行权衡，当跟踪调频信号需要付出更高代价时，选择牺牲部分调频性能，如图8.13中虚线框所示。在450～500s时间段，PJM调频信号波动幅度剧烈，调节信号幅值在1min内快速从–1p.u.上升至1p.u.。在传统模型预测控制器下，高耗能电解铝负荷快速响应，其有功功率迅速下降，以保证准确跟踪调频信号。在经济模型预测控制器下，高耗能电解铝负荷也迅速调节其有功功率，但有功功率下降幅度较传统模型预测控制器少。在2400～2700s时间段，调频信号在短时间内迅速上升，在传统模型预测控制器下，高耗能电解铝负荷提升其有功功率以保证调频性能。然而高耗能电解铝负荷的高功率运行将增大其设备故障风险。经济模型预测控制器将考虑该过载造成的经济损失，因此在该时间段内经济模型预测控制器的高耗能电解铝负荷过载时间比传统模型预测控制器过载时间短。

表8.2比较了两种控制器下，高耗能工业电网的整体经济效益及各部分的经济收益。从表8.2可以看出，传统模型预测控制的调频收益为10926美元，高于经济模型预测控制器的调频收益(10374美元)。然而传统模型预测控制器调节后产品损失及负荷过载惩罚分别为2822美元和6425美元，远高于经济模型预测控制器的2774美元和4147美元。因此传统模型预测控制器的整体收益(2000美元)低于经济模型预测控制器的整体收益(3613美元)。本章所提出的经济模型预测控制在调频服务过程中能够获得更高的调频收益。此外基于经济模型预测控制的调频性能分数也高达0.90，满足PJM调频机制中调频性能分数要高于0.75的要求。0.90的调频性能分数也远高于常规需求侧响应资源参与调频辅助服务所获得的调频性能分数。

表8.2 不同控制器作用下经济性比较

经济性比较	传统模型预测控制器	经济模型预测控制器
整体收益/美元	2000	3613
调频辅助服务收益/美元	10926	10374
产品损失/美元	2822	2774
火电机组损失/美元	140	162
负荷过载惩罚/美元	6425	4147

8.4.4 考虑日前预测误差的实时调频控制效果验证

如 8.4.2 节仿真结果所示,尽管本章提出的方法可以在日前时间尺度预测调频里程,但也存在一定的预测误差。而且当该预测误差较大时,将会对实时调频的结果产生较大影响。例如,当实际调频信号的波动幅度远大于预测调频信号的波动幅度时,预测的调频里程数将远小于实际的调频里程数,因此基于日前优化计算出的调频备用容量远大于实际的最优调频备用容量。在实际调节过程中,由于在日前确定的调频容量大,当实际的调频信号以该调频容量为上下限时,对高耗能工业电网调频资源的要求将更高。在该情况下,若仍追寻相同的调频性能分数,要求高耗能电解铝负荷承担更多的调节任务,会造成更大的负荷损失。为了验证该场景下两种控制器的优化效果,进行考虑预测误差的实时调频试验。仿真算例假设实际调频里程高于预测里程,基于预测里程数计算的日前最优调频备用容量为 45MW,而基于实际调频里程计算的调频备用容量为 25MW。对两种情况分别进行仿真,对两种控制器在两种场景下的调节效果、调节经济性进行仿真分析。

基于实际调频里程(调频容量为 25MW)的实时调节效果如图 8.15 和图 8.16 所示。图 8.15 中红色曲线为实际的调频信号,黑色曲线和蓝色曲线分别代表传统模型预测控制和经济模型预测控制下联络线功率动态变化曲线。图 8.16 为高耗能电解铝负荷有功功率响应曲线,其中黑色曲线和蓝色曲线分别代表传统模型预测控制和经济模型预测控制。基于预测调频里程(调频容量为 45MW)的实时调节效果如图 8.17 和图 8.18 所示。图 8.17 中红色曲线为实际的调频信号,黑色曲线和蓝色曲线分别代表传统模型预测控制和经济模型预测控制下联络线功率动态变化曲线。图 8.18 为高耗能电解铝负荷有功功率响应曲线,其中黑色曲线和蓝色曲线分别代表传统模型预测控制和经济模型预测控制。

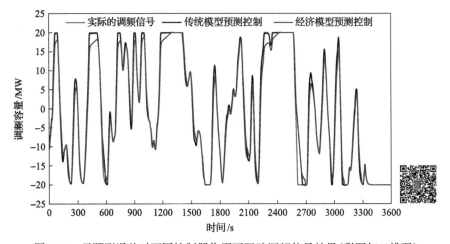

图 8.15　无预测误差时不同控制器作用下跟踪调频信号效果(彩图扫二维码)

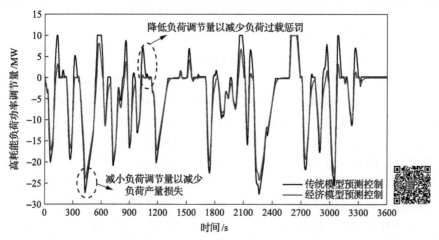

图 8.16 无预测误差时不同控制器作用下高耗能电解铝负荷有功功率响应曲线(彩图扫二维码)

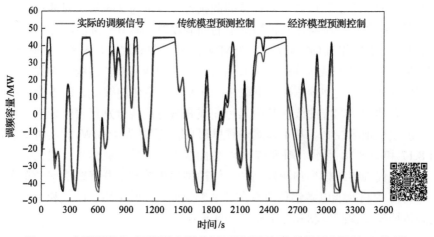

图 8.17 有预测误差时不同控制器作用下跟踪调频信号效果(彩图扫二维码)

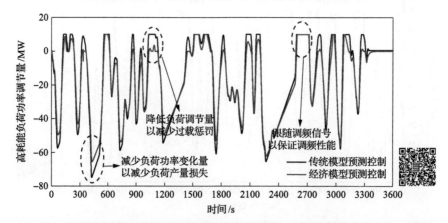

图 8.18 有预测误差时不同控制器作用下联络线跟踪调频信号效果(彩图扫二维码)

基于实际调频里程时,由于调频容量小,因此传统模型预测控制和经济模型预测控制均可以有效地跟踪调频信号,两者跟踪效果差异不大。但由于经济模型预测控制在调频过程中经济性为主,在某些时间段,如图 8.16 中虚线圆圈所示,通过经济模型预测控制的高耗能电解铝负荷的功率偏差小于通过传统模型预测控制的负荷功率偏差。此外,在 900~1200s 的时间段内,传统模型预测控制器提升其有功功率以跟踪调频信号,而经济模型预测控制器中高耗能电解铝负荷功率在该时间段保证正常运行。因此与 8.4.3 节仿真结果类似,经济模型预测控制的调频整体收益为 1524 美元,高于传统模型预测控制的 627 美元。

基于预测调频里程时,调节容量为 45MW。该场景下传统模型预测控制和经济模型预测控制的差异较为明显。该调节信号波动幅度更大,跟随调频信号将导致高耗能电解铝负荷功率较大幅度的变化。传统模型预测控制为了跟踪调频信号,频繁调节高耗能电解铝负荷功率,如图 8.17 中虚线圆圈所示。而经济模型预测控制在调频性能和调节代价方面进行权衡,在保证一定调频性能的前提下尽量地减少高耗能电解铝负荷的调节量。两种模式下调节经济性如图 8.19 和表 8.3 所示。从表 8.3 可以看出,当调频容量存在明显预测误差时,基于传统模型预测控制的调频整体收益为–3061 美元。尽管经济模型预测控制的调频整体收益为 941 美元,低于没有预测误差的调频整体收益,但远高于基于传统模型预测控制的整体收益。此外,基于经济模型预测控制的调频性能分数为 0.810 也满足 PJM 调频机制的最低要求。

通过上述仿真结果可知,本章提出的经济模型预测控制器能够有效地协调高耗能工业电网参与调频辅助服务,在满足调频性能指标的要求下能够实现该工业系统整体经济性最优。

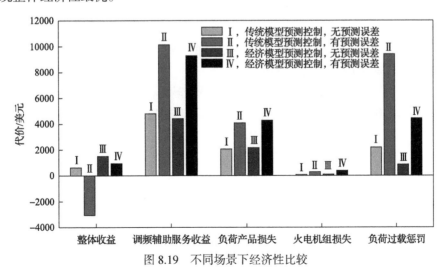

图 8.19 不同场景下经济性比较

表 8.3　不同控制模式下经济性对比

收益类目	传统模型预测控制		经济模型预测控制	
	R=20MW	R=45MW	R=20MW	R=45MW
整体收益/美元	627	−3061	1502	941
调频辅助服务收益/美元	4803	10145	4424	9285
负荷产品损失/美元	2065	4086	2159	4287
火电机组损失/美元	78	290	100	384
负荷过载惩罚/美元	2188	9409	862.7	4441
调频性能分数	0.933	0.876	0.860	0.810

8.5　本 章 小 结

本章研究了电解铝负荷参与互联电网调频辅助服务方法。基于实际调频辅助服务市场机制，提出了两阶段分级控制框架，实现了高耗能电解铝负荷在参与调频辅助服务过程中的经济性，主要结论如下：

（1）基于美国 PJM 调频市场机制，设计了两阶段分级控制框架，包括日前调频备用容量优化和实时调频优化控制。通过该分级控制框架，实现了高耗能电解铝负荷能够有效地参与电力市场调频辅助服务。

（2）分级控制器中日前调频备用容量优化考虑调频信号不确定性对调频备用容量的影响，通过极端场景生成法将调频信号不确定性转化为确定性极端场景，使得日前调频备用容量优化问题易于求解。

（3）分级控制器中实时优化控制考虑高耗能电解铝负荷调频过程的经济性，通过经济型模型预测控制以调频整体经济性为目标函数，实时协调高耗能电解铝负荷与自备火电调频资源，实现了高耗能工业电网参与调频辅助服务的整体经济性并保证了调频辅助服务的调频质量。

（4）算例结果表明，本章提出的分级控制器能够合理地分配高耗能电解铝负荷与自备火电机组出力以跟踪调频信号，实现高耗能工业电网经济高效参与调频辅助服务。

参 考 文 献

[1] PJM. Manual11: Energy and Ancillary Services Market Operations[R]. Audubon, 2013.

[2] PJM. Manual 28: Operating Agreement Accounting[R]. Valley Forge, 2016.

[3] Kundur P. Power System Stability and Control[M]. New York: McGraw-Hill, 1994.

[4] Yao E, Wong V W S, Schober R. Robust frequency regulation capacity scheduling algorithm for electric vehicles[J]. IEEE Transactions on Smart Grid, 2016, 8 (2): 1-14.

[5] Zheng Z, Chen W, Wu X, et al. LSTM network: A deep learning approach for short-term traffic forecast[J]. IET Intelligent Transport Systems, 2017, 11 (2) : 68-75.

[6] Gensler A, Henze J, Sick B, et al. Deep learning for solar power forecasting—An approach using autoencoder and LSTM neural networks[C]. IEEE International Conference on Systems, Alberta, 2017.

[7] Braun S. LSTM benchmarks for deep learning frameworks[EB/OL][2018-11-17]. https://www. researchgate. net/publication/ 325592410_LSTM_Benchmarks_for_Deep_Learning_Frameworks.

第9章　含电解铝工业负荷控制的硬件在环仿真平台搭建及工业应用

本章首先建立含高渗透率风电局域电网的硬件在环仿真平台，设计基于广域信息的频率控制系统构架，在常规的 WAMS 基础上，扩展 WAMS 控制的功能。仿真平台中的硬件设备，既包括通信及控制回路中的硬件如控制器、PMU 等，也包括电力系统的运行元件如发电机励磁调节器。此外，由于控制软件的编写与调试工作是在与现场相一致的实际 WAMS 控制主站上进行的，因此能够极大地方便本章提出的控制方法及相应控制软件在实际现场的投入与应用。

本章对广域信息的频率控制方法在实际工业系统中的应用进行实证性研究，将提出的闭环控制系统在蒙东实际电解铝工业园区电力系统中进行现场试验验证。现场试验测试充分地验证本章提出的控制方法能够有效地控制电解铝负荷参与局域电网的频率控制，在风电连续极端波动和风电场跳闸的场景下，本章提出的闭环控制系统均能够有效动作，协调电解铝负荷与火电机组一次调频，维持局域电网的频率稳定。

9.1　含高渗透率风电局域电网的硬件在环仿真平台总体构架

硬件在环是指将部分硬件设备或系统部件由实时仿真模型来替代，而控制系统则用实物（即硬件）与系统实时仿真模型连接，成为一个硬件在环仿真系统[1-4]。硬件在环平台能够对关键设备的软硬件进行性能测试和评估，相比纯时域仿真而言，由于将关键硬件闭环接入系统，因此能够对控制方法及其软件的有效性进行更有说服力的验证[5,6]。一方面，硬件在环平台能够充分地考虑控制时延和关键硬件的输出特性，对所研究控制方法的验证更具有说服力。另一方面，控制方法的工业应用需要研发相应的控制软件。硬件在环仿真平台是控制软件研发和测试的有效工具。

本章搭建的含高渗透率风电局域电网的硬件在环仿真平台的关系示意图如图9.1 所示。图 9.1 表示了 RTDS 与各硬件设备的输入输出关系。总体而言，平台共包括两部分，一部分是 RTDS 模拟局域电网的运行状态，并包括与硬件设备相连的数字量和模拟量的输入输出接口，如图 9.1 中的上下两个虚线框所示；另一部分是与现场硬件一致的关键硬件设备，包括工业级 PMU、工业级协议转换器（protocol convert unit，PCU）、NCU 和工业级励磁调节器等，如图 9.1 中的上下虚线框之间部分所示。

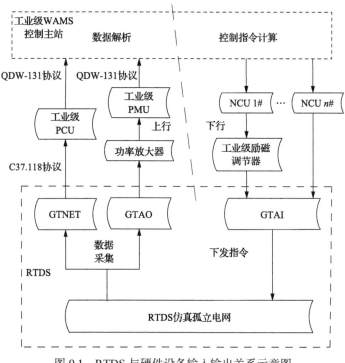

图 9.1　RTDS 与硬件设备输入输出关系示意图

　　基于对本章提出的控制方法的验证需求和控制软件的研发需求，我们设计含高渗透率风电局域电网的硬件在环平台总体构架，如图 9.2 所示，其中实线箭头表示控制指令通过 RTDS 的模拟量输入通道 GTAI，输入 RTDS 的仿真模型。其中 2 台工业级励磁器控制 RTDS 模型中的发电机模型，其余 NCU 控制 RTDS 模型中励磁调节器模型。平台构架中的硬件设备及其接入平台的方法将在 9.3 节中详细介绍。

　　RTDS 是计算机并行处理技术和数字仿真技术发展的产物，是一套专门用来对电力系统电磁暂态过程进行全数字模拟的计算机装置。其模拟电磁暂态过程的原理和算法与当前使用面较广的电磁暂态程序 EMTDC（electro magnetic transient in DC system）相同，但和 EMTDC 相比具有实时化的特点，是目前世界上技术最成熟应用最广泛的实时数字仿真系统[7,8]。

　　RTDS 提供了几乎所有的传统电力系统元件模型、控制器模型、传输线模型、HVDC 和 FACTS 装置模型，用户还可自定义生成自己需要的控制元件模型，从而可以精确地模拟实际的电力系统。RTDS 还有各种数字量模拟量输入输出接口模型，可以方便地用于硬件在环试验，以及 RTDS 与 PMU 和 EMS 的通信。在本章所设计的平台中，RTDS 用于模拟局域电网系统。

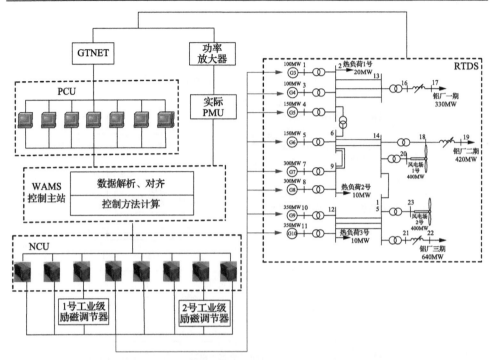

图 9.2　含高渗透率风电局域电网的硬件在环平台总体构架

　　WAMS 控制系统的采集是由 RTDS 中的 GTNET 元件和实际的 PMU 装置共同完成的。需要监测的电气量一部分由 RTDS 的模拟量输出通道(GTAO)发出，经过电流功率放大器和电压功率放大器后，由工业级 PMU 采集，并送往工业级 WAMS 实时控制服务器；另一部分由 GTNET 采集后，经工业级 PCU 将 GTNET 发送的由 C37.118 协议打包的数据转换成控制主站能够解析的 QDW-131 协议打包的数据，送往 WAMS 实时控制服务器。

　　GTNET 是 RTDS 中用于发送网络报文的硬件板卡，能够接受 GPS 的网络对时，采集 RTDS 仿真中的三相电压电流、数字量、模拟量等信号并按照 C37.118 协议打包后发出，从而模拟实际电力系统中的 PMU 装置。由于硬件在环平台中的功率放大器和实际 PMU 的个数有限，因此 RTDS 仿真中的大部分数据都是由 GTNET 发送给 WAMS 控制主站。

　　WAMS 控制主站接收并解析由 GTNET 和工业级 PMU 采集的广域数据后，由控制中的高级应用控制软件计算得出控制指令，并实时下发至 NCU。NCU 通过发送模拟量的方式，将控制指令发送至工业级励磁调节器，或者经 RTDS 的模拟量输入通道(GTAI)，将控制指令发送到 RTDS 模拟的工业级励磁调节器，从而最终作用于工业级励磁调节器和 RTDS 中的受控元件，实现 WAMS 控制的闭环。

9.2　硬件在环仿真平台硬件设备及其接入方法

9.2.1　工业级 PMU

仿真平台配备的 PMU 装置是南瑞 PCS-996 同步相量测量装置，其主要功能是量测 RTDS 仿真得到的三相电压、三相电流和模拟量数据并传送至 WAMS 控制主站，为 WAMS 控制主站的实时控制提供输入数据。

由于 PMU 量测的电压、电流量需为电力系统标准的 PT、CT 信号，而 RTDS 的模拟量输出通道仅能输出–10～10V 的弱电信号，因此需要利用电压、电流功率放大器将 RTDS 的模拟量输出信号放大后接入 PMU，如 9.2 所示。南瑞 PMU 装置采用的协议为以国标为基础的 QDW-131 协议，与 WAMS 控制主站完全兼容，因此并不需要协议转换器，WAMS 控制主站即可直接接收并解析该 PMU 传送的动态数据。PMU 的传送速率为 50 包/s，即理论上每个数据包与上一个数据包的传输间隔应为 20ms。测试中抓取了 10min 共 30000 包数据，其中 29998 个数据包的传输时间间隔都为 19ms 或 20ms，说明 PMU 数据传输的均匀性达到很高的标准。

虽然 RTDS 的 GTNET 装置能够模拟 PMU 装置向 WAMS 控制主站传送 PMU 数据，但是只有将与现场一致的工业 PMU 加入仿真平台的闭环控制中才能充分地考虑 PMU 传送时延、PMU 数据均匀性等因素对控制算法的影响，使得硬件在环仿真能够更加逼近现场实际情况，对控制方法的仿真验证也更具有说服力。

PCU 的主要功能是将带有 C37.118 协议的数据包转换成与 WAMS 控制主站相兼容的协议。平台配备的工业级 WAMS 实时控制服务器及相应的基础软件使用的 PMU 协议是以国标为基础的 QDW-131 协议。然而 GTNET 发送的 PMU 数据包的协议为国际标准的 C37.118 协议，WAMS 控制主站无法解析 GTNET 发送的数据包。两种协议的主要区别是数据包的帧结构格式存在差异。PCU 装置接收带有 C37.118 协议的数据包，然后按照 QDW-131 协议规定的帧结构格式发送出去，使得 WAMS 控制主站能够顺利地接收 GTNET 发送的 RTDS 仿真数据。

9.2.2　WAMS 控制主站

仿真平台配备了工业级的 WAMS 控制主站服务器及相应的基础软件。WAMS 控制主站的功能实现流程图如图 9.3 所示。

WAMS 控制主站安装了基于本章控制方法所研发的控制软件。该软件能够利用 API 函数调用实时库的 WAMS 动态数据进行控制指令的计算，并将其存入共享内存中，通过控制指令发送程序定时地从共享内存读取控制指令，并发送给 NCU，实现 WAMS 的实时控制功能。

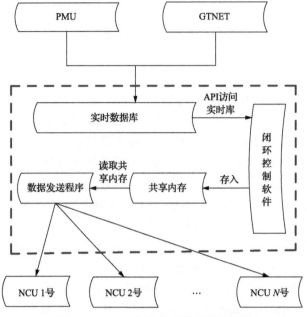

图 9.3　WAMS 主站的功能实现流程图

9.2.3　NCU

NCU 是 WAMS 的控制指令执行设备。NCU 接收来自 WAMS 控制主站的实时控制信号(数字信号),然后实时地将其转换成符合受控设备接口所需的信号(模拟量信号),其输出量为 0～5V 的电压信号。在硬件在环平台中,受控单元为 8 台火电机组的励磁调节器,其中 2 台为工业级励磁控制器(GEC-300),剩余 6 台为根据现场调研数据在 RTDS 中搭建的励磁器。根据本节提出的控制方法,WAMS 控制需要根据实测的频率信息实时改变励磁中的发电机端电压参考值,NCU 控制信号叠加点的位置如图 9.4 所示。

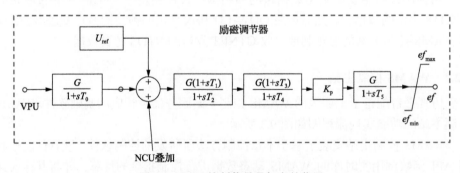

图 9.4　NCU 控制信号叠加点的位置

因此,仿真平台配备了 8 台 NCU,其中 2 台 NCU 输出到 GEC-300 的模拟量输入通道，其他 6 台 NCU 输出到 RTDS 的模拟量输入通道(GTAI)，通过将模拟量叠加到控制框图中的发电机端电压参考值的叠加点，实现实时控制功能。

9.2.4　工业级励磁控制器 GEC-300

仿真平台配备了工业级励磁控制器 GEC-300。作为 WAMS 控制的受控设备，GEC-300 闭环接入仿真平台中，能够在硬件在环的仿真验证中，充分地考虑受控设备的输出特性。

GEC-300 的输入为发电机端电压测量值 V_t，输出为励磁电压 ef。GEC-300 的硬件在环即将 RTDS 仿真中的某台发电机的端电压作为该工业级励磁的输入信号，励磁器根据其逻辑框图，输出励磁电压 ef，通过 RTDS 的模拟量输入接口 (GTAI)送回 RTDS，作为 RTDS 中该台发电机的输入信号。

值得注意的是，对于该工业级励磁调节器，输入的发电机端电压信号需为标准的 PT 信号，而 RTDS 的模拟量输出通道 GTAO 的输出范围为-10～10V。因此，需要通过功率放大器将 RTDS 中模拟量输出通道的端电压测量值放大，然后输入励磁调节器中。

9.3　硬件在环仿真平台测试

局域电网的小惯量特点导致局域电网在受到大的功率扰动时，其频率偏移可能在 1s 以内超出稳定允许范围，这对频率控制的实时性提出了很高的要求。因此，对于本章研究的基于 WAMS 的调频控制方法，控制时延的大小是影响其控制效果的关键因素。

本章中搭建的硬件在环仿真平台中硬件设备包括工业级 WAMS 控制主站及 WAMS 上下行通道的关键设备，能够充分地模拟运行现场的 WAMS 时延，包括上行通道中 PMU 采集时延、WAMS 主站的数据处理和计算时延、WAMS 下行通道的下发时延等，WAMS 控制时延分布如图 9.5 所示。

通过对比图 9.6 中的红色线和黑色线，能够测试出 WAMS 控制时延。其中，黑色线为由 RTDS 内部的控制器计算得到的发电机 G8 的励磁调节器反馈增益系数 K_8，红色线为由工业级 WAMS 控制主站计算得到的反馈增益系数，并经由 NCU 反馈回 RTDS 模拟量输入接口通道的数值 $K_{8\text{-NCU}}$。两个控制器的输入数据和计算逻辑都完全一样，唯一的区别是，黑色线由 RTDS 内部的控制器计算并显示，从功率扰动发生时刻到计算出黑色线的数值几乎没有时延；而由工业级 WAMS 控制主站计算的红色线，与黑色线相比，该数值回传到 RTDS 的时间即为图 9.5 中虚线框外的时延部分，包括实际 PMU 的量测和传输时延、WAMS 控制主站的数据处理时延、下行通道 NCU 的时延。

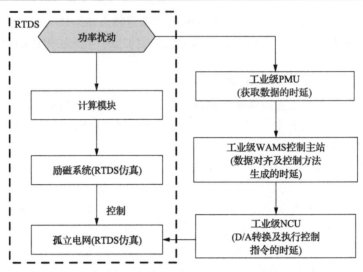

图 9.5　硬件在环仿真平台中的 WAMS 控制时延分布

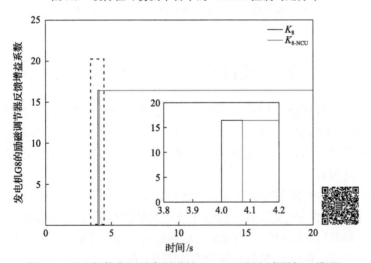

图 9.6　基于硬件在环平台测试的 WAMS 时延(彩图扫二维码)

　　因此,图 9.6 中黑色线和红色线的时间间隔,即为硬件在环平台所测得的 WAMS 控制时延,如图所示为 75ms(图中小框)。与实际现场相比,所测得的 WAMS 时延仅忽略了 WAMS 的电缆传输时延。WAMS 电缆传输时延为 5μs/km 左右[9],对于电缆距离仅有数十公里的局域电网而言可以忽略不计。因此,本章所搭建的硬件在环平台所测得的时延,能够在较大程度上反映实际现场的 WAMS 控制时延。同时也说明了在之前的研究中,我们设定的 WAMS 控制时延的合理性。

　　励磁调节器是本章研究的 WAMS 控制的受控对象,其动态输出特性是影响 WAMS 控制效果的重要因素。仿真平台通过对比工业级励磁调节器与 RTDS 励磁调节器模型的输出曲线,测试 RTDS 的励磁模型对实际励磁动态特性的模拟效果,测试效果如图 9.7 所示。

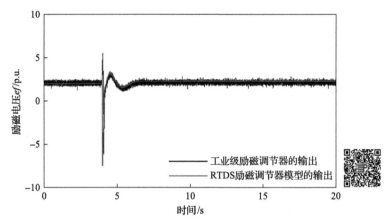

图 9.7　RTDS 励磁调节器模型模拟工业级励磁调节器模型的输出曲线(彩图扫二维码)

其中,黑色实线为 WAMS 控制动作时,工业级励磁调节器输出的励磁电压曲线,红色实线为 RTDS 励磁调节器模型输出的励磁电压曲线。RTDS 励磁调节器模型与工业级励磁调节器的传递函数框图和输入量都完全一致,区别是,工业级励磁调节器的输入和输出分别是通过与 RTDS 的模拟量输出通道和模拟量输入通道接入 RTDS 的,而 RTDS 励磁调节器模型的输入输出过程均在 RTDS 内部进行。从图 9.7 可以看出,RTDS 励磁调节器模型能够准确地模拟工业级励磁调节器的动态输出特性。将工业级励磁调节器加入仿真平台的闭环控制中,并验证 RTDS 励磁调节器模型的模拟准确性,增强了仿真平台验证效果的说服力。

9.4　基于广域信息的控制系统架构设计

9.4.1　基于广域信息的控制系统总体架构

常规系统的主要功能是建立完整的基于 PMU 的信息采集系统及主站平台,实现局域电网各节点、线路电压电流及开关量等信息的实时高速率采集,然后通过电力调度数据网络实时传送到 WAMS 控制主站,从而提供对局域电网正常运行与事故扰动情况下的实时监测与分析计算,及时获得电网运行的动态过程[10-13]。常规 WAMS 系统具备同步数据的上行通道且控制主站能够解析同步数据,但不具备控制指令的计算功能和控制指令的下行通道。

为了实现本章提出的 WAMS 控制功能,控制电解铝负荷参与局域电网的频率控制,在常规 WAMS 任务的基础上扩展了 WAMS 控制功能,使控制系统具备控制指令的下行通道,WAMS 控制主站的控制指令能够通过下行通道下发至电力系统的受控设备，实现 WAMS 实时控制功能。

　　本章设计的基于广义信息的 WAMS 控制系统总体架构如图 9.8 所示。其中，黑色部分为常规 WAMS。WAMS 控制主站独立于常规 WAMS 控制主站。PMU 采集的数据除了经 TCP 协议打包送往常规 WAMS 控制主站进行分析应用，还会以 UDP 协议打包送往专门用于实时控制高级应用的 WAMS 控制主站，作为 WAMS 控制主站的输入数据。

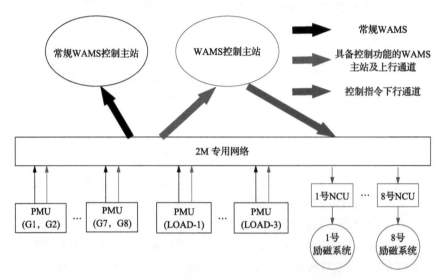

图 9.8　基于广域信息的 WAMS 控制系统总体架构

　　控制主站安装有 WAMS 控制高级应用软件，对解析得到的数据按照本章提出的控制方法计算控制指令。配备了发送 WAMS 控制指令的下行通道，WAMS 控制主站通过以太网将数字信号发送至 NCU。NCU 经数模转换将控制指令发送到电力系统的受控对象励磁调节器的模拟量输入通道，从而作用于受控对象实现 WAMS 实时控制功能。

9.4.2　受控设备的接口定义方法

　　根据本章所提出的控制方法，WAMS 控制指令需要通过 NCU 实时下发至励磁调节器，改变发电机的端电压参考值。因此，励磁调节器需要开放出一个模拟量输入通道，用来接收 NCU 的输出信号，并叠加到如图 9.4 所示的叠加点，从而实现对励磁调节器中的发电机端电压参考值 U_{ref} 的调整。为了缩短模拟量传送通道的电线距离从而避免衰减导致的控制误差，NCU 安装在励磁调节器机柜中，其实物安装图如图 9.9 所示。图 9.9 中的励磁调节器为 ABB 公司的 UNITROL-5000 型励磁。WAMS 控制主站的控制指令经图 9.9 所示的网络接收端口发送至 NCU，并通过数模转换将对应的控制指令发送至励磁调节器的模拟量输入通道，完成 WAMS 控制。

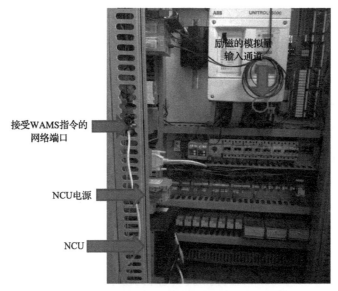

图 9.9　NCU 装置在励磁调节器中的实物安装图

NCU 的输出是 0～5V 的直流电压信号。按照本章提出的控制方法，发电机端电压的目标控制范围为–0.1～0.1p.u.。需要对所开放的模拟量输入通道重新定标，从而使 NCU 的输出范围能够覆盖其目标调整范围。其中 NCU 输出范围的 0.5～4.5V 被选作线性段，对应发电机端电压–0.1～0.1p.u.的调整区间。需要说明的是，如果 NCU 出现断线故障，励磁调节器的模拟量输入通道接收的信号为 0V，如果将 0～5V 都选作线性段调整发电机端电压，会导致 NCU 断线故障时发电机端电压出现大幅调整的误动作。因此，摒弃 NCU 输出范围的 0～0.5V，仅保留 0.5～4.5V 作为线性段，能够有效地避免此类误动作的发生。

励磁控制器模拟量输入通道的定标目标可由表 9.1 表示。当 NCU 输出值为 0.5V 时，对应发电机端电压的调整量为–0.1p.u.；当 NCU 输出值为 4.5V 时，对应发电机端电压的调整量为 0.1p.u.。因此，励磁调节器模拟量输入通道的定标规则可由式(9.1)表示。

$$\Delta U_{ref} = (U_{NCU} - 2.5)/20 \tag{9.1}$$

式中，U_{NCU} 为 NCU 输出的模拟电压量；ΔU_{ref} 为该通道经过模数转换后叠加到励磁传递函数框图叠加点的数值。

表 9.1　NCU 模拟量输出信号与发电机端电压参考值控制信号的对应关系

U_{NCU}	ΔU_{ref}
4.5	0.1p.u.
2.5	0
0.5	−0.1p.u.

综上，WAMS 控制系统下行通道的控制指令数据流示意图如图 9.10 所示。其中 NCU 用作数/模转换，其输入信号为 WAMS 控制主站的网络数字信号，输出信号为 0～5V 的直流电压模拟信号。励磁调节器的模拟量输入通道用作模/数转换，接受 NCU 的模拟量指令，并按照式(9.1)的转换规则将其转换成数字信号，叠加到励磁传递函数框图的叠加点。

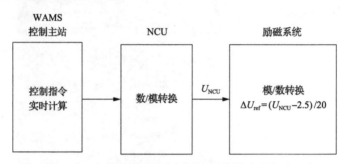

图 9.10　WAMS 控制系统下行通道的控制指令数据流示意图

9.4.3　考虑现场工况的闭环控制系统逻辑设计及防误措施

为了提高闭环控制系统的可靠性，本节设计以本地控制为主、在线控制为辅的控制模式。本地装置 NCU 包含主要的控制逻辑，与 WAMS 控制主站通信中断情况下仍能够自主完成本地闭环控制。WAMS 控制主站根据系统运行状态在线修改 NCU 控制参数，优化闭环控制系统效果。基于励磁电压控制的实时闭环控制系统控制逻辑如图 9.11 所示。闭环控制系统分为实时在线模式和就地控制模式。WAMS 控制主站通信正常情况下，其对 PMU 采集的实时数据进行分析计算，辨识含高耗能工业负荷的局域电网运行状态。根据 4.2 节的控制方法计算不同状态下的控制参数，并将控制参数及系统频率变化量下发至 NCU。NCU 根据 WAMS 控制主站下发的控制参数及系统频率偏差量计算电压调节量，并作用至发电机励磁系统，从而实现对电解铝负荷有功功率的调节。在 WAMS 控制主站通信异常情况下，闭环控制系统将自动切换为本地闭环控制模式，使用本地保存的控制参数和本地采集的频率信号，保证在 WAMS 控制主站通信出现异常情况下仍能够有效地完成负荷控制调节。

步骤 1：监测闭环系统通信状态。如果 WAMS 控制主站通信正常，闭环系统选择实时在线控制模式，执行步骤 2；如果 WAMS 控制主站通信异常，闭环控制系统切换至本地控制模式，执行步骤 7。

步骤 2：判断功率扰动是否是连续功率扰动。如果是连续功率扰动，执行步骤 3；如果是阶跃功率扰动，执行步骤 4。

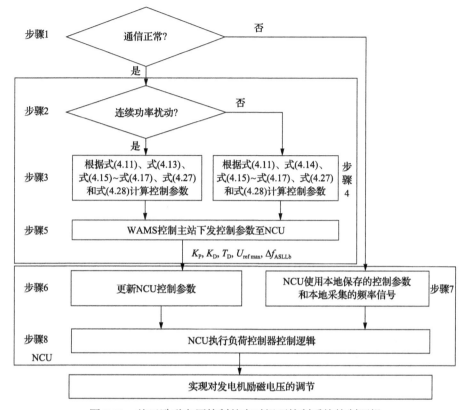

图 9.11 基于励磁电压控制的实时闭环控制系统控制逻辑

步骤 3：通过式(4.11)、式(4.13)，式(4.15)～式(4.17)计算控制参数 K_P。通过式(4.27)和式(4.28)计算控制参数 K_D。

步骤 4：通过式(4.14)确定阶跃功率扰动模式下负荷调节量。通过式(4.11)及式(4.15)～式(4.17)计算控制参数 K_P。在连续功率扰动模式下，隔直控制器对控制系统影响较小，因此仍然通过式(4.27)和式(4.28)计算控制参数 K_D。

步骤 5：WAMS 控制主站发送控制参数至 NCU。

步骤 6：NCU 控制器更新控制参数。

步骤 7：NCU 使用本地保存的控制参数和本地采集的频率信号。

步骤 8：NCU 执行负荷控制器逻辑，实现对发电机励磁电压的调节。

9.5 电解铝负荷参与局域电网频率控制的现场试验

现场试验的局域电网为本书研究的蒙东局域电网的一部分，其网架结构如图 9.12 所示。电源侧为两台装机容量为 300MW 的火电机组(G5 和 G6)、两台装机容量为 350MW 的火电机组(G7 和 G8)及装机容量为 300MW 的风电场。负荷侧为 2 号铝厂负荷、3 号铝厂负荷,试验时的容量分别为 430MW 和 590MW。

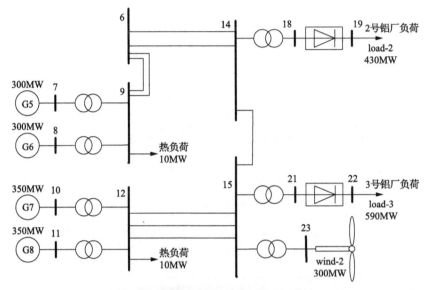

图 9.12　现场试验的局域电网网架结构

现场试验包括基于励磁控制的电解铝负荷开环控制试验、考虑风电功率快速下降的 WAMS 控制试验及考虑机组跳闸的 WAMS 控制试验。

基于励磁控制的电解铝负荷开环控制试验通过 NCU 下发指令至发电机励磁调节器,调整发电机端电压继而调整电解铝负荷母线电压及有功功率,验证本书提出的电解铝负荷有功控制方法的有效性。

在开环试验成功验证电解铝负荷功率调节速率及确保控制系统能够安全稳定运行的基础上,将闭环控制系统投入至该工业电网进行闭环测试试验,即考虑风电功率快速下降和机组跳闸的 WAMS 控制试验,将基于本书提出的控制方法研发的 WAMS 控制系统投入局域电网闭环运行。WAMS 控制系统实时采集局域电网的频率,并反馈控制发电机端电压,调节电解铝负荷有功功率平抑风电功率波动或机组跳闸导致的不平衡功率,有效地参与局域电网的频率控制。

需要指出的是闭环测试试验风险大,因此所进行的闭环试验功率扰动均在该高耗能工业局域电网火电机组一次调频调节能力范围内。

9.5.1　基于励磁控制的电解铝负荷开环控制试验

基于励磁控制的电解铝负荷开环控制试验是为了验证本书提出的控制方法的有效性,能够通过控制发电机端电压有效地调整电解铝负荷的有功功率。试验的主要内容是 WAMS 控制主站通过 NCU,向 4 台发电机励磁调节器同时发送

−0.015p.u.的阶跃指令。为了保证试验数据的平稳性，试验前风电场退出运行。

火电机组端电压响应 WAMS 控制指令的曲线如图 9.13（a）所示。图 9.13（a）中红线为叠加了 NCU 指令的发电机端电压参考值，绿线为 PMU 量测的发电机 G5 的端电压响应曲线。由图 9.13 可知，当 NCU 发出电压阶跃指令时，发电机端电压能够迅速响应，并在 1s 以内完成了对阶跃指令的跟踪，发电机 G5 的端电压降低了 0.015p.u.。

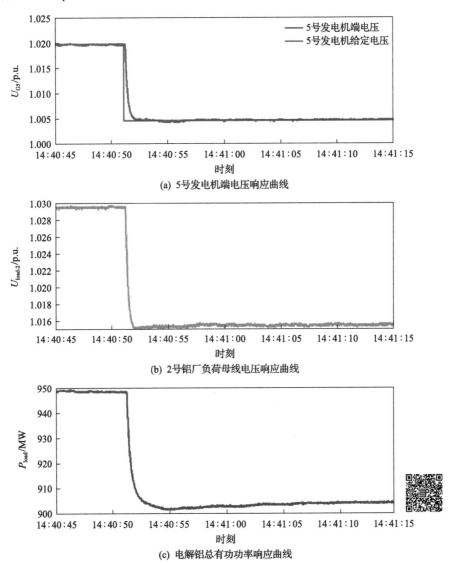

图 9.13　铝厂负荷开环控制试验结果（彩图扫二维码）

图 9.13（b）和（c）分别为 2 号铝厂负荷的母线电压（图 9.12 中的 14）和负荷总

有功功率响应 WAMS 阶跃指令的动态曲线。当电压阶跃控制指令为–0.015p.u.时，2 号铝厂负荷的母线电压和负荷有功功率均能快速响应，2 号铝厂的负荷母线电压下降了 0.0143p.u.，相应的负荷总有功功率下降了 44.1MW，并均在 1s 内完成调整。而且负荷母线电压和负荷有功功率在调整过程中，几乎没有超调量。

9.5.2　考虑风电功率快速下降的 WAMS 控制试验

考虑风电功率快速下降的 WAMS 控制试验是为了验证在风电功率快速下降过程中，本书提出的控制方法能否有效地控制电解铝负荷参与局域电网的频率控制。试验中，对比了 WAMS 控制系统投入实际系统中闭环运行和 WAMS 控制系统不投入实际系统中闭环运行两种情况下，系统频率、发电机端电压、负荷母线电压及有功功率的响应情况，验证了电解铝负荷参与局域电网调频的控制效果。

扰动初始时刻的风电场出力为 61MW。通过风电场功率控制器，设置风电场的功率输出参考值为 31MW，风电场的有功出力曲线如图 9.14（a）所示。风电场的有功出力在 30s 内降低了一半，功率扰动量为 30MW。该功率扰动量在火电机组一次调频范围内，为验证负荷控制器效果，火电机组和负荷控制器调节量按照 2:1 分配的原则计算负荷控制器的参数 K_p。

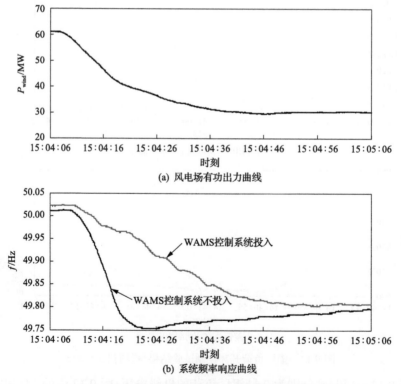

(a) 风电场有功出力曲线

(b) 系统频率响应曲线

图 9.14　WAMS 控制系统的控制效果现场测试结果 1

风电功率下降会导致系统频率也随之下降，如图 9.14(b)所示。当 WAMS 控制系统投入时，由于将频率偏差反馈引入励磁调节器控制，发电机 G8 的端电压从 1.026p.u.下降至最低值 1.016p.u.，并最终稳定在 1.021p.u.，如图 9.15(a)所示。电解铝负荷母线电压也随之下降，如图 9.15(b)所示。3 号铝厂负荷的母线电压(图9.12 中的 15)从 1.024p.u.下降至最低值 1.016p.u.，并最终稳定在 1.020p.u. 附近。

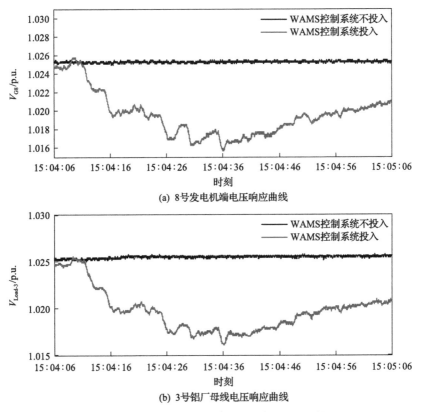

图 9.15　WAMS 控制系统的控制效果现场测试结果 2

电解铝负荷与火电机组一次调频调节任务按 1∶2 比例分配，稳态过程中，电解铝负荷有功功率提供了 11MW 功率支撑，火电机组承担了 20MW 的功率支撑。在动态调节过程中，由于电解铝负荷具备更加快速调节特性，因此电解铝负荷有功功率从 1018MW 下降至最低值 998MW，在暂态过程中提供了 20MW 的功率支撑，降低了系统频率暂态过程的突变。电解铝负荷有功功率变化如图 9.16(a) 所示。由于一次调频的作用，火电机组的有功功率从 1060MW 持续增加，最终稳定在 1080MW，火电机组有功功率变化如图 9.16(b)所示。由于火电机组和电解铝负荷共同平抑了风电功率的扰动，系统频率最终稳定在 49.81Hz，系统保持稳定运行。

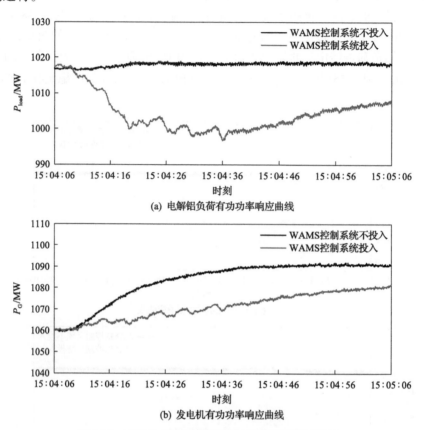

(a) 电解铝负荷有功功率响应曲线

(b) 发电机有功功率响应曲线

图 9.16　WAMS 控制系统的控制效果现场测试结果 3

作为对比试验，当 WAMS 控制系统不投入时，系统频率、发电机端电压、负荷母线电压、负荷有功功率及火电机组有功出力的响应曲线如图 9.14～图 9.16 中曲线所示。

由于 WAMS 控制系统没有投入，系统电压和负荷有功功率均不会响应风电功率和系统频率的下降，分别如图 9.15 和图 9.16(a) 中曲线所示。风电下降的功率扰动完全依靠火电机组一次调频平抑。如图 9.16(b) 中曲线所示，火电机组有功出力从 15:04:10 时刻开始上升，并最终稳定在 1090MW，火电机组有功功率上升了 30MW 以平抑风电波动。图 9.14 中系统频率在 15:04:23 下降至最低值 49.75Hz，并最终稳定在 49.80Hz。

对比图 9.14 中曲线所表示的频率响应，可以看出本书提出的控制方法能够有效地控制电解铝负荷参与局域电网的频率控制，分担火电机组的一次调频压力，显著地改善局域电网的频率响应特性。

　　需要说明的是，考虑到实际系统运行的安全性，设置的30MW功率扰动在火电机组自身的调节范围以内。如果系统出现更大的功率扰动量，甚至超过火电机组的调频能力，仅靠火电机组参与调频将无法维持系统的频率稳定，系统的安全稳定运行将受到严重威胁。此时，电解铝负荷参与局域电网频率控制将显得尤为关键，是维持系统安全稳定运行的重要保障。

　　为验证系统中出现更大功率扰动量的情况，电解铝负荷参与局域电网频率控制的控制效果，我们进行了50MW功率扰动量的现场试验，风电场有功功率变化曲线如图9.17所示。而WAMS控制系统不投入的对比试验出于安全性考虑并没有在现场进行，而是在硬件在环仿真平台中进行了相同功率扰动的试验，也由此可以验证硬件在环平台对实际系统动态响应的仿真效果。

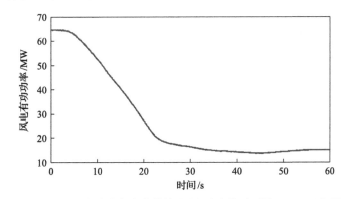

图 9.17　风电有功功率变化曲线(风电功率快速下降50MW试验)

　　当系统出现50MW风电功率扰动且电解铝负荷参与局域电网频率控制的情况下，系统频率响应曲线和电解铝负荷有功功率变化曲线分别如图 9.18 和图 9.19 所示。其中，蓝色曲线为现场试验测得的曲线，红色曲线为在硬件在环平台上，按照现场试验的边界条件并进行相同功率扰动所得到的仿真曲线。

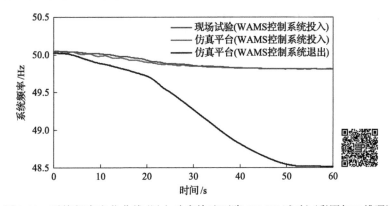

图 9.18　系统频率变化曲线(风电功率快速下降50MW试验)(彩图扫二维码)

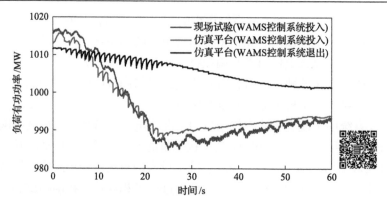

图 9.19　电解铝负荷有功功率变化曲线(风电功率快速下降 50MW 试验)(彩图扫二维码)

由图 9.18 和图 9.19 中的蓝色曲线可知,当 WAMS 控制系统投入时,电解铝负荷能够有效地参与局域电网调频,频率最终稳定在 49.80Hz。此外,对比现场试验和仿真平台的效果可以得出,仿真平台能够高精度地模拟实际现场的频率动态响应和电解铝负荷的动态响应特性。

在仿真平台上对电解铝负荷不参与频率控制时的场景进行了仿真,系统频率的响应曲线如图 9.18 中的黑色曲线所示,电解铝负荷的响应曲线如图 9.19 中的黑色曲线所示。根据现场实际运行情况,由于此时仅有 6 号火电机组和 8 号火电机组投入了一次调频,在没有人为干预的情况下,系统频率虽然没有崩溃,但下降到了较低的 48.5Hz。

由此可以进一步验证,本书提出的电解铝负荷参与局域电网频率的控制方法,能够在系统受到较大功率扰动时,有效地控制电解铝负荷为系统提供有功支撑,改善系统的频率响应特性。

9.5.3　考虑机组跳闸的 WAMS 控制试验

为了验证控制系统在瞬时功率扰动发生时参与系统频率的控制效果,本节进行了有功出力为 30MW 的风电场跳闸的现场试验。考虑现场试验的风险性,电解铝负荷不参与频率控制的对比试验而采用基于 RTDS 的硬件在环仿真模拟。风电场跳闸时其有功出力从 30MW 瞬间阶跃至 0MW,风电场有功功率变化曲线如图 9.20 所示。稳态过程中火电机组与电解铝负荷控制器功率调整量按照 2:1 的原则计算控制器比例放大环节参数 K_P,按照动态过程中频率最大变化量小于 0.2Hz 计算控制器隔直环节参数 K_D。

现场试验中的系统频率响应曲线如图 9.21 中曲线所示,WAMS 控制系统投入和退出时,在仿真平台得到的系统频率响应曲线分别如图 9.21 所示。

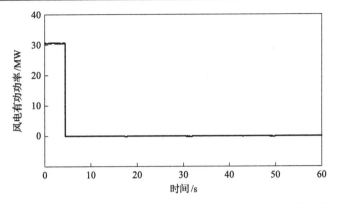

图 9.20　风电场有功功率变化曲线(有功出力为 30MW 的风电场跳闸试验)

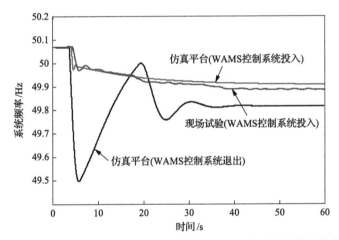

图 9.21　系统频率变化曲线(有功出力为 30MW 的风电场跳闸试验)

与之前的结论类似，在边界条件和故障设置均相同的情况下，仿真平台得到的曲线能够较为准确地模拟现场实测的曲线。由于风电场的跳闸，系统频率会迅速下降。在 WAMS 控制系统的作用下，电解铝负荷有功功率能够被迅速调整，响应系统频率的跌落，从而为系统提供有功功率支撑。如图 9.22 所示，电解铝负荷的有功功率在 3s 内下降了 30MW，在暂态过程中为局域电网提供了足够的有功功率支撑。同时，火电机组一次调频也逐渐发挥作用，承担了部分功率调整量，最终在火电机组与电解铝负荷的共同响应下，系统频率稳定在 49.90Hz 左右。

而如果 WAMS 控制系统不投入，电解铝负荷不会响应系统的频率变化，如图 9.22 中曲线所示。此时系统中的功率扰动仅能依靠火电机组的一次调频平抑。虽然系统的频率最终在火电机组一次调频的作用下没有崩溃，但由于一次调频的响应较慢，与 WAMS 控制系统投入的场景相比，系统的频率在暂态过程中出现了较大偏移，如图 9.21 中曲线所示。

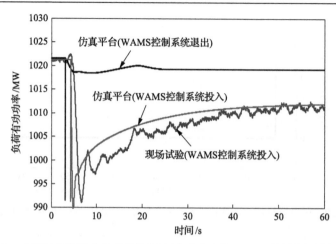

图 9.22 电解铝负荷有功功率变化曲线(有功出力为 30MW 的风电场跳闸试验)

9.5.2 节和 9.5.3 节两种功率不平衡场景下负荷控制参数与现场测试结果如表 9.2 所示。

表 9.2 负荷控制参数表与现场测试结果

场景	控制类型	控制参数	频率最低值/Hz	稳态频率/Hz
风电功率快速下降	WAMS 控制系统不投入	0	49.75	49.80
	WAMS 控制系统投入	$K_P=10$; $K_D=0$	49.82	49.82
风电机组跳闸	WAMS 控制系统不投入	0	系统失稳	系统失稳
	WAMS 控制系统投入	$K_P=10$; $K_D=0$	49.90	49.90

基于以上的现场试验,能够充分地验证本书所提出的控制方法及工业应用方法,能够在实际现场中有效地控制电解铝负荷参与局域电网的频率控制,维持局域电网功率平衡和频率稳定。

9.6 本章小结

本章设计了含高渗透率风电局域电网的硬件在环平台总体架构,基于平台中硬件设备的输入输出关系阐述了各硬件设备的接入方式,并对本书提出的控制方法及工业应用方法开展了实证性研究。主要结论如下:

(1)搭建了含高渗透率风电局域电网的硬件在环实时数字仿真平台,将实时控制中的上行、下行关键设备及 WAMS 控制主站都闭环到平台中,能够高精度地模拟局域电网的运行状况,充分地考虑控制时延的影响,该平台对于控制方法和控制设备的有效性验证具有更强的说服力。

(2)基于本书提出的控制方法，设计了基于广域信息的控制系统总体架构。本书提出的 WAMS 控制系统扩展了实时控制功能。

(3)基于 NCU 的输出范围和受控对象的目标调整范围，提出了相适应的受控设备接口定义方法，通过对受控设备的模拟量输入通道重新定标，使 NCU 的输出范围能够覆盖其目标调整范围，解决了控制设备与受控对象的接口定义问题，是控制方法能够工业应用的关键环节。

(4)将本书提出的控制方法投入现场系统进行现场测试，验证了控制方法在实际运行中，能够有效地控制电解铝负荷参与局域电网的频率控制。WAMS 控制系统在投入期间，能够正确执行本书提出的控制方法。当系统出现不平衡功率扰动时，能够迅速地响应系统频率变化，快速调整电解铝负荷有功功率，在暂态和稳态过程中提供有效的频率支撑，缓解火电机组一次调频压力，显著地改善局域电网的频率响应特性，验证了本书提出的控制方法及其工业应用方法的有效性。此外，验证了仿真平台对实际现场的动态模拟效果，其能够高精度地模拟局域电网的动态响应特性。

参 考 文 献

[1] Oh S, Yoo C, Chung I, et al. Hardware-in-the-loop simulation of distributed intelligent energy management system for microgrids[J]. Energies, 2013, 6(7): 3263-3283.

[2] Kundur P, Paserba J, Ajjarapu V, et al. Definition and classification of power system stability IEEE/CIGRE joint task force on stability terms and definitions[J]. IEEE Transactions on Power Systems, 2004, 19(3): 1387-1401.

[3] Isermann R, Schaffnit J, Sinsel S. Hardware-in-the-loop simulation for the design and testing of engine-control systems[J]. Control Engineering Practice, 1999, 7(5): 643-653.

[4] Bouscayrol A. Different types of hardware-in-the-loop simulation for electric drives[C]. 2008 IEEE International Symposium on Industrial Electronics, Piscataway, 2008: 2146-2151.

[5] 王艳敏. 硬件在环仿真测试系统研究[D]. 上海: 同济大学, 2006.

[6] 位正. 新一代硬件在环仿真平台的研究和开发[D]. 北京: 清华大学, 2009.

[7] 高鹏, 王超, 曹玉胜, 等. RTDS 在电力系统稳定控制研究中的应用[J]. 江苏电机工程, 2007, 26(5): 34-38.

[8] 魏明, 崔桂梅. 电力系统实时数字仿真器 RTDS 简介[J]. 装备制造技术, 2008(6): 128-130.

[9] Zhang F, Cheng L, Li X, et al. Application of a real-time data compression and adapted protocol technique for WAMS[J]. IEEE Transactions on Power Systems, 2015, 30(2): 653-662.

[10] 王克英, 穆钢, 陈学允. 计及 PMU 的状态估计精度分析及配置研究[J]. 中国电机工程学报, 2001, 21(8): 29-33.

[11] 蔡运清, 汪磊, 周逢权, 等. 广域保护(稳控)技术的现状及展望[J]. 电网技术, 2004, 28(8): 20-25.

[12] Dasgupta S, Paramasivam M, Vaidya U, et al. Real-time monitoring of short-term voltage stability using PMU data[J]. IEEE Transactions on Power Systems, 2013, 28(4): 3702-3711.

[13] Makarov Y V, Du P, Lu S, et al. PMU-based wide-area security assessment: Concept, method, and implementation[J]. IEEE Transactions on Smart Grid, 2012, 3(3): 1325-1332.

附　　录

附录 A　蒙东局域电网系统数据说明

蒙东局域电网的输电线路、变压器、励磁调节器等参数均为现场调研的现场实际运行参数，参数设置如附表 A.1 和附表 A.2 所示。

附表 A.1　输电线路参数

名称	节点(*i*)	节点(*j*)	阻抗/p.u.
线路 1	2	13	0.00254+j0.01570
线路 2	2	13	0.00300+j0.01760
线路 3	2	13	0.00371+j0.01960
线路 4	6	14	0.000815+j0.00452
线路 5	6	14	0.000726+j0.00463
线路 6	6	9	0.000134+j0.00348
线路 7	6	9	0.000133+j0.00348
线路 8	12	15	0.000134+j0.00348
线路 9	12	15	0.000133+j0.00348
线路 10	12	15	0.000133+j0.00348

附表 A.2　变压器参数

名称	节点(*i*)	节点(*j*)	阻抗/p.u.
1 号变压器	1	2	0.00293+j0.105
2 号变压器	3	2	0.00299+j0.103
3 号变压器	4	2	0.00305+j0.105
4 号变压器	5	6	0.00273+j0.133
5 号变压器	7	9	0.00190+j0.137
6 号变压器	8	9	0.00190+j0.137
7 号变压器	10	12	0.00190+j0.137
8 号变压器	11	12	0.00190+j0.137

附录 B　内蒙古自治区赤峰局域电网电气元件参数表

附表 B.1　内蒙古自治区赤峰局域电网电气元件参数表

名称	节点(i)	节点(j)	阻抗/p.u.	名称	节点(i)	节点(j)	阻抗/p.u.
线路 1	24	25	0.002540+j0.01570	3 号变压器	3	26	0.001550+j0.10500
线路 2	16	25	0.003000+j0.01760	4 号变压器	4	26	0.001550+j0.10500
线路 3	17	25	0.003710+j0.01960	5 号变压器	5	26	0.001550+j0.10500
线路 4	26	25	0.000815+j0.00452	6 号变压器	6	26	0.001550+j0.10500
线路 5	27	25	0.001726+j0.00463	7 号变压器	7	27	0.002930+j0.10500
线路 6	25	28	0.000134+j0.02241	8 号变压器	8	27	0.002930+j0.10500
线路 7	29	28	0.001156+j0.01337	9 号变压器	28	30	0.001730+j0.11204
线路 8	29	22	0.000563+j0.02578	10 号变压器	31	9	0.001900+j0.13700
线路 9	29	23	0.000323+j0.00348	11 号变压器	31	10	0.001900+j0.13700
线路 10	30	31	0.000474+j0.00422	12 号变压器	18	11	0.005470+j0.07200
线路 11	32	18	0.000261+j0.00542	13 号变压器	19	12	0.003420+j0.09500
线路 12	32	19	0.000423+j0.00647	14 号变压器	22	13	0.003420+j0.09500
1 号变压器	1	24	0.002930+j0.10500	15 号变压器	23	14	0.003420+j0.09500
2 号变压器	2	24	0.002930+j0.10500				

附录 C　多晶硅负荷控制方法结果

G1、G2 和 G7 切除后引入多晶硅负荷控制方法，火电机组 G3、G9 和 G14 的有功功率变化见附图 C.1。

G1 和 G2 切除后引入闭环控制方法，火电机组 G3、G7、G9 和 G14 的有功功率变化见附图 C.2。

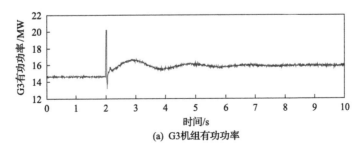

(a) G3 机组有功功率

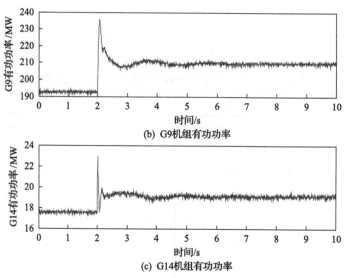

(b) G9机组有功功率

(c) G14机组有功功率

附图 C.1　风电满发，G1、G2 和 G7 切除并引入负荷控制方法后，火电机组有功功率变化

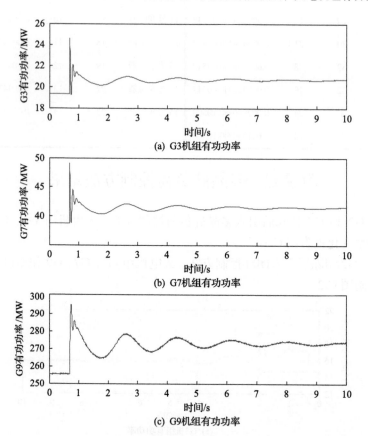

(a) G3机组有功功率

(b) G7机组有功功率

(c) G9机组有功功率

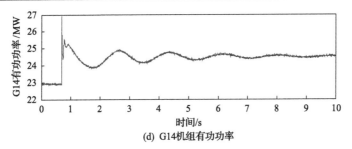

(d) G14机组有功功率

附图 C.2　G1 和 G2 切除并引入闭环控制方法后，火电机组有功功率变化

附录 D　WSCC-9 节点系统

系统线路及变压器参数如附表 D.1 所示。

附表 D.1　系统线路及变压器参数

名称	母线 1	母线 2	电阻/p.u.	电抗/p.u.	电纳/p.u.
线路 1	9	8	0.0119	0.1008	0.209
线路 2	7	8	0.0085	0.072	0.149
线路 3	9	6	0.039	0.17	0.358
线路 4	7	5	0.032	0.161	0.306
线路 5	5	4	0.01	0.085	0.176
线路 6	6	4	0.017	0.092	0.158
线路 7	2	7	0	0.0625	0
线路 8	3	9	0	0.0586	0
线路 9	1	4	0	0.0576	0

系统母线参数如附表 D.2 所示。系统发电机模型参数如附表 D.3 所示。

附表 D.2　系统母线参数

母线	电压/p.u.	有功出力/MW	无功出力/Mvar	有功负荷/MW	无功负荷/Mvar
1	1.04	71.641	27.046	0	0
2	1.025	163	6.654	0	0
3	1.025	85	−10.86	0	0
4	1.0258	0	0	0	0
5	0.9956	0	0	125	50
6	1.0127	0	0	90	30
7	1.0258	0	0	0	0
8	1.0159	0	0	100	35
9	1.0324	0	0	0	0

附表 D.3　系统发电机模型参数

发电机	基准容量/MV·A	X_d /p.u.	X_d' /p.u.	T_{d0}' /s	D/p.u.	H/s	E_f/p.u.
G1	100	0.146	0.0608	8.96	0.02	23.64	−5～5
G2	100	0.8958	0.1198	6	0.02	6.4	−5～5
G3	100	1.3125	0.1813	5.89	0.02	3.01	−5～5

附录 E　双馈感应风电机组参数

　　风电机组模型均由单机容量为 2.24MV·A 的双馈感应风电机组等效而来，其具体运行参数为：切入风速 $\omega_{c\text{-}in}$=4m/s；基准风速 ω_{rate}=13m/s；切出风速 $\omega_{c\text{-}out}$=25m/s；叶片半径 R=46.7m。在基准功率为 100MV·A 时，其具体电气参数为：定子电阻 R_s=0.0116p.u.；定子电抗 X_s=0.0229p.u.；励磁电抗 X_m=3.9530p.u.；转子惯性常数 H_t=3.9s；阻尼时间常数 D_{tw}=0.02p.u.。